식품과학

허태련 저

유한문화사

머 리 말

우리가 먹는 식품은 우리의 건강과 생명유지에 필수요소이다. 사람이 건강하게 삶을 영위하기 위해서는 식품에 대한 과학적인 지식이 필요하며 더욱이 산업발달로 인한 가공식품의 폭발적인 증가와 WTO에 의한 수출입 시장의 자유화로 인한 불량식품의 범람, 무역자유화에 대비한 수입식품 규제의 어려움 등으로 인하여 불량식품에 대한 일반인들의 식품에 대한 지식은 자신의 건강유지 측면에서도 절대적으로 필요하다. 지난 수세기 동안에는 식량 부족에 기인하여 주로 먹는 식품의 영양적 가치에만 주목하였으나 현재는 경제의 발전과 국민소득의 증대로 식품소비 형태의 질적 변화가 이루어지고 있으며, 또한 환경오염이 심화되고 지나친 경제적 이익 추구로 인하여 발생되는 식품의 위해성은 심각해지고 있다.

이와 같은 식품오염과 불량식품의 문제는 식품과학자들에게 식품과 관련된 여러가지 정보와 지식을 종합학문으로서 인간생활에 유용하게 적용시켜야 할 필요성을 제기할 뿐만 아니라 다방면의 관련 학제간의 연구를 통해 문제점 해결을 위해 노력할 것을 요구하고 있다. 또한 식품과학자들에게 인간생명에 관계된 학문적 연구를 종합할 것과 그 연구 결과를 시대에 따라 발생하는 문제점의 해결책으로 제시해 줄 것을 요구하고 있다.

그 동안 공부하고 연구하고 생각하고 기록한 내용과 관련 학문 분야의 서적을 참고로 한 수년간의 강의자료를 모아 정리하여 독자에게 더 나은 삶을 위한 식품과학의 지식과 정보제공이 이 책을 쓰게 된 동기이다. 저자는 건전한 생명활동을 유지하기 위하여 기본적으로 알아야 할 식품과학에 대한 지식을 제공하고자 노력하였다.

이 책을 통해 각자의 건전한 생명활동에 필요한 식품선택에 도움이 되고 식품이 인간생활에 얼마나 중요한지를 재검토하는 계기가 된다면 큰 기쁨이 되겠으며, 앞으로 미흡한 자료는 수정해 보완해 나갈 것이며 더불어 여러분의 많은 지적과 충고를 바란다.

끝으로 원고정리와 교정을 위해 수고하여 준 인하대학교 생명공학과 식품생명공학 연구실 대학원생들에게 고마움을 전한다. 또한 이 책의 출판 기회를 제공해 준 유한문화사 사장님과 출판을 위해 수고하신 직원 여러분에게 감사를 드린다.

저자 씀

차 례

제1장 식품 성분의 종류와 기능 / 17

1. 식품 성분의 특성 ········· 17
2. 식품과 영양 ········· 18
  1) 탄수화물 ········· 19
  2) 지 방 ········· 23
  3) 단백질 ········· 32
  4) 비타민 ········· 37
  5) 무기질 ········· 40
  6) 물 ········· 41

제2장 식품가공의 기본 공정 / 49

1. 식품가공 ········· 51
2. 식품가공의 기본 공정 ········· 51
  1) 선 별 ········· 51
  2) 세척공정 ········· 53
  3) 분쇄와 혼합 ········· 55
  4) 가 열 ········· 58
  5) 농축과 증발 ········· 59
  6) 분리・여과・압착 ········· 60
  7) 건 조 ········· 61
  8) 압출성형 ········· 63

제 3장 식품저장의 기본 공정 / 65

1. 식품저장 ········ 65

1) 식품저장법 ········ 65

2) 식품 변패의 원인 ········ 65

3) 미생물 작용의 의한 변패 ········ 66

2. 식품저장의 기본 공정 ········ 67

1) 건조법 ········ 69

2) 냉각법 ········ 72

3) 가열살균법 ········ 75

4) 염장·당장·산 저장 ········ 78

5) 기타 저장방법 ········ 80

6) 가스저장(CA 저장) ········ 83

7) 통조림과 병조림 ········ 84

8) Retort pouch 식품 ········ 87

제 4장 식품과 미생물 / 91

1. 미생물의 분류 ········ 91

1) 세 균 ········ 91

2) 식품가공에 관계되는 중요한 세균 ········ 92

3) 효 모 ········ 94

4) 곰팡이 ········ 96

2. 미생물의 증식과 미생물을 이용한 식품제조 ········ 99

1) 미생물 종류에 따른 식품가공품의 분류 ········ 99

3. 발효식품 ········ 100

1) 발 효 ········ 100

2) 발효식품 ········ 101

3) 식품발효의 종류 ········· 101

4. 발효식품의 가공・저장 ········· 102

1) 종국의 제조 ········· 102
2) 장류의 가공・저장 ········· 104
3) 주 류 ········· 113
4) 청 주 ········· 119
5) 탁주・약주 ········· 120
6) 증류주 ········· 121

제5장 우유와 유제품 / 125

1. 우유의 특성 ········· 125

1) 우유의 합성 ········· 125
2) 우유의 성분 ········· 126
3) 우유의 성분변화와 그 요인 ········· 128
4) 우유의 물리적 성질 ········· 129
5) 가열에 의한 화학적 변화 ········· 131

2. 생우유의 검사 ········· 131

1) 관능검사 ········· 131
2) 침사검사 ········· 132
3) 알코올검사 ········· 132
4) 비중검사 ········· 132
5) 산도검사 ········· 132
6) 발생산도 ········· 133
7) 지방검사 ········· 133
8) 항생물질검사 ········· 133
9) 빙점검사 ········· 133

3. 우유와 미생물 ········· 134

4. 우유의 영양가 ······ 134
5. 우유의 문제점 ······ 135
6. 시유의 가공 ······ 136
1) 시 유 ······ 136
2) 시유의 가공공정 ······ 137

7. 유제품 ······ 140
1) 액상 유음료 ······ 140
2) 연유와 분유 ······ 141
3) 크림과 버터 ······ 145
4) 아이스크림 ······ 146
5) 발효유 ······ 148
6) 치 즈 ······ 150

제 6장 육류와 육제품 / 161

1. 육류의 특성 ······ 161
1) 식육의 조직 ······ 161
2) 식육의 조성과 영양적 가치 ······ 164
3) 육류의 부패와 부패육 측정법 ······ 166

2. 식육의 사후변화 ······ 167
1) 사후강직 ······ 167

3. 원료육의 생산과 처리 ······ 171
1) 도 살 ······ 171
2) 도 체 ······ 171
3) 고기의 연화 ······ 172
4) 고기의 저장법 ······ 173

4. 육류가공 식품의 일반적 제조공정 ······ 175

1) 도체의 절단과 정형 ······ 175
2) 염 지 ······ 175
3) 충 전 ······ 176
4) 훈 연 ······ 176
5) 세절 및 혼합 ······ 176
6) 가 열 ······ 177

5. 육류 가공품 ······ 177
1) 육가공 식품 재료의 종류 ······ 177
2) 육가공 식품의 분류 ······ 178

제 7장 난류와 난제품 / 183

1. 계란의 구조 ······ 183
1) 난 각 ······ 184
2) 난각막 ······ 184
3) 난 백 ······ 184
4) 난 황 ······ 185

2. 계란의 성분 ······ 185
1) 난각 성분 ······ 185
2) 난각막 성분 ······ 185
3) 난백 성분 ······ 186
4) 난황 및 난황막 성분 ······ 188

3. 계란의 저장 중 변질 ······ 189
1) 외관적인 변화 ······ 189
2) 미생물학적 감소 ······ 190

4. 계란의 저장방법 ······ 190
1) 냉장법 ······ 191
2) 냉동법 ······ 191

3) 건조법 ······ 191
4) 가스저장법 ······ 191
5) 난각 표면의 살균처리법 ······ 191
6) 표면도표법 ······ 192

5. 계란의 검사방법 ······ 192
1) 투시검사법 ······ 192
2) 난형조사 ······ 192
3) 무란의 무게측정 ······ 192
4) 비 중 ······ 192
5) 난황계수 ······ 193
6) 호우단위 ······ 193
7) 포립성 측정 ······ 193

6. 계란의 가공 ······ 193
1) 마요네즈 ······ 194
2) 피 단 ······ 195
3) 계란음료 ······ 195
4) 훈제란 ······ 195
5) 기타 난제품 ······ 195

제 8장 어패류와 그 가공식품 / 197

1. 어패류의 성분 ······ 197
1) 어패류의 일반성분 ······ 197
2) 어류의 냄새성분 ······ 198
3) 어류의 맛성분 ······ 200
4) 어류의 색성분 ······ 200

2. 어패류의 가열 변화 ······ 200
1) 결합조직단백질의 변화 ······ 200

2) 근육섬유단백질의 변성 ···· 201
3) 껍질의 수축과 지방의 용출 ···· 201
4) 열응착성 ···· 201

3. 어패류의 선도 판정법 ···· 201
1) 관능적인 방법 ···· 202
2) 물리적 방법 ···· 202
3) 세균학적 방법 ···· 202
4) pH 측정법 ···· 202
5) ATP 분해물 측정법 ···· 203
6) 휘발성 아민 및 암모니아 측정법 ···· 203

4. 어패류의 냉동저장 ···· 203
1) 냉 동 ···· 203
2) 냉동 후의 처리 ···· 203
3) 유 통 ···· 204
4) 해 동 ···· 204

5. 어패류 가공식품 ···· 204
1) 연제품 ···· 204

제 9장 곡류와 그 가공식품 / 211

1. 전분의 특성 ···· 211
1) 전분의 입자 및 구조 ···· 212
2) 아밀로오스 ···· 213
3) 아밀로펙틴 ···· 213

2. 전분의 호화, 노화 및 호정화 ···· 213
1) 전분의 호화 ···· 213
2) 전분의 노화 ···· 214

3. 곡류 가공식품 ········· 215
1) 곡류의 1차 가공 ········· 216
2) 곡류의 2차 가공 ········· 219

제 10장 과채류와 가공식품 / 225

1. 과채류의 생리적 특성 ········· 226
1) 호 흡 ········· 226
2) 증 산 ········· 226
3) 생 장 ········· 226
4) 후 숙 ········· 227
5) 휴 면 ········· 227

2. 과실류의 성분 ········· 227
1) 당 ········· 227
2) 유기산 ········· 227
3) 탄 닌 ········· 228
4) 향기성분 ········· 228

3. 채소류의 성분 ········· 229
1) 양파와 마늘류의 향기성분 ········· 229

4. 과일과 채소의 가공 ········· 234
1) 변색되지 않게 주의해야 한다 ········· 234
2) 향기성분의 손실을 작게 할 것 ········· 234
3) 비타민류의 손실을 적게 할 것 ········· 234
4) 유기산에 주의할 것 ········· 235

5. 과채류의 가공식품 ········· 235
1) 주 스 ········· 235
2) 잼・젤리・마말레이드 ········· 237

제 11장 건강기능식품 / 239

1. 건강기능식품 ········· 240
 1) 건강기능식품의 정의 ········· 240
 2) 건강기능식품의 특징 ········· 240
 3) 건강기능식품의 명칭 ········· 240
 4) 건강기능식품의 분류 ········· 241
 5) 건강기능식품의 조건 ········· 242
 6) 특수영양식품, 건강식품, 건강보조식품, 건강기능식품의 차이 ········· 243
 7) 건강기능식품의 기준과 규격 ········· 244
 8) 건강기능식품의 종류 ········· 247

제 12장 식품위해요소 중점관리제도 / 269

1. 위해요소 중점관리기준 ········· 269
 1) HACCP의 등장 배경 ········· 269
 2) HACCP의 정의 ········· 270
 3) HACCP의 전 단계 ········· 272
 4) HACCP의 7원칙 ········· 272
 5) HACCP의 이점 ········· 274
 6) HACCP의 기본 원칙 ········· 274
 7) HACCP 실행의 장애요인과 그 해결책 ········· 277
 8) 식품안전성 관리제도로서의 HACCP의 적용 ········· 278

제 13장 식품안전성과 평가 / 281

1. 식품안전성의 개요 ········· 281
 1) 식품의 안전성 ········· 281

2. 식품안전성의 평가 ········· 282

1) 독성의 정의 ······ 282
2) 독성의 분류 ······ 282
3) 독성의 강도 ······ 283

3. 식품첨가물과 식품안전성 ······ 283
1) 식품첨가물의 정의 ······ 284
2) 식품첨가물의 조건 ······ 284
3) 식품첨가물의 안전성 평가 ······ 284
4) 식품첨가물의 종류와 특성 ······ 285

4. 잔류농약과 식품안전성 ······ 289
1) 농약의 종류 ······ 290
2) 잔류농약 ······ 291

5. 중금속 오염과 식품안전성 ······ 292
1) 납 오염 ······ 293
2) 수은 오염 ······ 293
3) 카드뮴 오염 ······ 294

6. 방사선 조사식품의 안전성 ······ 295
1) 방사선 조사식품의 정의 ······ 295
2) 방사선 조사식품의 역사 ······ 295
3) 식품조사에 이용되는 방사선의 종류 및 특성 ······ 295
4) 방사선 조사가 식품에 주는 영향 ······ 296
5) 국내외 허가 현황 및 처리량 ······ 296
6) 방사선 조사식품의 안전성 ······ 297
7) 방사선 조사식품의 안전성 조사 ······ 297
8) 방사선 조사식품의 표시 및 관리 ······ 297

7. 유전자 재조합 식품의 안전성 ······ 298
1) 유전자 조작식품 ······ 299

8. 내분비계 장애물질의 안전성 ······ 305

1) 내분비 장애물질의 정의 ······ 305
2) 내분비계 장애물질의 특성 ······ 306
3) 내분비 장애물질의 원인 ······ 306
4) 대표적인 내분비계 장애물질 ······ 306
5) 내분비 장애물질의 작용기구 ······ 307
6) 식품의 내분비 장애물질 오염 ······ 308
7) 내분비 장애물질이 생물체에 미치는 영향 ······ 310
8) 내분비 장애물질 대책 ······ 312

참고문헌 ······ 315
찾아보기 ······ 317
Index ······ 323

제 1 장

식품 성분의 종류와 기능

1. 식품 성분의 특성

식품원료는 향기・색택・조직감・맛이 있어야 하며, 변질을 방지할 수 있는 안정성과 안전성이 보장되어야 한다. 또한 영양가를 함유하고 있어야 하며, 위생적인 처리와 이용성이 높아야 한다. 식품 자체가 갖는 특성은 원료의 품질이 반드시 일정하지 않으며, 미생물에 의하여 변질・부패가 용이하고, 식품이 본래 가지고 있는 맛・향기 및 영양가 등을 보존할 필요가 있으며, 제품의 안정성이 요구된다.

가공식품은 농산물・축산물・수산물 등의 원료를 물리적 또는 화학적으로 처리하여 가공한 것이다. 따라서 원료의 화학성분이나 특성을 이해하고 이것을 가공처리에 이용하는 것은 중요한 일이다. 식품원료를 구성하고 있는 주요 성분은 다음과

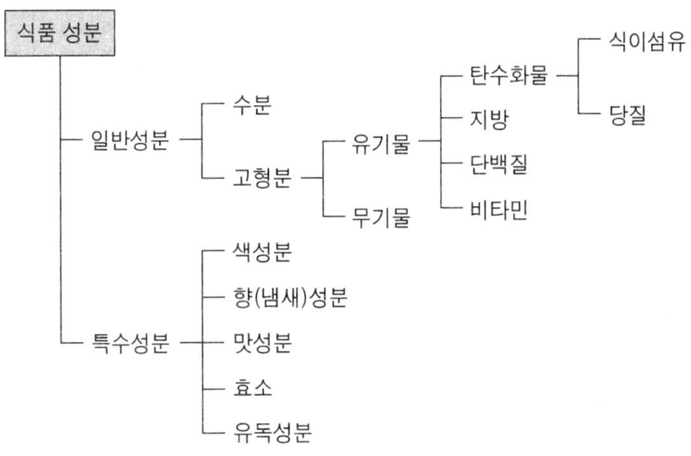

그림 1-1. 식품의 일반성분과 특수성분

같이 분류된다(그림 1-1).

2. 식품과 영양

식품으로부터 얻어지는 물질로서 인간의 신체유지·성장 조직의 재생과 생명활동의 에너지로 이용되는 물질을 **영양소**(nutrients)라 하며, 영양소는 약 50여 종이 있고, 이것들을 같은 종류끼리 묶어서 물, 탄수화물, 단백질, 지방질, 무기질 및 비타민으로 분류한다. 이들 중 인간이 매일 필요로 하는 영양소는 물, 탄수화물, 단백질, 지방질, 비타민과 무기질 등이다. 이들 영양소들이 결핍되면 건강을 해치게 된다. 인간이 생명현상의 유지와 성장을 위해서 체외로부터 식품을 섭취하고 소화·흡수 과정을 거쳐 체내에서 이용하고 불필요한 물질을 체외로 배설하는 일련의 과정을 **대사**(metabolism)라 한다.

표 1-1. 필수영양소의 종류

<table>
<tr><th colspan="2">에너지 영양소</th><th colspan="3">조절영양소</th></tr>
<tr><td rowspan="2">단백질</td><td rowspan="2">이소류신(isoleucine)
루신(leucine)
리신(lysine)
히스티딘(histidine)
페닐알라닌
(phenylalalnine)
트립토판(tryptophan)
발린(valine)
메치오닌(methionine)
스레오닌(theronine)</td><td rowspan="2">비타민</td><td>수용성 비타민</td><td>티아민(thiamin,비타민 B_1)
리보플라빈(riboflavin, 비타민 B_2)
피리독신(pyridoxine, 비타민 B_6)
비타민 B_{12}
비오틴(biotin)
나이아신(niacin)
판토텐산(pantothenic acid)
엽산(folacin)
비타민 C</td></tr>
<tr><td>지용성 비타민</td><td>비타민 A·D·E·K</td></tr>
<tr><td rowspan="2">지 방</td><td rowspan="2">리놀렌산
(linolenic acid)
아라키돈산
(arachidonic acid)</td><td rowspan="2">무기질</td><td>다량 무기질</td><td>칼슘(Ca)·염소(Cl)·마그네슘(Mg)·인(P)·칼륨(K)·나트륨(Na)·황(S)</td></tr>
<tr><td>미량 무기질</td><td>철(Fe)·아연(Zn)·셀레늄(Se)·구리(Cu)·요오드(I)·불소(F)</td></tr>
<tr><td>탄수화물</td><td>포도당(glucose)
과당(fructose)
갈락토오스(galactose)</td><td>물</td><td colspan="2"></td></tr>
</table>

1) 탄수화물

탄수화물(carbohydrates)은 탄소(C) · 수소(H) · 산소(O)의 세 원소로 구성되어 있으며, 질소(N)를 함유하지 않은 것이 가장 큰 특징 중 하나로 신경계, 적혈구와 같은 세포의 원료로서 쓰인다. 탄수화물은 음식의 독특한 단맛을 가지고 있으며, 탄수화물로부터 생산된 포도당을 주요 열량원으로 사용하며, 섭취한 총 열량의 60% 이상을 차지한다. 탄수화물의 기본물질인 포도당은 광합성을 통하여 공기중의 이산화탄소(CO_2)와 토양 중의 물(H_2O)로부터 전분이나 섬유소 형태로 저장한다.

(1) 탄수화물의 종류

가) 단당류

① 산 · 알칼리 · 효소 등에 의하여 더 이상 가수분해 되지 않는 탄수화물이다.

② 포도당 : 신체 내에서 가장 중요한 단당류로 여러 가지 과일과 채소에 존재하며, 전분 · 글리코겐 · 셀룰로오스 · 설탕 · 전화당 등의 주요 구성성분이다.

③ 과당 : 설탕과 전화당의 구성단위로 일반적으로 과일과 꿀에 들어 있으며, 화학구조가 약간 다른 것만 제외하고는 포도당과 유사하다.

④ 갈락토오스 : 수소 (-H)와 수산기그룹 (-OH)의 위치가 바뀐 것 이외에 포도당과 같으며, 동물의 육즙에 많이 들어 있고, 포도당과 결합하여 유당 형태로 우유나 유제품에 들어 있다.

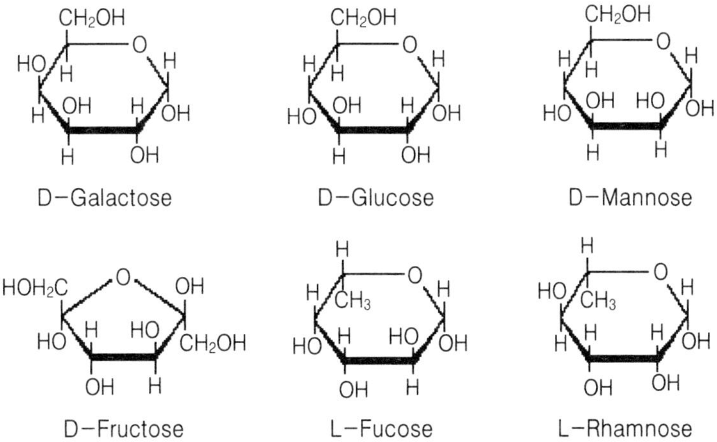

그림 1-2.육탄당의 구조

나) 이당류

① 2개의 단당류가 결합한 형태이다.

② 자당(sucrose) : 묽은 산, 알칼리, 효소 등에 의해서 형성된 포도당과 과당은 혼합물은 전화당으로 사탕수수와 같은 식물들에만 다량으로 함유되어 있다.

③ 맥아당(maltose) : 전분의 구성단위로서 두 분자의 포도당이 축합된 것으로 성장을 시작하기 위해 식물에 영양을 공급한다.

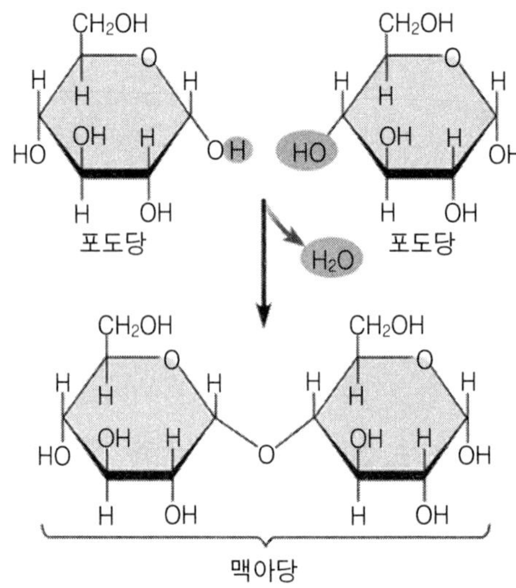

그림 1-3. 2개의 단당류가 연결된 이당류

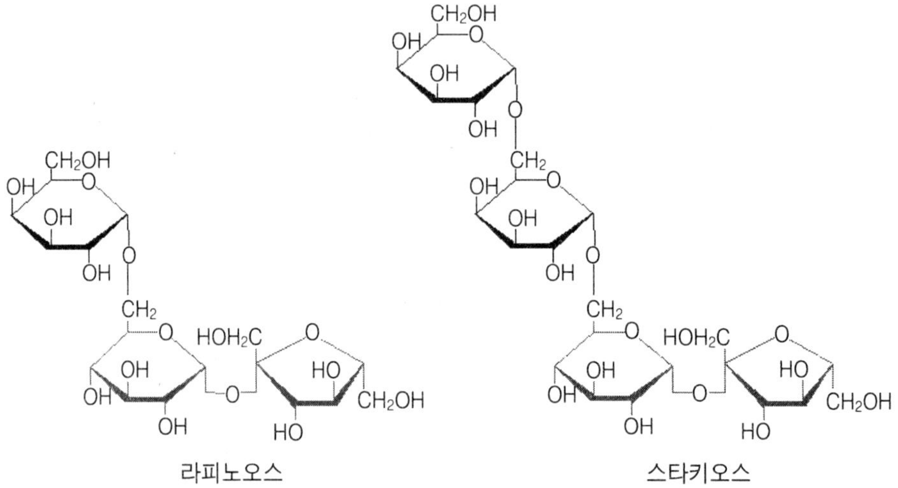

라피노오스 스타키오스

그림 1-4. 라피노오스와 스타키오스의 구조

④ 유당(lactose) : 포유동물의 젖에만 존재하며, 갈락토오스와 포도당이 결합된 것이다.

다) 올리고당류

① 3~10개의 단당류로 구성된 당류를 올리고당류라 한다.
② 콩과식물 종자에 많이 함유되어 있다.
③ 라피노오스(raffinose) : 설탕과 갈락토오스가 결합한 것이다.
④ 스타키오스(stachyose) : 라피노오스에 갈락토오스가 결합된 것이다.

(2) 탄수화물의 구조와 기능

가) 전분과 글리코겐

많은 식물의 대표적인 저장 탄수화물인 전분(starch)은 산이나 효소에 의한 분해된다. 전분은 서로 다른 두 개의 성분, 즉 아밀로오스(amylose)와 아밀로펙틴(amylopectin)으로 구성되어 있다.

① 아밀로오스

50~500개의 α-포도당이 곁가지가 없이 α-1,4 결합으로 연결된 α-나선형을 가진 직쇄상의 중합체, 즉 직선상 분자이다.

② 아밀로펙틴

100,000여 개의 포도당 중합체로 곁가지가 많이 달린 분자구조를 갖고 있으며, 그 포도당 결합양식은 아밀로오스와 유사하지만, 주사슬의 매 18~20개의 포도당 단위당 곁가지가 α-1,6 결합에 의해서 형성되어 있다는 점이 다르다. 구조가 서로 다른 아밀로오스와 아밀로펙틴은 그 물리화학적 성질도 다르다.

③ 글리코겐

동물의 저장용 탄수화물로서, 동물성 전분이라고도 한다. 동물은 포도당 중합체인 글리코겐(glycogen)을 근육조직과 간에 저장하고 에너지가 필요할 때 포도당으로 전환시킨다. 글리코겐은 그 구조나 성질이 전분의 아밀로펙틴과 유사하지만, 더 많은 곁가지를 갖고 있다.

나) 섬유질

섬유질(fiber)은 식물성 식품에 많이 들어 있으며, 식품 내에 들어 있는 식이섬유

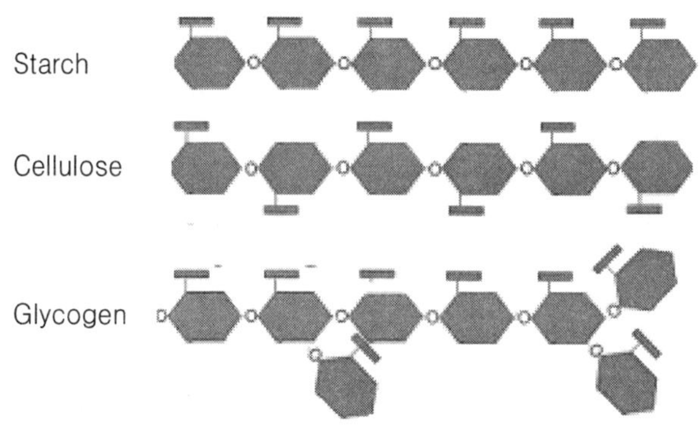

그림 1-5. 전분과 글리코겐의 구조

질과 식품에 첨가되는 기능성 섬유질이 있다. 섬유질에는 셀룰로오스, 헤미셀룰로오스, 펙틴, 검 등이 있다.

① 셀룰로오스

셀룰로오스(cellulose)는 모든 고등식물 세포의 세포벽 성분으로 식물 골격을 형성하며, 식물의 종류에 따라 그 형태가 다르다. 셀룰로오스의 기본구조는 전분과 비슷하지만 β-포도당이 직선으로 연결되어 있다. 인체의 탄수화물 분해효소는 셀룰로오스의 β-1,4 결합을 분해하지 못하기 때문에 셀룰로오스는 영양소로 이용될 수 없지만 인간의 식이에서 매우 중요한 역할을 한다. 헤미셀룰로오스(hemicellulose)는 셀룰로오스와 함께 식물의 조직, 잎, 종자에 함유되어 있는 탄수화물이다. 헤미셀룰로오스는 포도당·크실로오스·만노오스·아라비노오스·갈락토오스 등으로 구성된 복합다당류로서 셀룰로오스·리그닌 등과 함께 식물세포의 세포벽 성분으로 존재한다.

② 펙틴

펙틴(pectin)은 펙틴물질들로 불리는 광범위한 화합물들에 대한 일반명이다. 펙틴물질 중 가장 중요한 것이 펙틴이다. 펙틴은 갈락투론산(α-D-gauronic acid)이 α-1,4 결합을 통하여 연결된 직선상의 분자이다. 펙틴 젤(gel)은 동물이 분비하는 효소에 의해서는 분해되지 않으며 미생물에 의해서만 분해된다.

③ 검질

검질(natural gums)은 식물의 상처 부위에서 생성되는 수용성 점성 다당류로서 잎이나 줄기에서 자연적으로 분지된다. 메뚜기콩 검(locust bean gum), 아라비아 검(arabic gum), 카라야 검(karaya gum), 트라가칸스 검(tragacanth gum) 등이 있다. 또한 해조류에서도 다양한 검질물질들, 즉 한천(agar) · 알긴(algin) · 카라기난(carrageenan) · 퍼셀라란(furcellaran) 등이 추출되어 식품으로 사용되고 있다.

(3) 탄수화물의 체내 기능

가) 열량 공급

① 섭취된 탄수화물은 포도당으로 전화되어 대사에 사용된다.
② 1 g당 4 kcal의 에너지를 공급한다.
③ 적혈구나 뇌와 같은 조직은 주로 포도당을 에너지원으로 이용하며, 근육도 포도당을 연료로 사용한다.

나) 체단백질 보호작용

① 적당량의 탄수화물 섭취는 단백질을 절약한다.
② 탄수화물을 충분히 섭취하지 못하면 단백질로부터 포도당을 합성한다(포도당 신생합성 : gluconeogenesis).

다) 지방의 불완전 산화방지

① 탄수화물 섭취는 지방의 산화에 필수적이다.
② 탄수화물 부족 시 피하조직에서 분해된 지방이 대사되면 케톤증이 생긴다.
③ 케톤증은 당뇨병의 여러 합병증의 원인이 된다.

케톤증(ketosis) : 체내에서 지질이 분해될 때 비효율적인 경로를 통한 대사가 증가하여 지질대사의 중간산물인 '케톤체'가 혈액에 증가하는 현상을 말한다. 입에서는 아세톤 비슷한 냄새가 나고, 식욕이 떨어지고, 갈증이 심하면서 뇌손상이 오기도 한다.

2) 지방(lipids)

지방질로 알려진 지방(fats)과 기름(oils)은 탄수화물과 같이 탄소 · 수소 · 산소를

표 1-2. 대표적인 포화지방산들의 종류

포화지방산의 이름		융점(℃)	분자식	학술명
Butyric acid	C4:0	-7.9	$CH_3(CH_2)_2COOH$	n-butanoic acid
Caproic acid	C6:0	-3.2	$CH_3(CH_2)_4COOH$	n-hexanoic acid
Caprylic acid	C8:0	16.3	$CH_3(CH_2)_6COOH$	n-octanoic acid
Capric acid	C10:0	31.3	$CH_3(CH_2)_8COOH$	n-decanoic acid
Lauric acid	C12:0	43.9	$CH_3(CH_2)_{10}COOH$	n-dodecanoic acid
Myristic acid	C14:0	54.4	$CH_3(CH_2)_{12}COOH$	n-tetradecanoic acid
Palmitic acid	C16:0	62.9	$CH_3(CH_2)_{14}COOH$	n-hexadecanoic acid
Stearic acid	C18:0	69.6	$CH_3(CH_2)_{16}COOH$	n-octadecanoic acid
Arachidic acid	C20:0	75.4	$CH_3(CH_2)_{18}COOH$	n-eicsanoic acid
Behenic acid	C22:0	80.0	$CH_3(CH_2)_{20}COOH$	n-docosanoic acid
Lignoceeric acid	C24:0	84.2	$CH_3(CH_2)_{22}COOH$	n-tetracosanoic acid
Cerotic acid	C26:0	87.7	$CH_3(CH_2)_{24}COOH$	n-hexacosanoic acid

표 1-3. 대표적인 불포화지방산의 종류

불포화지방산의 이름		융점(℃)	분자식
Palmitoleic acid	C16:1	0.5	$CH_3(CH_2)_5CH=CH(CH_2)_7COOH$ (cis)
Oleic acid	C18:1	13	$CH_3(CH_2)_7CH=CH(CH_2)_7COOH$ (cis)
Elaidic acid	C18:1	44	$CH_3(CH_2)_7CH=CH(CH_2)_7COOH$ (trans)
Linoleic acid	C18:2	-5.8	12 9 $CH_3(CH_2)_4CH=CHCH_2CH=CH(CH_2)_7COOH$ (cis, cis)
Linolenic acid	C18:3	-11	15 12 9 $CH_3CH_2CH=CHCH_2CH=CHCH_2CH=CH(CH_2)_7COOH$ (cis, cis, cis)
Arachidonic acid	C20:4	-49.5	$CH_3(CH_2)_4(CH=CHCH_2)_4CH_2CH_2COOH$ (all cis)
Licanic acid	C18:1	75	13 11 9 4 $CH_3(CH_2)_3CH=CHCH=CHCH=CH-(CH_2)_4C-CH_2CH_2COOH$ ‖ O(9-cis, trans, trans)
Eleostearic acid	C18:3	49	13 11 9 $CH_3(CH_2)_5CH=CHCH=CHCH=CH-(CH_2)_7COOH$ (cis, trans, trans)
Ricinoleic acid	C18:1	4	12 9 $CH_3(CH_2)CH-CH_2-CH=CH-(CH_2)_7-COOH$ | OH
Eruic acid	C22:1	33.5	13 $CH_3(CH_2)_7CH=CH(CH_2)_{11}COOH$

함유하고 있다. 상온에서 지방은 고체이고, 기름은 액체이다. 지방과 기름의 차이는 그 구성 지방산에 의하여 설명된다. 일반적으로 지방은 동물로부터 얻어지고, 기름은 식물로부터 얻어진다. 지방질은 물에 녹지 않으며, 클로로포름이나 사염화탄소와 같은 지용성 용매에 잘 녹는 물질들이다.

(1) 지방의 종류

가) 지방산

카르복실기(carboxylic group)를 하나만 가진 탄소수 네 개 이상의 직선상의 유기산들이다. 지방산(fatty acid)들은 그 탄화수소 사슬이 모두 수소로 포화되어 불포화결합이 없는 포화지방산(saturated fatty acid)과 분자 속의 탄화수소 사슬이 수소로 포화되어 있지 않고 이중결합을 하나 또는 그 이상 가진 불포화지방산(unsaturated fatty acid)으로 분류된다.

나) 인지질

인지방질은 가수분해에 의해서 지방산과 알코올류 이외에도 질소화합물 · 인산 · 당류 등이 형성된다. 대표적인 인지방질은 레시틴(phosphatidyl choline) · 세팔린(phosphatidyl serine 또는 ethanolamine) · 포스포이노시티드류(phosphoinositides) 등이 있다. 인지질은 소수성 부분과 친수성 부분이 공존하는 양쪽 극성의 물질로 세포막의 주요한 구성성분이다.

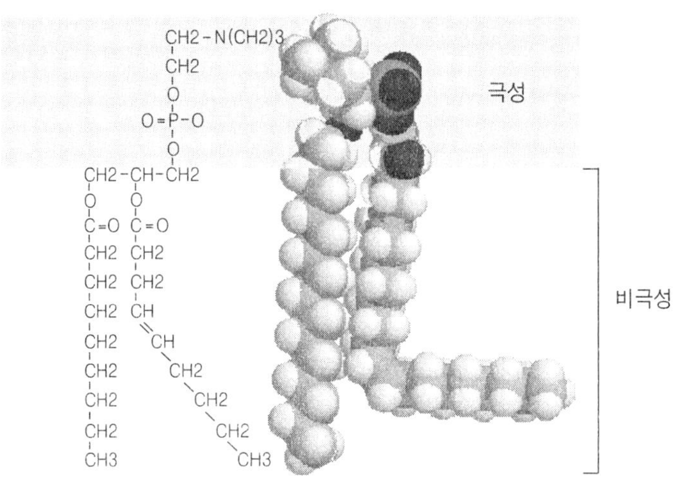

그림 1-6. 인지질의 구조

다) 스테롤류

스테롤(sterols)은 동물성 스테롤(zoosterols), 식물성 스테롤(phytosterols) 및 미생물 스테롤(mycosterols)로 분류된다. 동물성 스테롤은 동물의 근육조직 · 뇌조직 · 신경조직 · 담즙 · 혈액 · 일반 지방질에 널리 분포되어 있는 콜레스테롤로 인지방질들과 함께 세포막을 구성한다. 신경조직에서는 미엘린(myelin)을 형성한다. 식물성 스테롤에는 시토스테롤(sitosterol)과 스티그마스테롤(stigmasterol)이 있다. 미생물 스테롤 중 에르고스테롤(ergosterol)은 자외선 조사에 의하여 비타민 D_2로 변화된다.

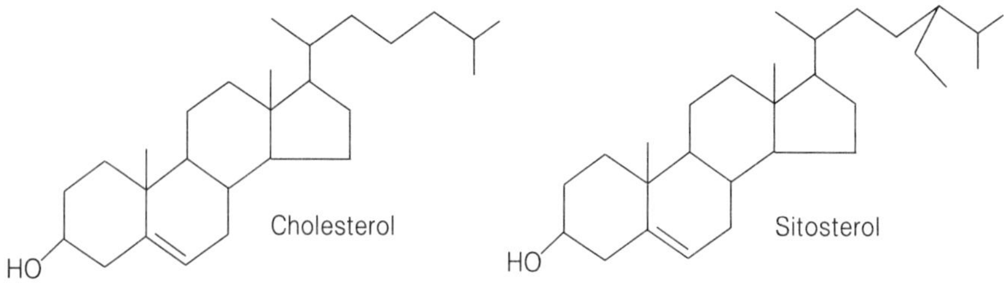

Cholesterol
HO
Sitosterol
HO

그림 1-7. 스테롤의 구조

(2) 지방의 특성

가) 용해성

지방질은 지용성 용매에 잘 녹지만 물에 녹지 않으며, 유화제 존재 하에서 물과 섞여 안정된 혼합물, 즉 유탁액(emulsion)을 형성할 수 있다. 유탁액은 수중 유적형(fat-in-water) 유탁액과 유중 수적형(water-in-fat) 유탁액으로 분류된다.

나) 열 특성

지방질의 융점은 예민하지 않기 때문에 융점 측정으로 지방질의 종류를 식별하는 것은 거의 불가능하다. 발연점은 열이 가해진 유지 표면에서 엷은 푸른 연기가 발생할 때의 온도이다.

다) 가소성

가소성(plasticity)이란 완전 탄성체로 작용하지 않고, 어느 한도 내에서 파괴되지 않고 외부의 힘에 따라 연속적 · 영구적으로 변형될 수 있는 성질을 말한다. 유지의

유지의 산패

▶ 유지의 산패란?

유지의 산패(rancidity)란 식용유지나 지방질을 많이 함유하고 있는 유지식품이 저장 및 가공 중에 화학적·미생물학적인 여러 가지 원인에 의하여 불쾌한 냄새와 맛을 형성하여 그 품질이 저하되는 경우를 말한다.

▶ 유지 산패의 분류

유지의 산패를 일으키는 원인으로는 여러 가지가 있으나, 대체로 다음과 같은 4가지 종류로 분류할 수 있다.

1. 유지 또는 지방질 식품이 외부의 바람직하지 않은 냄새를 흡수하는 산패

식용유지나 지방질 성분이 주변의 특유한 냄새나 맛을 가진 성분의 흡수 또는 오염에 의한 불쾌하거나 비정상적인 냄새나 맛이 발생한다.

2. 가수분해에 의한 산패

유지가 물, 산·알칼리, 지방질 분해효소에 의하여 불쾌한 냄새나 맛을 형성하여 유지가 변질되는 경우를 말한다. 이때 가수분해에 의한 산패는 크게 화학적 가수분해에 의한 산패(유지의 구성성분인 트리아실글리세롤이 물과 접촉함으로써 일어나는 화학적 가수분해에 의한 산패)와 지방질 분해효소에 의한 산패(트리아실글리세롤이 동·식물의 조직 중에 존재하는 lipase와 같은 지방질 분해효소에 의하여 분해되어 산패되는 경우)로 나눌 수 있다.

1) 우유·치즈·버터의 산패

우유(3.6%의 지방질과 87~88%의 수분을 함유) 중의 지방은 물과 접촉하는 계면적이 넓기 때문에 가수분해에 의한 유지의 변질이 일어나기 쉽다. 또한 15~16%의 수분을 함유하고 있는 버터, 30~40%의 수분을 함유하고 있는 치즈의 경우도 동일한 원인에 의하여 가수분해 되어 산패현상을 유발할 수 있다. 유제품이 가수분해 되면 저급 휘발성 유리지방산이 생성되므로 독특한 불쾌취를 내게 된다.

2) 식물성 유지의 산패

쌀겨기름·팜유·올리브유 등의 식물성 유지에서는 착유할 때 식물조직으로부터 혼입되어 들어오는 지방질 분해효소인 lipase의 활성이 매우 강하며, 지방질 분해효소가

다량 함유되어 있으므로 이들 효소에 의한 지방질 가수분해 반응으로부터 기인하는 유지의 산패가 일어나기 쉽다.

3) 어유의 산패

어유에서도 어류 체내에 존재하는 lipase의 활성이 매우 강하므로 조제어유와 어유조직 내에 있는 지방질은 lipase에 의하여 유지의 산패가 현저하게 야기될 수 있다.

3. 산화에 의한 산패

산화에 의한 산패는 유지가 산소를 흡수함으로써 일어나는 산패를 말하며, 크게 생화학적 산패와 비생화학적 산패로 나눌 수 있다.

① 생화학적 산패는 주로 lipoxygenase에 의한 불포화지방산의 산화, heme 화합물이나 chlorophyll 등의 산화촉진제에 의한 유지의 산화를 말한다.

② 비생화학적 산패는 생화학적 물질과 관계없는 자동산화에 의하여 일어나는 것으로, 일반적으로 자동산화에 의한 산패라고 한다.

▶ 산화에 의한 산패의 기본 형태

1. 자동산화에 의한 산패

유지가 가열됨이 없이 자연발생적으로 공기중의 산소를 흡수하고, 흡수된 산소가 유지를 산화시킴으로써 산화생성물이 형성되는 반응으로 활성 라디칼의 연쇄반응으로 인한 산패를 말한다. 식용유지나 지방질 식품은 실온 또는 그보다 낮은 온도에서 장기간 저장되는 것이 일반적이기 때문에 자동산화 과정이 특히 문제가 된다.

1) 유도기간

유지가 산소를 흡수하는 속도는 초기단계에서 거의 일정하게 유지되다가 일정기간 이후 급속도로 증가하게 되고, 산화생성물의 함량도 급격히 증가하면서 산패가 발생되는데, 이때 유지의 산소 흡수속도가 매우 낮은 기간을 산패의 유도기간이라고 하며, 유지가 산패될 때까지의 기간을 의미한다. 불포화도가 클수록 그 산화속도가 크다.

2) 자동산화 반응의 메카니즘

■ 초기반응

유지분자(지방산 분자)들이 가열에너지, 기계적 에너지, 광에너지 등에 의해 활성화되어 분자 내에 공유결합을 이루고 있는 전자쌍이 두 갈래로 나뉘어져서 자유라디칼이 생성된다.

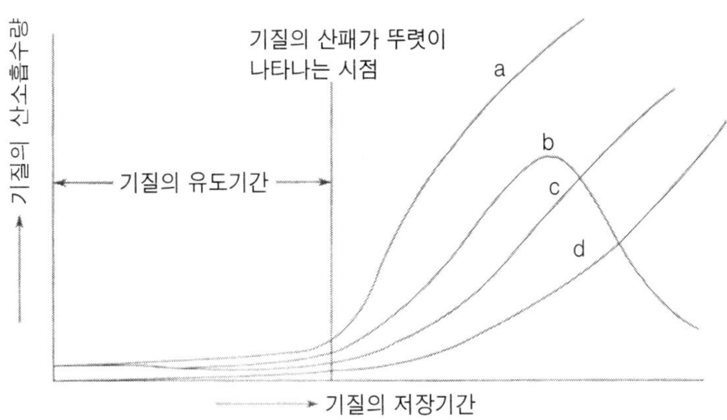

식용유지의 자동산화 과정을 나타내는 여러 곡선들

(김동훈, 식용유지의 산화, 1994)

a. 산소 흡수량을 나타내는 곡선
b. 자동산화과정의 제1차 산화생성물인 하이드로퍼옥사이드의 생성량을 나타내는 곡선
c. 최종 산화생성물인 카아보닐 화합물의 생성량을 나타내는 곡선
d. 점도(viscosity)의 증가를 나타내는 곡선

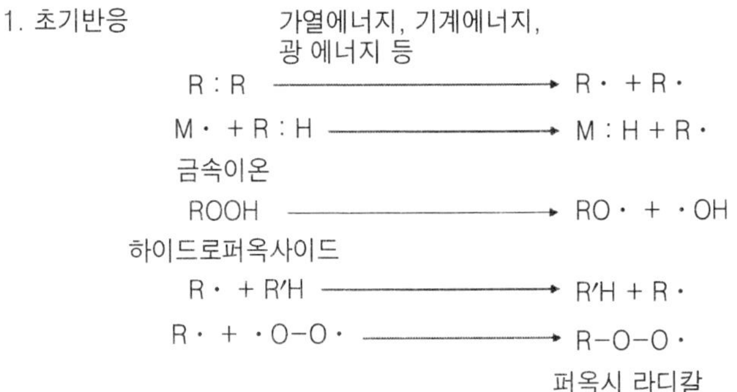

2. 연쇄반응

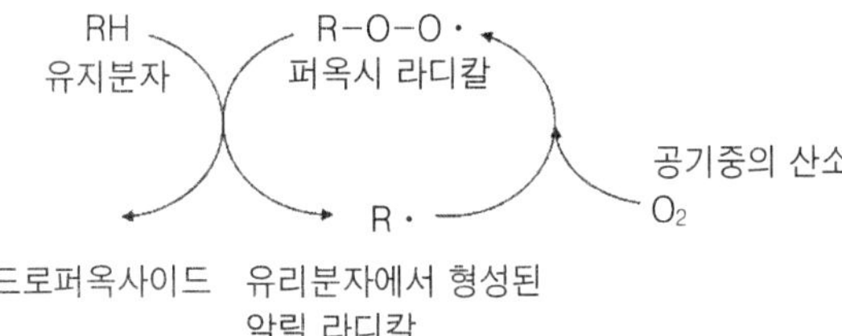

3. 종결반응

R· + R'· → R : R'

ROO· + R'· → ROO : R'·

자동산화 과정중 하이드로퍼옥사이드(hydroperoxide)의 형성과정

▶ 전파반응

초기 반응에서 생성된 자유라디칼이 공기중의 분자상 산소와 직접 결합하여 과산화물 라디칼이 되고, 이것이 다른 유지분자로부터 수소를 받아 중간 산화생성물인 hydroperoxide이 되고, 동시에 분자 자체는 새로운 자유라디칼이 된다. 이것은 자기촉매적 자동산화를 일으키게 된다.

- 연쇄반응 : Hydroperoxide 분해과정
- 종결반응 : 생성된 각종 활성이 강한 라디칼들이 서로 결합하여 새로운 물질을 형성하게 된다. 이렇게 형성된 새로운 물질들은 산패된 유지의 이화학적 성질에 영향을 미치게 된다.

2. 감광체 산화에 의한 산패

광선에 의하여 활성화된 감광체가 공기중의 산소 분자를 활성이 강한 일중항 산소 분자(singlet oxygen)로 만들어 이 일중항 산소 분자에 의한 산화 또는 감광체 산화에 기인한 산패가 발생된다. 일중항 산소는 삼중항 산소보다 약 1,500배 가량 빠르게 C=C 결합과 반응하고, 이 반응에서 생성된 hydroperoxide가 분해되며, 여기서 생성된 자유라디칼과 함께 연쇄반응이 시작된다. 감광체는 유지식품 중에 널리 존재하며, 일중항 산소를 생성하는 감광체로는 chlorophyll, pheophytin, hematoporphyrin, hemoglobin과 myoglobin의 색소 부위, 합성색소인 erythrosin 등이 있다.

3. 가열산화에 의한 산패

튀김기름이나 튀김식품들은 고온(140～180℃)에서 유지를 가열하기 때문에 가열산화과정이 또한 문제가 된다.

1) 효소에 의한 산화

지방산의 산화를 촉진시키는 효소로는 리폭시게나아제(lipoxygenase)와 리포하이드로퍼옥시다아제(lipohydroperoxidase)의 두 종류가 있다. 이 두 가지 효소는 콩류·곡류 등 식물에 광범위하게 분포되어 있다.

- 리폭시게나아제

① 불포화지방산이 산화되어 hydroperoxide가 되는 반응을 촉매하는 효소이다.
② 반응 최적온도는 상온부근이며, 최적 pH는 중성이다.
③ 기질이 되는 지방산은 반드시 *cis*, *cis*-1,4-pentadiene 결합(-CH=CH-CH2-CH=CH-)을 가지고 있어야 한다. 이 결합을 포함하고 있는 필수지방산인 리놀레산, 리놀렌산 및 아라키돈산은 리폭시게나아제의 작용을 받게 되어 파괴되지만, 올레

산은 C9 위치에 한 개의 이중결합을 가지고 있어 작용을 받지 않는다.
④ 리폭시게나아제는 활성 중심자리에 Fe원자를 가지고 있는 금속결합 단백질로, 효소 중의 Fe가 촉매작용에 중요한 역할을 하는 것으로 알려져 있다.
⑤ 리폭시게나아제는 hydroperoxide에 의해서 활성화되며, 활성화 과정중 Fe^{2+}는 Fe^{3+}로 산화된다.
⑥ 식품의 비타민 및 단백질 성분을 파괴시키고, 이취를 생성하여 품질을 저하시킨다.

■ 리포하이드로퍼옥시다아제

① Hydroperoxide의 분해를 촉매하는 효소이다.
② 열에 강한 성질을 가지며, 최적 pH는 중성부근이다.
③ 1,4-Pentadiene 단위의 methylene기가 ω-8의 위치에 있는 지방산에만 작용하는 것으로 알려져 있다.

2) 변향에 의한 산패

식물성 유지의 산화적 산패가 일어나기 전에 불쾌한 냄새와 맛을 나타내는 현상을 변향(flavor reversion)이라 한다. 변향은 보통 유지에서 일어나는 산화적 산패와 구별된다. 예를 들면 풀냄새와 콩 비린내를 가졌던 조제 대두유를 탈취 등의 정제과정을 거쳐 냄새를 제거한 후 잠시 저장하는 동안에 다시 풀냄새와 콩 비린내가 나는 경우가 있는데, 이러한 냄새의 복귀를 의미한다. 변향은 보통의 산화적 산패를 일으키는 데 필요한 산소량의 1/50 이하에서도 일어날 수 있다는 점에서 자동산화에 의한 산패와 구별된다. 또한 자동산화에 의한 산패와 그 풍미가 뚜렷이 구별되고, 또 자동산화에 의한 산패가 일어나기 훨씬 전에 일어난다는 점에서 일반적인 산패와 구별되고 있다.

가소성은 버터·마가린·초콜릿과 같은 과자류에 있어서 바람직한 성질이다.

라) 경화

경화(hydrogenation)는 식물성 기름(oils)의 이중결합에 수소를 포화시켜 동물성 지방(fats)과 같은 형태로 만드는 것이다. 불포화지방산은 포화지방산으로 변한다.

마) 산패

열·빛·금속에 의해 지방질의 산화는 촉진되므로 유지를 비금속 용기에 잘 포장해서 서늘하고 어두운 장소에 저장하면 산패(rancidity)를 감소시킬 수 있다.

3) 단백질

단백질은 탄소・수소・산소・질소로 되어 있으며, 황(S)과 인(P)을 함유하고 있기도 하다. 단백질은 아미노산(amino acids)이라는 소분자들이 여러 개 결합되어 연결된 구조를 갖는 생체 고분자이다. 단백질의 기본단위는 α-아미노산이며, 자연에 존재하는 대부분의 아미노산은 L-고분자이다. 일반적으로 아미노산의 구조는 알칼리성을 띠는 아미노기(amino group, NH_3)와 산성을 띠는 카르복실기(carboxly group, COO^{2-})로 구성되어 있으며, 양성이온 상태로 표시된다. 또한 아미노산은 서로 다른 알킬기(alkyl group, R-) 또는 곁사슬을 갖고 있으며, 아미노산의 종류에 따라 알킬기 또는 곁사슬은 다르다.

(1) 아미노산

인체를 구성하는 단백질은 22개의 아미노산으로 이루어져 있다. 이 중 8개는 반드시 식품 중에 포함시켜 섭취해야 하며, 이들을 **필수아미노산**이라 한다.

가) 필수아미노산

① 체내에서 합성될 수 없기 때문에 식이로 공급되어야 한다.

② 모든 사람들에게 필수적이며, 특히 성장기 어린이들에게는 추가로 공급되어야 한다.

③ 동물성 식품이 식물성 식품보다 인체 단백질 합성에 더 잘 사용된다.

나) 비필수아미노산

체내에서 합성이 되므로 반드시 식사에 포함시키지 않아도 된다.

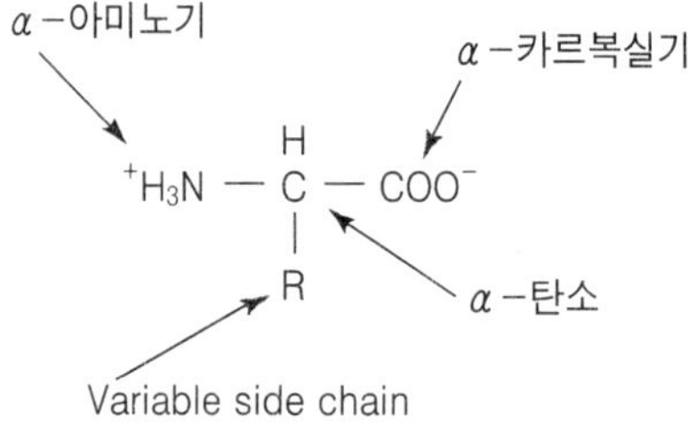

그림 1-8. 아미노산의 구조

표 1-4. 필수아미노산과 비필수아미노산의 종류

필수아미노산	비필수아미노산
Isoleucine	Glycine
Leucine	Glutamic acid
Lysine	Arginine※
Methionine	Aspartic acid
Phenylalalnine	Proline
Threonine	Alanin
Tryptophan	Serine
Valine	Tyrosine
Histidine	Cysteine
	Asparagine
	Glutamine

※ 경우에 따라서는 필수아미노산으로 구분된다.

(2) 단백질의 구조

단백질의 구조는 탄수화물 또는 지방질보다 훨씬 다양하고 복잡하다. 아미노산들은 펩티드 결합(peptide bond), 즉 한 아미노산의 카르복실기가 다른 아미노산의 아미노기와 축합하여 형성된 펩티드 결합(-OC-NH-)에 의하여 이루어진 구조를 이룬다. 폴리펩티드(polypeptide)는 많은 아미노산들이 펩티드 결합에 의하여 이루어진 고분자이며, 단백질은 교차결합에 의해 연결된 여러 개의 폴리펩티드로 구성되어 있다.

가) 단백질의 1차 구조

폴리펩티드의 연속적인 특정 서열의 아미노산 배열구조이다.

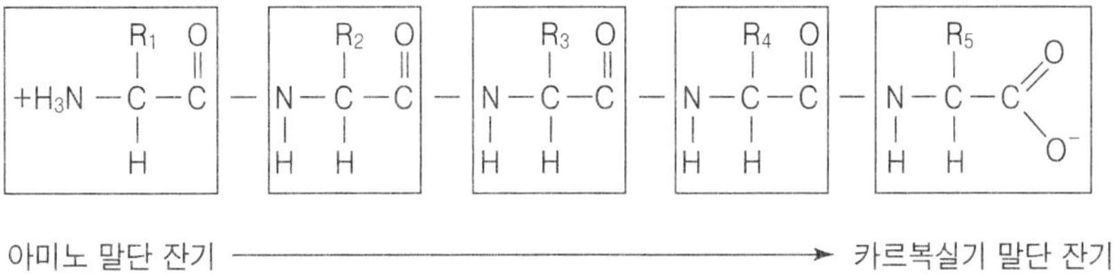

$$+H_3N-\underset{H}{\overset{R_1}{C}}-\overset{O}{\overset{\|}{C}}-\underset{H}{N}-\underset{H}{\overset{R_2}{C}}-\overset{O}{\overset{\|}{C}}-\underset{H}{N}-\underset{H}{\overset{R_3}{C}}-\overset{O}{\overset{\|}{C}}-\underset{H}{N}-\underset{H}{\overset{R_4}{C}}-\overset{O}{\overset{\|}{C}}-\underset{H}{N}-\underset{H}{\overset{R_5}{C}}-C(=O)O^-$$

아미노 말단 잔기 ⟶ 카르복실기 말단 잔기

그림 1-9. 아미노산의 1차 펩티드의 구조

나) 단백질의 2차 구조

단백질의 기능을 발휘하기 위해 구조를 안정화하기 위하여 아미노산들의 화학적 결합이 생긴 구조이다. 분자의 모양과 공간 배열에 따라 섬유상 단백질과 구상 단백질로 크게 분류된다. 펩티드결합의 산소와 수소 사이에서 수소결합한 결과 규칙적인 α-나선구조(α-helix structure)나 β-병풍구조(β-pleated sheet structure)를 형성한다.

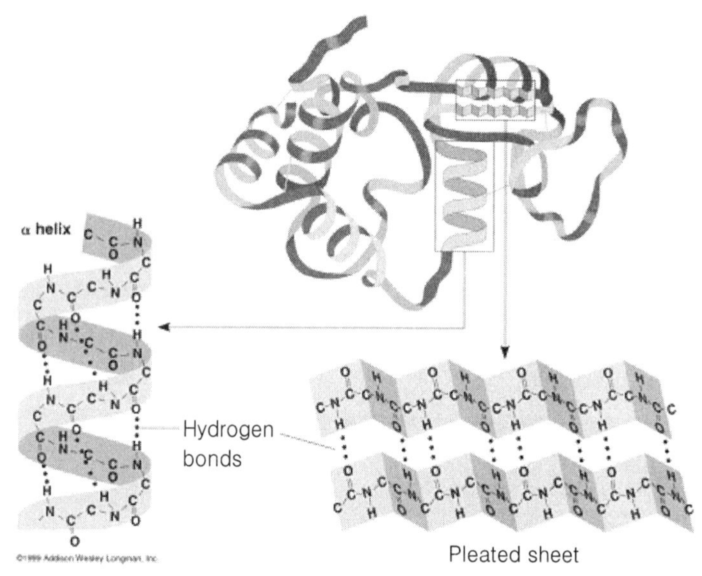

그림 1-10. 단백질의 2차 α-나선구조와 β-병풍구조

(김명원, 생명과학 이론과 현상의 이해, 2004)

다) 단백질의 3차 구조

단백질의 2차 구조가 더욱 복잡하게 연결된 구조로 반응기를 가진다. 단백질 분자가 특별하게 꼬이거나 접히게 되면 홈, 결각, 소수성, 하전된 부위 등과 같은 3차원의 구조인 특이한 표면을 갖게 된다.

라) 단백질의 4차 구조

2개 이상의 폴리펩티드가 상호 작용하여 형성한 단백질 형태로 대표적인 4차 구조 단백질로 헤모글로빈이 있다.

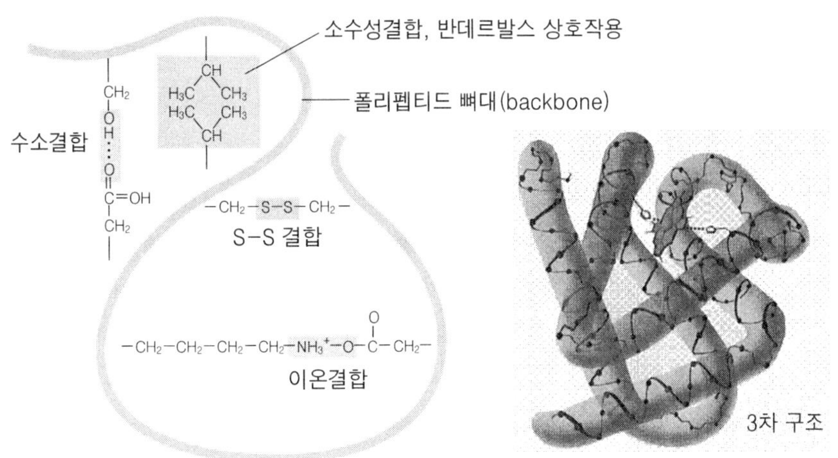

그림 1-11. 단백질의 3차 구조 및 결합형태

그림 1-12. 단백질의 4차 구조 및 결합형태

(3) 단백질의 기능

가) 필수 구성성분 형성

단백질은 모든 세포에 함유되어 있다. 결합조직, 근육조직, 모발, 치아, 여러 효소들 등은 주로 단백질로 이루어져 있다. 따라서 성장기 어린이나 임신부들은 특히 단백질 섭취가 많이 필요하다. 또한 성장이 끝난 후에도 체구성 단백질은 계속해서 퇴화되고 재생되기 때문에 매일 단백질 섭취를 해주어야 한다.

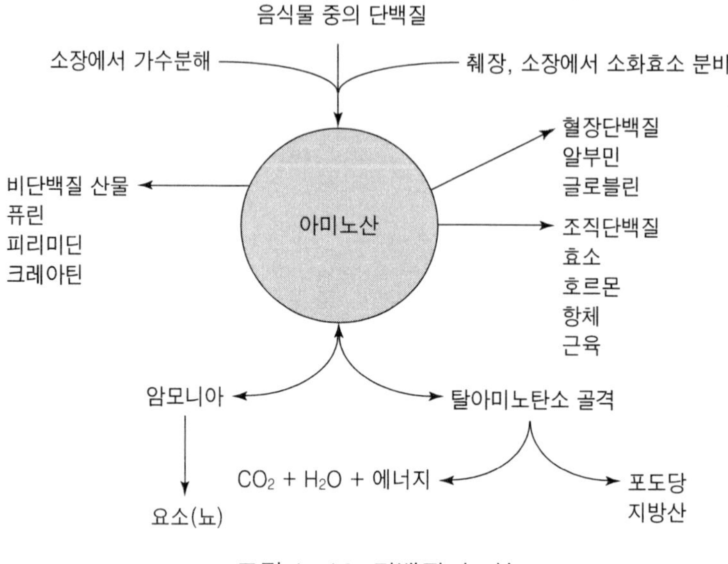

그림 1-13. 단백질의 기능

나) 호르몬 생성

단백질은 호르몬의 구성성분으로 체내에서의 역할로는 외부환경에 적응하여 항상성을 유지하는 데 필요한 생체반응을 조절한다. 호르몬의 종류로는 갑상선 호르몬, 인슐린, 글루카곤 성장호르몬 등이 있다.

다) 효소합성

효소는 화학반응을 가속화시키는 물질로서 식품 섭취시 유리된 단백질·탄수화물·지방 등을 소화시키는 작용을 한다.

라) 항체형성

단백질은 면역반응에 참여하는 세포들의 중요 부분을 차지하며, 면역세포에 의해 생성된 항체 또한 단백질이다. 이러한 항체는 외부로부터 침입한 물질을 제거하는 역할을 한다. 또한 상처가 나면 출혈을 멈추게 하며, 단백질 섭취가 충분하지 못한 경우에는 면역체계의 기능이 저하된다.

마) 부종 방지 및 완충작용

혈액 단백질인 알부민(albumin)과 글로불린(globulin)은 체액의 균형을 유지하는 역할을 한다. 이들의 분자량이 커서 모세혈관을 빠져 나가지 못하여 혈관내 삼투압이 높아지게 된다. 이렇게 하여 조직으로 빠져 나갔던 수분들이 혈관으로 돌아와 부종이 일어나는 것을 방지한다. 뿐만 아니라 단백질은 혈액의 산-염기 균형을 조절하는 것을 돕기도 한다. 완충제가 혈액의 산-염기 균형을 조절하여 주위 환경 변화를 완충시키는 데 단백질이 체내 완충제 역할을 한다.

(4) 단백질의 특성

가) 변성

단백질은 압력을 받으면 그 1차 구소는 변하지 않지만 교차결합이 깨어지면서 2차 구조가 바뀌어 변성이 일어나는데, 변성의 결과 단백질의 특성은 변화된다. 변성 단백질은 용해성이 적어지고 점성이 높아져 보다 쉽게 효소의 공격을 받으며, 따라서 대부분의 단백질 식품은 조리되었을 때 더 소화되기 쉽다.

나) 응고

변성에 의하여 풀려진 분자들은 서로 덩어리를 형성하면서 응집하려는 경향이 있다.

다) 마이아르(Maillard)형 갈색화 반응

단백질 내의 아미노산의 아미노기와 포도당의 카르보닐기 사이에서 일어난다. 빵 껍질・구운 고기・튀긴 감자・과자 등과 같은 제품들의 색과 향기에 영향을 미친다. 이때 단백질의 영양가를 손실시키기도 한다. 특히 필수아미노산인 리신의 손실은 매우 크며, 저장식품의 변색을 초래하기도 한다.

4) 비타민

인체의 정상적인 성장・발달과 건강을 위하여 필수적인 비타민은 체내에서 합성되지 않기 때문에 반드시 식이로 섭취해야 한다. 비타민은 식품에 소량 또는 미량 존재하지만 균형 잡힌 식사는 인체에 필요한 비타민을 모두 공급할 수 있으므로 균형 잡힌 식사를 하는 사람들은 비타민 섭취를 영양제를 통해 할 필요가 없다. 유아, 어린이, 임산부, 수유부를 제외한 사람들은 사실 비타민 공급을 그렇게 많이 필요로 하지 않는다.

다른 영양소들과는 달리 비타민에 속하는 유기화합물들은 각각의 화학적 성질이 유사하지 않다. 비타민은 각각 특수한 화학구조를 가지고 있으며, 체내에서의 기능

표 1-5. 지용성 비타민과 수용성 비타민의 일반적 성질

지용성 비타민	수용성 비타민
· 기름과 유기용매에 용해 · 하루의 섭취량이 조직의 포화상태를 능가하면 체내에 저장 · 체외로 좀처럼 방출되지 않음 · 필요량을 매일 절대적으로 공급할 필요성은 없음 · 비타민의 전구체가 존재 · 구성원소는 수소, 산소, 탄소	· 물에 용해 · 필요한 이상의 섭취량은 체내에 저장되지 않고 방출 · 쉽게 소변으로 방출 · 매일 필요량을 공급 못하면 결핍증세가 비교적 빨리 나타냄 · 일반적으로 전구체가 존재하지 않음 · 구성원소는 수소, 산소, 탄소 외에 질소 및 경우에 따라 황, 코발트 등을 함유

또한 다르다. 대부분의 비타민은 인체 내에서 효소체계에 포함된다. 비타민은 두 가지 주요한 그룹, 즉 지용성 비타민과 수용성 비타민으로 분류되며, 지용성 비타민과 수용성 비타민의 일반적 성질은 표 1-5와 같다.

(1) 수용성 비타민

수용성 비타민에는 티아민(thiamin, 비타민 B_1) · 리보플라빈(riboflavin, 비타민 B_2) · 피리독신(pyridoxine, 비타민 B_6) · 비타민 B_{12} · 비오틴(biotin) · 나이아신(niacin) · 판토텐산(pantothenic acid) · 엽산(folacin) 등과 비타민 C가 포함된다. 수용성 비타민인 비타민 B군과 비타민 C는 소장에서 능동운반에 의해서 흡수된다. 그러나 지나치게 많은 양을 섭취하였을 때는 비타민 운반체계가 포화상태가 되므로 수동확산에 의해 흡수되고 흡수율도 떨어진다. 비타민 B_{12}는 일명 시아노코발아민(cyanocobalamin)이라 하며, 다른 수용성 비타민과는 달리 흡수될 때 당단백질의 일종인 내인자(intrinsic factor, IF)와 결합된 후 능동운반에 의하여 회장(ileum)에 흡수된다. 기타 모든 수용성 비타민은 십이지장과 공장에서 주로 흡수된다.

수용성 비타민은 물에는 녹지만 지방질에는 녹지 않으며, 몸에 저장되지 않고 약간만 과다해도 배설된다. 따라서 수용성 비타민은 필요량을 매일 식사를 통하여 섭취하여 이용한다. 수용성 비타민은 체내대사에 관여하는 여러 가지 조효소의 구성성분으로 대사를 조정하는 윤활유 역할을 한다.

(2) 지용성 비타민

지용성 비타민인 비타민 A · D · E · K는 지방질과 마찬가지로 담즙산염에 의하

표 1-6. 수용성 비타민의 급원식품과 기능 및 결핍증

비타민	급원식품	체내 주요 기능	결핍증
비타민 B_1(thiamin)	곡류, 배아, 돼지고기	에너지 대사에 관여, 이산화탄소 제거반응의 조효소	각기병, 말초신경염, 부종
비타민 B_2(riboflavin)	우유, 고기류, 채소	조효소의 구성물질	구순구각염, 눈병
Miacin	우유, 곡류	에너지 대사에 관여 산화환원작용에 관여	펠라그라(pellagra)
비타민 B_6(pyridoxine)	식품에 널리 분포	단백질 대사에 관여 적혈구 형성에 관여	피로, 우울증, 불면증, 피부질환
비타민 B_{12}	육류, 간(식물성 식품에 없음)	DNA 합성에 관여	악성빈혈, 신경과민, 정신병
Folacin	콩, 녹황색 채소, 곡류, 배아식품	핵산 대사에 관여	빈혈, 위장장애
Pantothenic acid	식품에 널리 분포	조효소 A의 구성물질	손과 발의 감각 이상
Biotin	식품에 널리 분포	지방, 단백질, 글리코겐 합성에 관여	거의 없음
비타민 C	감귤류, 토마토, 고추	콜라겐 합성에 관여	괴혈병

표 1-7. 지용성 비타민의 급원식품과 기능 및 결핍증

비타민	급원식품	체내 주요 기능	결핍증	과잉증
비타민 A (retinol)	우유, 버터, 치즈, 마가린, 녹황색 채소	시홍의 구성체, 상피세포 보호	야맹증, 시력 상실, 안구 건조증	두통, 구토, 식욕 감퇴, 근육과 뼈의 통증
비타민 B	대구간유, 달걀	뼈의 성장과 석회화 촉진, 칼슘 흡수 증진	구루병(어린이), 골다공증(성인)	구토, 설사, 체중 감소, 신장 손상
비타민 E (tocopherol)	씨앗, 녹황색 채소, 마가린, 쇼트닝	세포 손상을 막는 항산화제	적혈구 용혈, 빈혈	거의 무독성
비타민 K (phylloquinone)	녹황색 채소, 곡류, 과일류 육류에 소량	혈액응고	출혈(내출혈)	거의 무독성

여 유화되어 미셀(micell)을 형성한 후 지방질과 같이 소화되어 킬로미크론을 거쳐 림프를 통하여 흡수되어 간에 축적된다. 지용성 비타민 A는 시력과 상피세포의 유지에 관여하고, 비타민 D는 칼슘대사와 뼈의 대사에 관여하며, 비타민 E는 항산화제로서, 그리고 비타민 K는 혈액응고에 관여한다. 지용성 비타민은 지방질에 녹고 물에는 녹지 않아 과량 섭취하면 체내에 축적되므로 비타민 중독증이 나타날 수도 있다.

5) 무기질

무기질(mineral)은 결정체인 화학원소로서 합성 또는 분해되지 못한다. 무기질은 하루 필요량이 0.1 g 또는 그 이상이 되는 다량원소(macroelement)와 하루 필요량이 0.01g 이하인 미량원소(microelement)로 분류된다. 다량원소에는 Ca・Cl・Mg・P・K・Na・S 등이 포함되며, 미량원소에는 Fe・Zn・Se・Mn・Cu・I・Mo・Co・Cr・F 등이 포함된다.

무기질은 체내대사에 필요한 효소의 구성성분으로 생화학적 기능에 필수적일 뿐만 아니라 삼투압 유지, 아미노산과 호르몬의 구성성분, 항산화제 등의 중요한 역할을 담당하고, 기타 체액의 구성성분과 산・염기 평형조절 등의 기능을 가지고 있다.

(1) 회분

회분(ash)이란 음식물을 태워서 남은 재를 말하며, 이것은 무기질의 총량으로 정의된다. 그러나 실제 식품을 태워 남은 재인 회분은 무기물의 총량과 반드시 일치하지는 않는다. 왜냐하면 염소와 같은 무기질은 대부분 회화(ashing) 시 소실되며, 일부 식품은 회화된 후에도 회분에 유기물이 남아 있기 때문이다. 즉, 회분은 식품의 종류와 회화조건에 따라 그 성분이 다르다. 무기질은 소장 점막세포에서 수동 또는 능동운반 체계에 의해서 흡수된다.

(2) 철분(F)

철분의 경우는 운반단백질인 페리틴(ferritin)과 결합되어 흡수되고, 칼슘 흡수는 비타민 D의 작용에 의하여 합성된 칼슘결합 단백질에 의해서 흡수된다.

(3) 칼슘(Ca)과 인(P)

뼈는 칼슘과 인의 결합물질인 수산화인회석(hydroxyapatite)으로 형성되며, 그 외에 아연(Zn)・몰리브덴(Mo)・망간(Mn) 등이 존재한다.

표 1-8. 무기질의 급원식품과 기능 및 결핍증

무기질	급원식품	체내 주요 기능	결핍증
칼슘(Ca)	우유, 치즈, 녹황색 채소, 말린 콩	뼈・치아 형성・혈액응고, 신경전달, 근육수축	구루병, 골다공증, 성장 위축
염소(Cl)	소금 함유식품, 야채와 과일	물의 균형, 삼투압 조절, 산・염기 균형, 위산 생성	구토, 설사
마그네슘(Mg)	전곡, 견과류, 녹색 잎 채소	단백질 합성, 효소활성화, 신경, 심장기능	성장저해, 행동장해, 식욕부진
인(P)	우유 및 유제품, 어육류, 곡류	뼈・치아 형성, 산・염기 균형	식욕부진, Ca 손실, 근육 약화
칼륨(K)	녹황색 채소, 콩류, 바나나, 우유	신경전달, 산・염기 균형, 물의 균형	근육경련, 식욕저하, 불규칙한 심박동
나트륨(Na)	육류, 우유 및 유제품, 베이킹소오다, 화학 조미료(MSG)	산・염기 균형, 물의 균형, 신경전달	근육경련, 구토, 식욕 감소, 현기증
유황(S)	육류, 달걀, 콩류, 조개, 밀의 배아	산・염기 균형, 해독작용, 세포단백질의 구성	보고된 바 없음
철(Fe)	간, 굴, 육류, 녹색잎 채소	헤모글로빈의 구성성분, 에너지대사 효소의 구성성분	빈혈, 허약, 면역저하
아연(Zn)	식품 중에 널리 분포	효소활동에 관여	성장저해, 미각감퇴증
셀레늄(Se)	해조류, 고기, 곡류	항산화제 역할, 세포막 유지	매우 드묾
구리(Cu)	간, 굴, 코코아, 견과류	헤모글로빈 합성, 뼈의 석회화	빈혈
요오드(I)	해조류	갑상선 호르몬의 구성성분, 기초대사율	갑상선종, 크레틴종
불소(F)	불소첨가 음료, 해조류	골격 형성, 충치 예방	충치

6) 물

인체의 60～70%는 수분으로 되어 있다. 수분은 세포 내외에 분포되어 있으며, 40%는 세포 내에, 20%는 조직 내, 5%는 혈액 내에 들어 있다. 체내 수분함량은 각 조직에 따라 다르며, 혈장의 90～92%, 근육조직의 72～78%, 적혈구의 60%, 지방조직의 20～25%가 수분으로 되어 있다. 골격과 연골조직에는 10% 정도의 수분이 각각 함유되어 있다. 또한 체내 수분함량은 연령・성별・체지방 함량에 따라 차이가 있다. 남자는 수분함량이 체중의 약 60%, 여자는 55% 정도이다. 같은 성별, 같은 연령층에서는 체지방 함량이 많을수록 수분함량은 줄어든다.

성인의 경우 하루 2.0～2.5ℓ의 수분이 필요하다. 인간의 생명 유지에 있어서 공기 다음으로 중요한 것은 수분이다. 사람은 체내의 지방과 단백질의 절반을 잃고도 생명을 유지할 수 있지만, 체내 수분의 10%만 잃어도 생리적 이상이 오고 20% 이상을 상실하면 생명이 위험해진다. 물은 전혀 섭취하지 못하면 며칠을 견디기 어렵다. 따라서 우리 인체는 체내에 항상 일정량의 수분을 보유해야 하기 때문에 수분 배설량과 섭취량이 균형을 이루어야 한다.

성인은 하루에 호흡・땀・소변・대변을 통해서 약 2.5ℓ의 물을 배출하기 때문에 식생활을 통해서 이만큼의 수분을 매일 섭취하여야 된다. 물은 갈증에 의하여 조절된다. 갈증은 인체의 절대적 욕구이다. 배고픔보다 더 절박한 것이 갈증이다. 갈증을 느끼는 것은 혈액 내 나트륨 농도에 의한 것이다. 물은 몸에 저장될 수 없다. 따라서 규칙적인 물의 섭취는 기본적이다.

(1) 물분자의 형태

① 비대칭형 구조를 갖고 있다.

② 물 분자의 양전하와 음전하는 분극화 된다.

(2) 수소결합

비공유적 상호작용의 또 다른 중요한 형태로 정전기에 의한 쌍극자-쌍극자 상호작용의 특수한 경우이다. 수소가 산소, 질소 또는 불소와 같은 전기 음성적 원자와 공유적으로 결합할 때 극성결합이 되도록 부분적인 양전하를 가지게 된다. 수소가

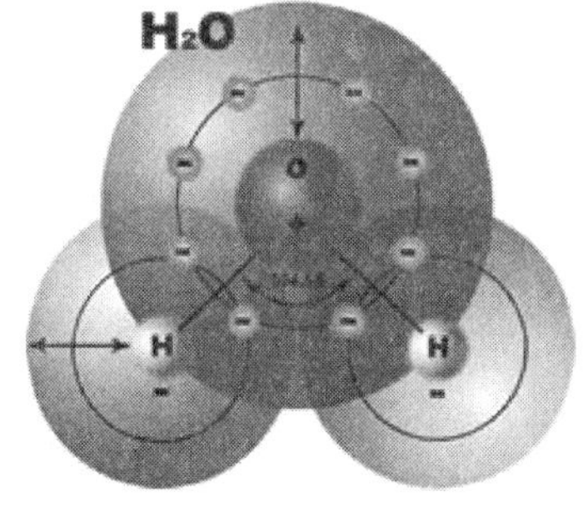

그림 1-14. 물 분자의 구조

공유적으로 결합하고 있는 전기 음성적 원자를 수소결합 공여체라 하고, 상호작용에서 분할되지 않는 전자쌍에 기여하는 전기 음성적 원자를 수소결합 수용체라 하며, 수소는 수용체에 공유적으로 결합되지 않는다.

(3) 수분의 물리적 성질

다양한 수분의 물리적 성질은 수분의 특유한 구조적 특성과 수많은 수소결합을 형성하기 때문이다.

① Solvency : 가장 큰 용매능을 갖는다.
② Polarity : 극성이 있어서 용질을 이온화시킨다.
③ Surface tension : 표면장력 73 dyne/cm, 분자의 응집력이 매우 크다.
④ Specific heat : 비열이 크고, 외계 온도의 영향을 적게 받는다.
⑤ Thermal conductivity : 열전도율이 크다.
⑥ Heat of evaporation : 기화열이 크다.
⑦ Heat of fusion : 연소열이 크다.
⑧ 그 외 용해열과 밀도 등도 매우 크다.

(4) 수분의 기능

① 체온 조절의 기능
② 노폐물 제거의 기능
③ 영양소 이동 및 공급의 기능
④ 장기 보호와 윤활유 역할의 기능
⑤ 체액의 농도와 산·염기의 평형 유지 기능

(5) 수분의 대사

물은 식품과 음료 등을 통해서 우리 몸에 흡수된다. 많은 식품들이 물을 높은 비율로 함유하고 있다. 물은 대부분 대장에서 인체로 흡수되지만, 일부는 위와 소장에서 흡수되기도 한다. 물은 인체 내 화학반응에 의하여 생성되기도 하는데, 즉 영양소가 세포 내에서 산화될 때 이산화탄소와 물이 생성된다.

사람의 신장은 수분조절 기능을 지니고 있어서 물의 섭취량이 부족하면 소변으로 배설되는 양이 크게 줄고, 반대로 물의 섭취량이 많으면 소변으로의 배설량이 크게 늘어남으로써 자체 조절이 이루어진다. 인체는 물을 저장할 수 없고, 과잉이 되면 요로 배설된다.

(6) 식품 속 수뷴의 의의

식품 중의 수분은 영양소의 하나로서 인체에 있어 가장 중요한 물질이다. 물은 세포의 형태를 유지하게 하고, 세포·조직·혈액 내에서 염류나 기타 물질을 용해시켜 혈액과 조직액의 순환을 원활하게 한다. 또한 혈액을 중성 내지 약알칼리성으로 유지시키고, 영양소의 흡수·운반·대사에 관여하며, 노폐물을 배설하고 체온을 조절하는 등 중요한 기능을 한다. 또한 물은 음식물에서 일어나는 여러 가지 화학적 변화를 촉진시켜 주기도 한다.

식품의 수분함량은 그 식품의 특징과 그 식품에 함유되어 있는 다른 성분들의 함량과 관계가 있기 때문에 일반적으로 가장 먼저 취급된다. 수분함량은 그 식품에 부패를 일으키는 미생물들의 성장과 직접적인 관계가 있으며, 그 식품의 전체적인 경제성에서도 큰 영향을 미친다.

① 화학적 의의 : 용매 및 운반체로서 화학적 변화를 촉진시키고, 반응물질로서 직접 화학적 변화를 일으킨다. 예로서 가수분해 등

② 물리적 의의 : 식품조직의 변화를 일으킨다. 예로서 냉동·건조·탈수 시 조직의 변화 등

③ 미생물학적 의의 : 미생물에 의한 부패를 일으킨다.

④ 경제적 의의 : 식품 중의 수분함량은 식품의 경제적 가치와 밀접한 관계가 있다.

⑤ 영양학적 의의 : 체내의 항상성을 유지(체온 조절, 신체 순환기능)시킨다.

⑥ 화학분해물(chemical degradation)

⑦ 항산화 / 산화제 : 수분함량이 적을 때 지방질의 산화를 방지하거나 방부제 역할을 하기도 하며, 수분함량이 많을 때 산화를 촉진시킨다.

수분활성도

수분은 동물 또는 식물체의 중요한 성분이다. 수분함량은 원료의 가공・저장・포장 등의 조작을 행하는 경우 고려되어야 할 중요한 요소이다. 물은 용매 역할을 하며, 유리상태로 조직세포 내에서 유동적으로 존재하는 자유수(free water)와 탄수화물・지방질・단백질과 같은 유기화합물에 결합되어 성분 중의 산소, 질소와 수소결합에 의해 이루어져 0℃ 이하에서도 얼지 않는 결합수(bound water)로 존재한다. 미생물은 결합수를 이용하지 못하며, 미생물이 동물 또는 식물체 중의 수분을 어느 정도 이용할 수 있는가는 수분활성도(water activity, Aw)에 의하여 나타낼 수 있다. 물은 인체 성분 중 65% 내외를 점유한다(세포내 40%, 조직 20%, 혈액 5%). 물은 용매로서 작용하며, 체온을 조절해 주며, 생리활성 반응을 원활히 한다.

식품 중의 수분이 주위환경 조건에 따라 변동하고 있으므로 식품 중의 수분함량을 %로 표시하지 않고 활성도(Aw)로 표시한다. 수분활성도는 대기 중 수분함량을 고려한 것으로 미생물의 활동에 실제 영향을 주는 식품의 수분함량은 전체 수분함량이 아니며, 미생물이 실제로 이용할 수 있는 수분함량이 문제가 된다. 평형 상대습도는 한 식품의 수분함량이 흡습(adsorption) 또는 탈습(desorption)에 의한 변동이 일어나지 않는 상대습도로서 건조식품의 경우 이상적인 저장습도이다.

$$Aw \times 100 = RH = (Ps/Po) \times 100$$

여기에서 Aw는 어떤 임의의 온도에 있어서의 그 식품의 수증기압(Ps)에 대한 그 온도에 있어서의 순수한 물의 수증기압(Po)의 비율이다.

$$Aw = Ps/Po = Nw/(Nw+Ns)$$

1. 효소작용과 수분활성도

효소작용은 대부분 단분자층으로 존재하는 범위에서 정지된다. 왜냐하면 기질의 이동이 불가능하고, 물을 반응물로 이용할 수 있어야 하기 때문이다.

2. 화학반응과 수분활성도

1) 비효소 갈색화 반응

수분활성도가 낮을 때 반응속도가 저하되는 것은 용매로서 물이 없으므로 반응물질의 이동이 불가능하기 때문인 반면, 수분활성도가 높을 때 비효소 갈색화 반응이 저하되는 것은 희석효과가 그 원인이다.

2) 지방질의 산패

수분활성도가 0에 가까울 때는 공기중 산소에 의한 자동산화가 매우 잘 일어난다. 그러나 수분활성도가 증가하면 산패속도는 감소하면서 단분자층의 수분영역에 도달하면 산패속도는 최소로 된다. 단분자층의 수분이 존재할 때 산패속도가 감소하는 이유는 라디칼(radical) 반응에 의하여 생긴 hydroperoxide가 물과 수소결합을 통하여 복합체를 형성하여 hydroxide 분해를 억제하기 때문이다. 수분활성도가 계속적으로 증가함에 따라 산패속도는 증가한다. 수분활성도가 큰 경우 금속 촉매의 확산은 증가되고, 다공성의 건조식품의 팽윤으로 인한 산소 흡수가 용이해지기 때문이다.

3. 수분활성도와 식품 중의 여러 변화

건조식품에 있어서는 그 수분함량은 그 안정성에 대하여 지배적인 영향을 미친다. 수분함량의 무게가 고체성분의 무게보다 큰 식품에서는 식품 속의 고체성분들의 작용은 이들이 용해되고 있는 희석용액에서의 작용과 같다.

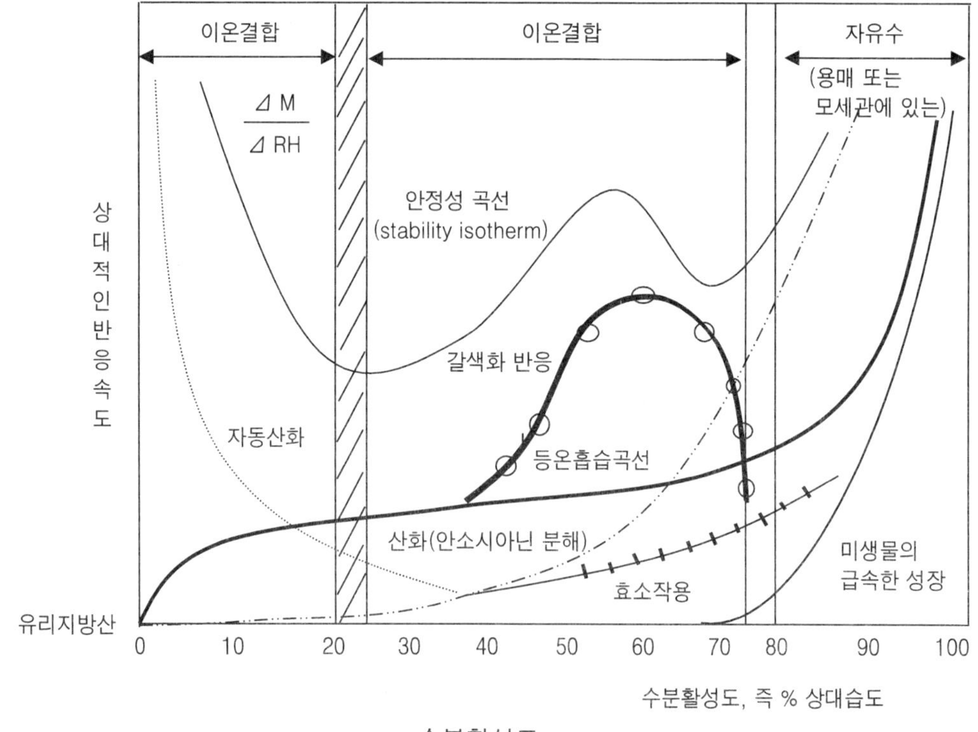

수분활성도

(김동훈, 식품화학, 1988)

4. 등온흡습 및 등온탈습곡선

1) 등온흡습곡선

등온흡습곡선(moisture sorption isotherm)이란 한 식품이 대기 중의 수분을 흡수하여 평형 수분함량을 이루는 경우 상대습도와 평형 수분함량 사이의 관계를 표시하는 곡선이다.

등온탈습곡선(moisture desorption isotherm) : 식품이 수분을 대기 중에 방출함으로써 평형 수분함량에 이르는 경우, 이때 얻어지는 곡선이다.

2) 식품의 대표적인 등온흡습곡선

① A 영역 : Monomolecular layer region(BET 영역). 식품의 수분함량이 5~10%에 해당하는 그 식품 내의 물 분자들이 단분자막을 형성하는 영역

② B 영역 : Multimolecular layer region. 등온곡선에서 상대습도가 증가함에 따라 수분함량이 증가하는 영역, 즉 그 식품의 물 분자가 복수 분자막을 형성하는 영역이다. 저장 가능영역

③ C 영역 : Capillary condensation region(모세관 응고영역). 식품의 porous structure, 특히 모세관에 수분이 자유로이 응결되며, 식품 속의 수분이 여러 식품 성분에 대한 용매로서 작용하는 영역(품질이 변패되는 영역)

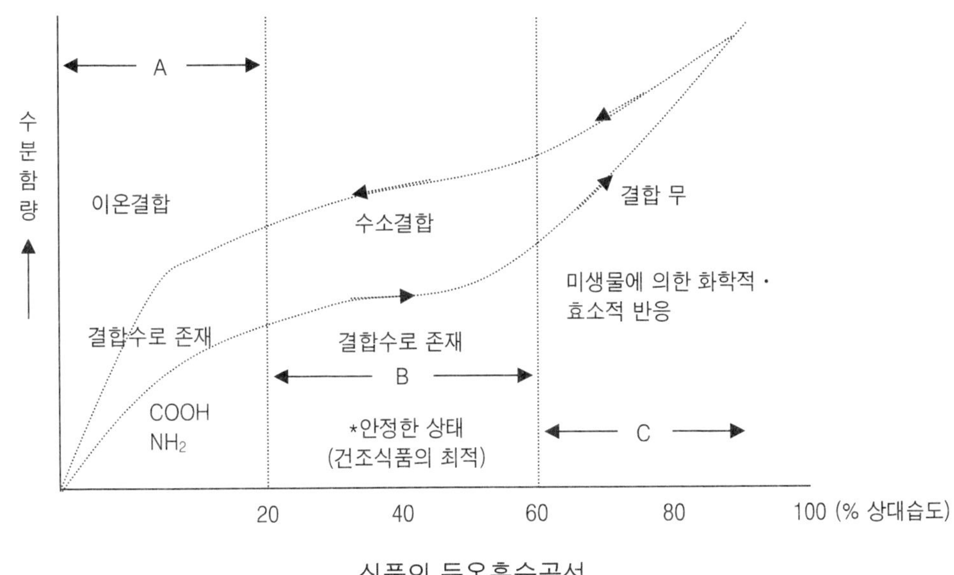

식품의 등온흡습곡선

(김동훈, 식품화학, 1988)

제 2 장

식품가공의 기본 공정

식품은 생명유지와 생활을 유지하기 위한 각종 영양소와 기호성을 갖는 영양공급 물질로서 유해물질이 들어 있지 않은 천연물이나 가공한 가공품을 말하는 것이다.

가공식품은 식품과 마찬가지로 일상생활 활동에 필요한 에너지 보급원이며, 육체를 정상적인 생태로 유지하고 체내 재생산을 하기 위한 영양소 보급원이다. 또한 가공식품은 그 형성, 색, 맛, 냄새, 물리적 성질, 성분조성, 조직구조 등으로 심리적 영향을 미친다. 그러나 가공식품(processed foods)을 식품(food)과 구별하기는 쉽지 않다. 가공식품의 발달은 소비자들의 식생활 패턴의 변화로부터 이루어진다. 식품을 가공하면 재료의 순수성은 저하되지만, 전체적 가치는 상승된다. 식생활 패턴이 양에서 질로 바뀌어 외식산업 또는 외식 형태의 식품이 일상 식생활에 사용되면서 다양한 가공식품이 개발・유통되었다.

가공식품은 상품성이 좋아야 한다. 가공식품의 품질은 '특정 용도 또는 사용목적에 대한 유통성'으로 정의된다. 가공식품은 사용하기에 적합하고 가격도 적당해야 한다. 상품으로서의 식품의 가치는 생산자의 공급과 소비자의 수요에 의하여 최종적으로 결정된다. 가공식품은 품질 자체가 안전하며, 경제성이 좋아야 하고, 생산과 소비의 균형이 이루어져야 한다. 가공식품의 평가 기본은 신선도와 영양가를 비롯하여 저장성, 스타일, 매력, 가격, 편리성 등이다.

보존성(저장성)과 품질 유지

가공식품의 가장 기본적 기능은 보존성이며, 보존성과 관련하여 저장성의 기능도 있다. 저장성은 생것을 그대로 두면 부패되기 쉬운 식품을 여러 가지로 가공처리하여 저장수명을 늘리는 기능이다. 오늘날 보다 좋은 품질로 오래 저장할 수 있는 가공기술이 개발되어 식품의 상품화 및 시장화를 확대할 수 있게 하였다.

가격의 안정

가공식품이 갖는 최대 장점 중 하나는 식품을 일년 내내 안정적인 가격으로 공급할 수 있다는 점이다. 농산물이나 어패류를 가공함으로써 수요와 공급을 조절할 수 있게 하여 시장가격의 안정화를 도모할 수 있고, 나아가 생산자와 소비자에게도 모두 타당한 가격으로 공유할 수 있게 하였다.

품질의 향상

원료 자체로는 맛이 없거나 나쁘고, 날것으로 먹기에는 비위생적인 식품 등을 가공처리함으로써 식품의 품질을 향상시키는 경우이다. 어패류에서 볼 수 있듯이 먹을 수 없는 머리나 뼈, 껍질 등의 부분을 제거하여 전체의 모양을 다시 정리한 뒤 균일한 품질의 식품으로 바꾸는 가공기술은 모두 식품의 품질을 향상시키는 데 그 목적이 있다.

식품의 기능성

80년대 중반 소재산업 분야에서 기능성이 유행되면서 식품의 기능을 붙이게 된 것이 근원이 되어 최근 식품의 3차 기능 성분을 함유한 식품이 생겨났다. 이러한 기능성 식품의 조건은 생체조절을 대상으로 하여 건강상태의 획득을 목적으로 하며, 기능성 인자가 함유되어 있어야 하고, 그 구조가 해명되어 있어야 하며, 섭취 후 기능이 실재로 발현되고 안정성이 확보될 수 있는 식품으로서 일상적으로 섭취되는 것이어야 한다.

조리노동 · 조리기술의 대체 기능

가공식품의 '간편성'은 주부가 처음부터 끝까지 식품을 조리하는 데 드는 시간과 노력 등 가사노동을 가공식품을 이용함으로써 대체할 수 있다는 편리성이다. 가공식품의 이 같은 가사노동 대체기술에 따른 효과 이외에 보다 맛있고, 위생적인 그러면서도 즐거운 감각으로 즐길 수 있는 가공식품에 대한 소비자들의 욕구가 충족되면 가공식품의 사용범위는 더욱더 확대되어 다양한 가공식품의 소비문화를 이루어 나갈 것이다. 또한 조리기술을 기업이 대신해 주는 반완제품과 반조리 가공식품이 또 다른 가공식품의 형태로 상품화되고 있다. 불고기 · 돈가스 · 피자 · 만두 등을 조리하여 냉동시킨 가공식품은 주부가 처음부터 직접 만들 때 드는 시간과 돈을 대체할 뿐 아니라 일정한 맛을 즐길 수 있도록 조리기술도 대체해 준다. 그러나 조리기술 대체기능은 경우에 따라서는 가정의 음식문화를 쇠퇴시키고 음식 맛을 획일화시키는 결과를 가져오기도 한다.

1. 식품가공

식품가공이란 용어는 넓은 의미와 좁은 의미로 사용하는 경우가 있는데, 넓은 의미의 경우는 대규모로 가공식품을 만드는 전 과정을 일컫는 것이며, 좁은 의미로는 가정에서 음식을 만드는 소규모적 조리의 의미로 사용된다. 일반적으로 농·축·수산물 등 식품원료의 종류와 그들의 가공 적성에 따라 여러 가지 조작을 가하여 새롭고 우수한 제품을 만드는 것을 말한다.

식품가공 공성에 의하여 원료의 형태나 그 특성에 변화를 주게 되고, 또한 기능적(영양학적·관능적·물성학적)으로 우수한 품질을 부여하게 된다. 식품가공의 기본 조작(operation)은 그 목적에 따라 다음과 같이 3가지 방법으로 분류된다.

① 분쇄·추출·여과·압착·체질·농축·건조 등의 물리적 방법과, ② 가열·산-알칼리처리·식염처리·효소처리 등의 화학적 방법, ③ 그리고 절임·알코올발효·산 발효·젓갈 담금 등의 발효방법이 있으며, 기타 방법으로 압출 성형방법, 초음파처리방법, 냉동·냉장 등이 있다. 식품가공의 기본 원리는 주원료와 여러 가지 부원료를 이용하여 여러 단계의 가공조작, 즉 분쇄·마쇄·체질·분리·추출·농축·여과·가열·건조 등의 조작을 가하여 완제품을 완성하는 것이다.

2. 식품가공의 기본 공정

1) 선 별

(1) 선별공정

식품가공의 제일 기본은 목적하는 가공재료를 잘 선별(sorting)하는 일이다. 이들 물질들은 우선 물리적 성질의 차이에 따라 분리 제거해야 한다. 이 과정이 선별이다. 수확한 원료를 잘 선별하면 가공상의 기술적 조작을 표준화시키고, 작업능률을 향상시키며, 제품의 원가를 절감할 수 있을 뿐 아니라 제품의 품질을 향상시킬 수 있다. 보통 재료에는 불필요한 화학적 물질(농약, 항생물질)과 물리적 이물질(돌, 모래, 흙, 금속, 배설물, 털, 잎, 나뭇가지) 등이 함유되어 있다.

선별이란 물리적 특성의 차이에 따라서 분리·제거하는 공정으로 주로 식품의 크기, 모양, 무게 및 색깔의 4가지 특성에 의하여 선별되며, 분류하는 방법은 인위적 방법이나 기계적 방법에 의해 이루어진다.

선별된 식품은 껍질 벗기기, 세척하기, 씨 빼기와 같은 기본적·기계적 가공을 쉽게 할 수 있을 뿐만 아니라 살균(pasteurization, sterilization), 탈수 냉동과 같은 열처리 시 열전달을 균등하게 받을 수 있으며, 규격 용기에 담을 때 무게 조절을 쉽게 한다. 또한 크기와 모양 등 기하학적 성질이 시각적으로 균일하므로 소비자에게 기호적 효과도 상승시킬 수 있다.

가) 크기와 모양에 의한 선별

크기에 따른 선별방법은 식품의 종류에 따라 다르며, 선별방법은 식품의 상태에 따라 다른데, 전체 식품의 크기가 작은 경우에는 체(screen)로 우선 분류한 후 그 크기를 측정한다. 식품이 체를 통과하거나 통과하지 않는 구멍의 크기를 결정하므로 선별을 하고, 이 방법은 구형에 가까운 원료를 선별할 때 적절한 선별방법이다. 그밖에도 Feret 방법, Martin 방법, Projected area 방법, 수평방향 최대 직경 측정 방법 등이 이용되고 있다.

식품의 모양은 매우 다양하기 때문에 관능적 선택 기준이 될 뿐만 아니라 식품가공에 있어서 중요한 요인이 될 수 있다. 또 식품의 모양은 종류별로 다르고, 같은 종류라 하더라도 일정한 모양을 가지고 있지 않다. 식품의 모양에 의한 선별은 수동 또는 기계적으로 수행하며, 과일류는 belt and roller sorter를 이용하여 선별한다.

나) 무게에 의한 선별

식품을 무게에 따라 선별하는 것은 가장 일반적으로 이용하는 방법으로 육류, 생

그림 2-1. 무게에 의한 선별방법

선 fillet, 일부 과일류나 채소류, 계란 등을 무게로 선별하여 가공원료로 사용한다. 무게에 따른 선별방법은 실제 무게를 측정하여 분류하게 되므로 크기 선별방법보다 더 정확하게 분리할 수 있다.

다) 색깔에 의한 선별

전자기적 스펙트럼을 이용하여 식품 원료를 선별하는 방법으로, 식품 원료의 반사와 통과 특성을 이용하는 방법이다. 반사의 원리를 이용하는 방법은 식품 원료에 빛이 scanning 되면 재료의 표면에 복사・산란・반사 등의 성질이 나타나는데, 그 정도에 따라 빛이 쪼인 원료의 표면 성질이 달라진다. 반사의 정도는 채소・과일・육류 등의 색깔에 의한 숙성 정도, 곡류의 표면 손상, 흠이 난 과일의 표면, 결정의 존재 여부 등에 따라 달라진다. 통과의 원리를 이용한 방법은 식품 원료를 통과하는 빛의 정도를 기준으로 판단하여 재료에 빛이 통과하면 결함의 여부를 쉽게 알아낼 수 있다.

2) 세척공정

세척(cleaning)이란 원료로부터 오염물질을 분리・제거하는 것을 말한다. 세척과정은 품질 분류에 관계되며, 재료를 선별할 때 세척 정도는 매우 중요한 기준이 된다. 세척에 관계되는 요인은 매우 복잡하지만 주로 오물내용, 세척조건, 경제성, 세척방법, 안전성 등을 고려해야 한다.

세척하는 이유는 ① 건강상 위해물질과 위생상 받아들일 수 없는 오염물질을 제거하기 위하여, ② 재료와 관련이 없는 이물질을 제거하기 위하여, ③ 재료에 존재하는 미생물 수를 감소 또는 제거하기 위하여, ④ 가공효율과 품질에 관련된 화학적・생화학적 반응을 사전에 조절하기 위해서이다. 가장 중요한 세척의 기능은 재료 표면에 부착된 오염물질을 제거하는 데 있다. 세척한 원료는 오염을 방지하기 위하여 신속하게 위생적으로 가공공장으로 옮긴 후 적당한 곳에 저장하였다가 가공 시 일정한 양을 사용한다.

세척방법은 가공원료의 종류나 제조방법에 따라 다르지만 원료의 성질, 오염물질의 종류 등을 고려하여 적당한 방법으로 사용하고, 일반적으로 세척방법은 젖음세척과 건조세척으로 구분한다.

(1) 젖음세척

젖음세척(wet procedures)은 근채류의 토양 제거 또는 과일과 채소류의 먼지나

그림 2-2. 부유세척 기계

농약 잔류물질을 제거하는 데 있어 건조세척보다 더 효과적이다. 또한 건조세척보다 식품의 원료에 손상을 감소시켜 줄 뿐만 아니라 매우 단단하게 부착된 이물질을 제거하는 데 매우 효과적이다. 이 세척방법의 단점은 물을 자주 바꿔주지 않으면 오염물질과 부패미생물이 도리어 확산되어 오염될 위험이 증가하며, 세척 시 씻는 물을 많이 사용하게 되므로 비교적 비용이 많이 들고 젖은 표면이 보다 빨리 부패하므로 저장 및 가공에 이용하기는 다소 불리한 방법이다.

가) 침지세척

원료를 물에 담가서 부착된 오염물질을 불려서 쉽게 제거시키는 것으로서, 이것만으로는 세척의 목적을 달성할 수 없으므로 분무세척 방법의 전처리과정으로 많이 사용한다. 효율을 높이기 위해 세척물을 움직이게 하여 식품과 물이 가능한 많이 접촉하도록 하고, 연하고 파괴되기 쉬운 재료는 교반 대신 압축공기를 용기 속에 불어넣어 물을 흔들리게 하여 세척하는데, 이때 따뜻한 물을 사용하면 세척은 잘 되나 부패가 빨리 일어날 수 있다.

나) 분무세척

Screen conveyer를 사용하여 원료를 일정한 속도로 이동시키거나 원료를 교반시킬 수 있는 장치에 넣고 물을 뿌려서 세척하는 방법이다. 이 방법이 가공공정에서 가장 많이 쓰이고 있다. 이 방법에서 중요한 점은 재료의 표면에 물을 분무하여 오염물을 제거할 때 분무 시의 물의 압력, 부피, 온도, 분무하는 곳과의 거리, 분무시간, 분무기의 수에 따라 세척효율이 달라진다.

다) 부유세척

오염물질의 부력 차이를 이용한 세척방법으로 비중이 크고 무거운 조각, 더러운 것과 썩거나 멍든 원료는 물에 가라앉기 때문에 적당한 위치에 설치한 탱크 속의 홈통을 통하여 제거하고 정상적인 것만 넘치게 하여 수집한다.

라) 초음파세척

계란의 오염물, 과일의 grease나 왁스, 채소류의 모래나 흙 등을 제거하는 데 이용된다. 보통 물이나 세척수를 사용하고 거친 원료는 잔류 수분을 제거하기 위해 screen conveyer를 통과시키며, 냉동용 완두콩 세척에 이 방법이 많이 쓰인다.

(2) 건조세척

비교적 크기가 작고, 기계적 강도가 높으며, 수분함량이 적은 식품 원료(곡류·견과류 등)의 세척에 많이 사용하고, 저장성을 높이기 위해 세척한 후에는 표면을 건조시키는 경우도 많다. 건조세척은 젖음세척에 비해 비용이 적게 들고, 폐기물의 처리도 쉬우나 세척된 표면이 재오염될 가능성이 높다.

3) 분쇄와 혼합

(1) 분쇄

분쇄는 섬유상 또는 고체 식품의 입자를 감소시키는 단위공정으로, 물질의 절단, 제분, 파쇄, 마쇄라는 뜻을 함축하며, 물질의 화학적 변화 없이 이루어지는 공정을 말한다. 가공재료를 분쇄하는 이유는 ① 필요한 성분을 추출하기 위해서이며, ② 가공식품을 일정한 크기로 절단하거나 조각내고 혹은 주사위 모양으로 자르며, 조리·데치기와 같은 가공공정 시간을 많이 단축할 수 있을 뿐만 아니라 조제분유, 케이크 믹스와 같은 식품을 만들 때 혼합공정을 효과적으로 쉽게 끝낼 수 있다. 분쇄된 작은 입자는 표면적이 증가하므로 반응능력과 물리적 특성 등이 상승하고, 이용범위도 넓어진다. 또한 효율적인 가공재료로 이용될 수 있다. 특히 분쇄된 입자들은 재료의 가공 적성을 지배하고, 최종 제품의 입맛에도 영향을 미친다.

분쇄기는 사용하는 원료의 크기에 따라 조쇄기·중간 분쇄기·세분쇄기·미분쇄기 등으로, 분쇄 원리에 따라 압력에 의한 분쇄, 충격에 의한 분쇄, 전단력에 의한 마쇄 등으로 나눌 수 있다.

① 유발(mortar) : 식품 분석 등에서 시료를 분쇄할 때 사용한다.

② 맷돌형 제분기 : 우리나라에서 옛날부터 사용되어 왔고, 지금도 시골에서 도토리묵·메밀묵·두부·곡분 등을 만들 때 많이 사용한다.

그림 2-3. Ball mill

그림 2-4. 해머 밀

③ 원추절구식 제분기 : 투입된 원료가 안팎의 분쇄기 사이에서 분쇄되는 것. 중간 분쇄기에 속한다.

④ 롤(roll)형 제분기 : 회전수가 서로 다른 한 쌍의 roll 사이에서 압축됨과 동시에 분쇄되어 제분된다. 밀가루·고춧가루 제분에 많이 사용되며, 세분쇄기나 중간 분쇄기에 속한다. 원료가 클 때는 roller가 굵거나 roller 표면에 홈이 파 있거나 돌기가 있는 것을 사용해야 하며, 원료는 roller 사이에 항상 고르게 넣어야 한다. 수분과 기름기가 많은 것과 마찰열에 의하여 변질되는 것은 이 제분기에 적당하지 않다.

⑤ 볼 밀(ball mill) : 회전 드럼 속에 강철과 같은 금속 볼을 많이 넣고 여기에 원료를 넣어 드럼을 서서히 회전시켜서 ball의 tumbling에 의하여 ball과 ball이 서로 맞부딪치든가 ball과 드럼 벽의 충격에 의하여 원료 식품이 분쇄되는

것이다. Ball mill은 미분쇄기에 속하며, 수분이 3～4% 이하인 것에 이용된다.

⑥ 해머 밀(hammer mill) : Impact mill이라도 하며, 결정형 고체, 섬유형 원료 및 채소류 등을 분쇄하는 데 사용한다.

⑦ 디스크 밀(disc mill, disc attrition mill) : 단일 디스크 밀은 고정 disc와 회전 disc 사이의 좁은 간격을 통과할 때 강력한 전단력에 의해 분쇄되며, 이중 디스크 밀은 두 개의 회전 디스크가 서로 반대방향으로 회전하여 전단력을 가지므로 분쇄된다.

(2) 혼합

혼합은 2가지 이상의 다른 성분을 서로 섞어서 보다 균일한 생성물을 얻는 데 그 의의가 있다. 혼합조작은 서로 혼합하고자 하는 물성에 따라 고체-고체, 고체-액체, 액체-액체, 액체-기체 혼합 등이 있다. 보통 혼합이라 하면 고체-고체 혼합을 주로 의미한다. 혼합과 관련된 용어로는 교반・반죽・유화 등의 용어가 있다.

고체입자의 혼합은 처음에는 분리된 입자로부터 시작하여 분산 상태로 고루 퍼져야만 혼합이 끝나게 된다. 즉, 고체의 혼합목적은 두 가지 이상의 별도 성분을 서로 섞어서 보다 균일한 생성물을 얻는 데 있다. 고체-고체 혼합의 경우 시료의 크기, 비중, 점착성, 유동성, 응집성 등과 같은 물리적 성질이 혼합조작에 영향을 미치게 된다.

액체의 혼합은 교반과 유화가 있는데, 교반(agitation)은 일반적으로 혼합성 액체 간의 혼합이며, 반죽(kneading)은 고체-액체 간의 혼합에, 유화(emulsification)는 섞이지 않는 두 액체 간의 혼합에 사용하는 가공용어이다.

혼합기의 원리는 흐름 수단에 의해 서로 다른 성분이 균일하게 분산을 이루는 것으로, 기계적 수단에 의해 이루어진다.

① 분말과 입자 혼합기는 다른 혼합기와는 달리 혼합하려는 물질의 위치를 바꾸어 놓음으로 혼합이 이루어진다. 즉, 축이 회전함에 따라 입자의 많은 양이 서로 반대방향으로 움직이게 됨으로써 서로 섞이게 된다.

② 액체 혼합기는 액체 혼합 시 프로펠러 혼합기가 가장 많이 사용되는데, 이 혼합기를 사용할 때는 원통형 안에 공기 공동이 생기는 소용돌이가 가급적 적어야 한다.

③ 반죽과 페이스트 혼합기는 무겁고 에너지가 많이 소요되는 것을 사용된다. 이것은 효율은 높아 이상적이지만 많은 에너지를 필요로 하고, 힘에 의한 열의 발산 때문에 원료가 가열되는 경우가 있다.

4) 가 열

가열은 식품의 조직을 부드럽게 하거나 성분을 변질시키는 조작이다. 가열조작에는 자숙·증숙·배소가 있다. 자숙은 물과 함께 가열하는 것이며, 증숙은 수증기로 처리하는 것을 말한다. 배소는 볶음이라고 하며, 직접·간접적인 방법으로 원료를 굽는 조작이다. 가열조작은 원료에 오염되어 있는 유해미생물을 사멸시키기도 하며, 다음과 같은 변화를 일으킨다. 즉, 녹말의 호화, 효소의 불활성화, 단백질의 변성, 당류와 아미노산과의 반응, 당의 캐러멜화, 유지의 중합, 그리고 물성(物性)의 변화 등 여러 가지 변화가 일어난다. 가열에 의한 원료의 특성 변화는 멸균, 소화율 향상, 향미 형성, 물성 조정 등을 초래하여 가공제품의 품질을 향상시키게 된다.

(1) 자숙

자숙할 때는 냄비·솥 등 용기에 접하는 부분이 눋거나 타는 경우가 있어 온도조절이 힘들다. 철제는 산성식품에 적합하지 않다. 구리솥은 열 전도성이 좋아 연료는 절약되지만, 유독한 녹이 생기므로 특히 산성식품에는 적합하지 않다. 스테인리스 스틸과 사기를 입힌 용기는 산성식품이나 알칼리성식품 등의 처리에도 무방하다. 고압솥은 압력을 가하여 찌는 것으로 적은 연료를 이용하여 단시간에 삶을 수 있지만 열에 의한 변성, 영양가의 저하, 풍미의 변화 등에 조심하여야 한다.

(2) 증숙

증숙은 자숙에 비하여 원료 성분의 손실이 적고 원료에 수분 흡수가 적지만, 수증기가 원료에 골고루 통과되어야 한다. 우리나라의 시루와 찜통이 이에 속한다. 그 외에 콩과 보리 등을 찔 때 사용하는 증숙관, Retort·Autoclave·Koch 살균솥 등이 있다.

(3) 배소

배소에는 직접가열과 간접가열이 있다. 굽는 기구는 화로로부터 오븐(oven)에 이르는 여러 가지가 있다. 기구는 제품의 외관과 품질의 변화 등에 따라 차이가 많다. 대규모 오븐은 구조와 조작방법에 따라 불연속 조작과 자동연속적 턴넬로 나눌 수 있다. 가열방식에 따라 간접열풍 가열로·증기 가열로·가스 가열로·전열로 등이 있으며, 소규모로 사용되는 직화식과 일식간장을 만들 때 밀을 볶는 회전식 배소기 등이 있다.

5) 농축과 증발

농축은 비점을 이용하여 식품 중의 일부 수분을 제거하여 용액의 농도를 높여 주고 원료 또는 중간제품에 함유된 수분함량을 줄이는 조작이다. 수분을 제거하는 관점에서는 건조와 같으나, 최종 산물이 고체가 아니고 액상인 점이 다르다. 또 증발 농축의 경우에는 수분을 증발시킨다는 관점에서는 증류와 같으나, 증류는 증기성분을 응축시켜 제품으로 만든다는 것이 증발농축과 다른 점이다.

농축·증발시키는 데는 천일증발, 분무증발과 액 속에 열풍을 불어넣어 증발시키는 직접가열법과 2중솥을 가열하는 간접가열법이 있다. 일반적으로 농축이 진행되면 점도가 커지고, 비등점이 높아져 타기 쉽다.

소규모 농축·증발은 2중솥이나 표준 증발관을 사용한다. 2중솥은 설계 및 취급이 간단하지만 열이 전도되는 면적이 적어 효과적이지 못하다. 표준 증발관은 관에 수증기를 통과시켜 가열면을 크게 한 것이다. 다중효용 증발관은 수증기의 열을 합리적으로 이용할 수 있는 것으로 증발관을 연결시켜 제1관에서 나오는 미열을 제2관에 이용하는 것이다.

대규모 농축·증발은 대규모로 농축할 때는 진공 감압증발을 한다. 진공농축의 장점은 다음과 같다. ① 진공 하에서 높은 온도 및 공기에 접하지 않고 농축할 수 있으므로 제품 변색과 열에 불안정한 비타민의 분해를 막을 수 있다. ② 대기농축에 비하여 증발효율을 증가시킬 수 있다. ③ 저압증기 또는 폐증기를 이용할 수 있다. 이 장치를 하려면 특히 열 소비의 경제화를 생각하고, 운전비·설계비·유지비의 견지에서 가장 합리적인 형을 정하는 것이 중요하다. 그 외에 수분을 동결 고체화시켜 나머지 액을 분리함으로써 농축하는 냉동농축 장치도 있다.

(1) 증발농축

증발에는 다량의 에너지를 필요로 하므로 대형화, 다중 효용화, 증발된 증기의 재이용화가 적극적으로 이루어지고 있다. 증발장치는 증발에 필요한 열을 공급하기 위한 열교환기와 증기를 농축액으로부터 분리하는 분리기, 증기를 응축시켜 제거하는 응축기로 구성되어 있다. 증발농축이 진행됨에 따라 수분이 제거되므로 용액의 농도가 높아지고, 자연히 전도도 상승하게 되며, 증발농축기 안에서의 용액의 순환에 영향을 미치게 된다. 증발농축은 캔디·캐러멜·물엿·설탕 등의 농축에 널리 이용된다.

(2) 냉동농축

냉동농축은 수용액 중의 일부 수분을 얼음결정으로 석출시킨 후, 이것을 액체상으로부터 분리하여 용액을 농축하는 방법이다. 즉, 수용액을 어는점 이하로 냉각시키면 염, 향기성분, 당분, 단백질 및 지방을 거의 함유하지 않은 순수한 얼음결정이 형성된다. 따라서 용액으로부터 얼음결정을 분리하면 고형분 농도가 높은 농축된 용액을 얻을 수 있다.

냉동농축은 저온에서 행하므로 특히 열에 민감한 물질의 농축에 적합하며, 향기성분이 보존되는 장점이 있으나 농축할 수 있는 농도에 제한이 있다. 단점으로는 장치 설치비, 조작비용이 많이 들고 조작이 복잡하다.

6) 분리 · 여과 · 압착

물질을 분리하는 방법에는 용매(solvent)나 흡착제를 이용하여 분리하는 화학적 방법과 고체입자의 대소를 나누는 체, 고체와 액체를 분리하는 여과기, 소량의 액체를 고체로부터 분리해 내는 압착기와 비중의 차이에 의하여 분리하는 원심분리기 등을 이용하는 물리적 방법이 있다.

(1) 체질(sieving)

체란 일정한 크기의 구멍을 갖춘 망으로 된 분리기구로 수평식 평형 체와 회전식 체가 있다. 가루제품 입자의 크기는 표준 체를 사용하여 잴 수 있다. 표준 체의 입도 단위는 Mesh이다. Mesh는 1 inch 체 속에 들어 있는 체눈(opening 또는 sieve apertures)의 수를 의미한다.

(2) 원심분리기

원심분리기는 비중과 관계가 있는 원심력을 이용해서 액체와 액체, 또는 고체와 고체를 분리하는 것이다. Drabble식 원심분리기에는 회분식과 연속식 원심분리기가 있다. 회전 원통 내부에 여러 개의 원추판을 동심원상으로 접근시켜 붙이고, 회전축을 따라 원료액을 넣는다. 원료액은 고속회전으로 생긴 원심력에 의하여 분리된다. 무거운 액체나 고체 입자는 원추판 뒤를 따라 내려가 회전원통 안벽을 따라 위로 올라가게 되며, 가벼운 액체는 원추판 표면을 따라 위로 올라가서 나가게 된다.

(3) 여과

여과(filtration)는 액체 중에 존재하는 침전물이나 불순물을 걸러내는 것으로 여과지나 여과기를 이용한다. 여과기는 작은 구멍을 많이 가진 재료를 사용하여 액체를 흘러내리게 하는 것인데, 이를 촉진시키기 위한 감압여과기와 가압여과기 등이 있다. 소규모 가압여과기의 경우 숯, 골탄, 모래, 여과지, 여과포를 사용한다. 대규모 가압여과기에 있어서는 여과판을 여러 개 겹쳐 놓고 한쪽에서 가압한 액체를 보내어 여과한다. 이 기계는 별로 크지 않고 여러 개의 여과판을 가지므로 여과가 잘 되지만, 여과한 찌꺼기를 제거하는 데 노력이 많이 든다.

(4) 압착

압착(pressing)은 기름을 짤 때나 간장을 분리할 때와 같이 압력을 가하여 고체 중에서 소량의 액체를 분리하는 방법이다. 압력을 가하는 형식에는 지레・쐐기・나사・수압・유압 등이 있다. 수압에 의한 압착기를 수압식 압착기(water press), 기름을 이용한 것을 유압식 압착기(oil press)라고 한다.

7) 건 조

건조(drying)란 수분이 있는 물질에 열에너지를 가하여 수분을 증발시켜 마른 형태의 물질로 전환하는 조작을 말한다. 수분을 제거하는 목적은 원하는 가공식품을 만들기 위해서 또는 가공식품의 저장기간을 연장하기 위한 것이다. 일반적으로 건조는 대부분 가열공기를 직접 또는 간접(복사)으로 식품에 접촉시켜 행한다. 건조과정 중 재료의 조작과 구조의 변화는 물론 성분조성까지 변하게 된다. 수분을 제거하는 건조과정은 우선 표면에 있는 수분이 증발하고, 계속해서 내부 수분이 표면으로 이동함으로써 건조가 이루어진다. 수분의 상태와 함량은 식품의 종류에 따라 다르다. 식품을 건조할 때는 그 식품의 물성과 형태 및 품질 등을 고려하여 건조기구와 장치를 선택해야 한다. 건조장치는 건조 목적과 건조 방식 그리고 작업의 형태에 따라 여러 가지로 분류되며, 그 수도 많다.

식품의 주요 건조기술은 자연건조(천일건조, 자연동결건조)와 인공건조(분무건조, 포말건조, 드럼건조, 동결 진공건조, 열풍건조, 냉풍건조, 적외선 건조, 진공건조, 고주파 건조, 초음파 건조, 팽화건조)로 분류된다. 자연건조는 특별한 설비나 기술이 필요 없고 건조 경비가 싸지만 날씨 조전에 크게 좌우되고, 장시간 건조해야 하며, 건조 중의 먼지・파리・해충 등의 피해로 품질이 나빠질 가능성이 많다. 인공건조는 식품 건조를 위하여 인위적으로 열을 공급하는 과학적인 방법으로 보다 균일한 제품을 만들 수 있다. 일반적으로 건조 시 식품의 성상, 상태, 열변성 정도, 처리량 등을 고려해야 한다.

(1) 열풍건조

열풍건조는 식품에 열풍을 접촉시켜 건조시키는 방법으로, 다양한 건조기가 사용된다.

① Kiln 및 Cabinet 건조기 : 비교적 구조가 간단하며, 소량의 건조에 적합하다. 하부와 상부의 온도차가 커서 건조시킬 재료를 수시로 바꾸어 넣어야 하는 번거로움이 단점이다.

② 터널건조기 : 대량의 물량을 연속적으로 건조할 수 있는 장치이다. 열풍이 흐르는 방향과 건조시킬 물질이 이동하는 방향에 따라 병류식과 역류식이 있다. 건조시킬 물질은 선반차(truck)의 망이나 접시(tray), Vat 등에 넣어 터널의 한쪽 끝(wet end)으로 들어가서 다른 끝(dry end)으로 나오는 동안에 건조된다. 공기는 입구에서 가열장치를 통하여 송풍하고 터널 끝에서 배기한다.

③ 드럼건조기 : 드럼 내부에 건조시킬 식품(입상의 것, 곡물 등)을 넣고 열풍을 주입하여 건조시키는 것과 회전하는 가열된 드럼 표면에 액상 또는 죽 모양의 식품을 엷게 묻혀서 건조시키는 것이 있다. 후자에는 드럼 표면에 칼날이 부착되어 있어서 건조된 식품을 긁어내는 작용을 한다.

(2) 포말식 건조

다공판이나 체망(screen) 벨트 위에 약 5mm 정도의 거품을 만들 수 있도록 벨트 밑으로부터 가열공기를 불어넣어 건조시키는 방식이다. 열에 약한 액체 식품을 건조시키는 데 적합하다.

(3) 분무식 건조

인스턴트커피, 분유 등을 건조하는 데 이용된다. 액체식품을 Nozzel 장치로 분무하여 표면적을 크게 해서 열풍으로 건조시키는 방식이다. 분무화는 다음과 같은 세 가지 방법으로 행하여지고 있다.

① 고압 nozzle을 이용하는 방법
② 원심력을 이용하는 방법
③ 압축공기 nozzle을 이용하는 방법

(4) 냉동건조

식품 내의 수분을 동결상태에서 제거하는 즉, 얼음의 승화작용을 이용하여 건조시키는 방법이다. 냉동건조기는 식품을 동결상태로 유지할 수 있는 냉동시설, 감압을 유지할 수 있는 감압시설, 승화열을 공급할 수 있는 가열장치로 구성되어 있다. 여기에 증발되는 다량의 수분을 응축·제거할 수 있는 장치가 부착되어 있다. 따라서 냉동건조는 자연히 건조비용이 많이 들므로 고가의 식품에 한하여 사용된다. 그러나 냉동 건조식품은 식품의 조직파괴가 덜 일어나고 복수성이 뛰어나며, 향미성분의 보지성이 뛰어나기 때문에 그 실용화 범위가 확대되고 있다.

(5) 자연건조

일광 하에서 건조하는 것을 천일건조방법이라고 하는데, 이 방법은 태양의 복사열을 이용하는 것으로, 각종 곡물, 채소, 과일류의 건조에 널리 이용되고 있다. 이 방법은 특별한 건조시설이 필요치 않을 뿐만 아니라 열에너지를 전혀 사용하지 않아도 되기 때문에 오늘날까지 농어촌에서 널리 이용되고 있다. 그러나 날씨가 나쁘면 처리할 수 없고, 잘못 건조하면 착색, 퇴색, 산화 등의 변화와 효소에 의한 분해 등이 일어나는 단점이 있다.

8) 압출성형

식품의 압출성형(extrusion)은 옥수수·밀·보리 등과 같은 전분질 곡류와 콩과 같은 단백질 곡류의 가공에 응용할 수 있는 다목적 가공조작이다. 압출성형은 특수한 압출성형장치(extruder)에 의하여 이루어진다. 혼합·조분쇄·가열·열교환·성형·팽화 등의 기능을 extruder 단일장치 내에서 행할 수 있다. 압출성형은 냉동압출성형(cold extrusion)과 가열압출성형(hot extrusion)으로 나눌 수 있다. 냉동압출성형은 가열현상이 일어나지 않아서 원료의 조직과 물성이 변형되지 않고 성형을 주목적으로 한다. 가열압출성형은 전단과 마찰에 의하여 내부의 온도와 압력이 높

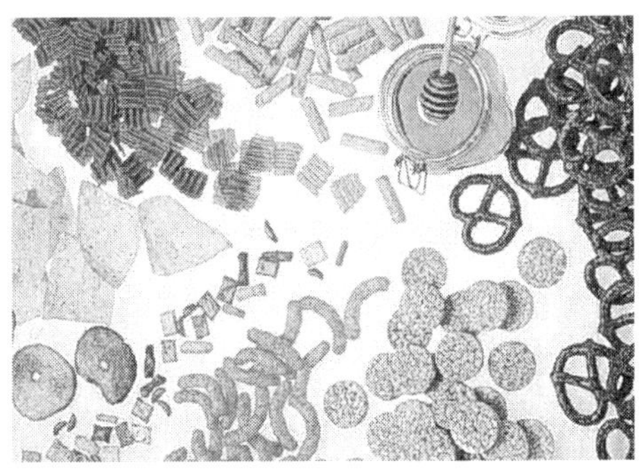

그림 2-5. 여러 가지 모양으로 압출성형된 가공식품

아지고 아울러 가열작용이 일어나며, 따라서 원료 물성이 변형되며, 여러 가지 변화가 일어난다. 최근 특수 가공용으로 많이 활용되고 있는 것은 가열압출성형이다.

(1) 압출성형기의 구성

대체로 원료 공급장치・스크류 및 구동장치・바렐・압출구・절단장치 등으로 구성되어 있다. 주입된 원료가 공급장치에 의하여 바렐 내부로 이송되면 바렐 내부에서 고속으로 회전하는 스크류에 의하여 원료는 짧은 시간에 혼합・전단・가열작용을 받게 되고 압출구(die hole)에 접근하게 된다. 고압・고온 조건에서 원료는 순간적으로 점탄성 물질로 변화되고, 압출구를 통하여 결국 외부로 압출된다. 이 과정에서 혼합・가열・팽화・성형 등이 이루어진다.

(2) 압출성형 공정의 활용

① 가열팽화작용에 의한 전분의 호화를 이용하여 전분질 식품의 가공과 호화전분 제조에 활용된다.

② 고온・고압의 압출성형 조건에서 원료단백질은 변성되며, 또한 원료에 존재하는 바람직하지 않은 효소도 불활성화된다.

③ 전분질 곡류와 고단백질 곡류를 혼합하여 조립 가공함으로써 고단백질 스낵식품을 제조할 수 있다.

④ 콩에서 분리한 식물성 단백질을 원료로 하여 쇠고기 등의 조직감과 모양을 갖는 식물조직 단백질을 제조할 수 있다.

제 3 장

식품저장의 기본 공정

식품은 여러 가지 자연적인 변화가 일어나 이용할 수 없게 된다. 이러한 변화를 억제하고, 보다 안전한 식품을 얻기 위하여 다양한 식품저장법이 개발되고 있다. 식품저장이란 식품의 품질이 변화하지 않도록 유지하는 것이다. 식품의 품질은 영양적 · 위생학적 · 기호적 가치로 분류되며, 식품 품질저하의 원인은 크게 수분 · 온도 · 광선 · 산소 · PH와 같은 물리 · 화학적 인자와 미생물 · 효소 · 곤충과 같은 생물적 · 생화학적 인자로 분류된다. 식품저장은 이와 같은 물리화학적 · 생리적 변화를 감소시켜 식품의 안전성과 영양가와 기호성을 유지하고 미생물의 생육을 억제하는 것이다.

1. 식품저장

1) 식품저장법

식품저장법은 부패를 지연시키고, 식품의 오염과 해충에 의한 불필요한 손실을 감소시켜 식량문제의 해결에 기여할 수 있다. 현재 식품 손실량은 20% 정도이며, 그 원인은 오염 · 해충 · 불충분한 이용 · 부패 등이다.

2) 식품 변패의 원인

식품 변패의 원인은 여러 가지가 있지만, 주로 미생물의 번식에 의한 것이 많다. 그 외에 식품 자체의 효소작용으로 변질되는 경우와 조류 · 곤충 등의 침입과 방부제 · 착색제 · 인공감미료의 혼합과 중금속에 의하여 변화를 일으키는 경우도 많다. 변패 원인은 미생물 · 환경오염 · 수분손실 · 발아 · 자가소화 · 정상호흡 등의 화학반응, 근 수축, 냉해 등으로 정리할 수 있다. 대부분 이상의 원인들이 복합되어 식품의 변패가 일어나게 된다. 미생물의 생육은 저온이나 낮은 수분활성도로 조절할 수 있으며, 오염은 포장에 의해서, 수분손실과 발아와 자가소화는 온습도의 조절과 포상에 의해서, 정상적인 호흡은 저온으로 조절할 수 있다.

3) 미생물 작용에 의한 변패

세균・효모・곰팡이 등 미생물의 성장에 의한 변패이다. 이러한 변패는 화학적・물리적 변패보다 그 속도가 더 빠르다. 세균(bacteria)은 다당류를 알코올과 유기산으로 분해하기도 하고, 단백질과 아미노산을 알코올・유기산・아민・암모니아・황화수소로 분해하기도 하며, 부패물이나 유독물질을 생성하기도 한다.

세균은 동물성 식품 중 단백질에 잘 번식하여 가수분해반응을 일으킨다. 곰팡이(mold)는 전분・셀룰로오스・펙틴 등 다당류나 단백질을 분해하여 특유한 냄새나 색소를 생성시켜 식품의 품질을 손상시킨다. 효모(yeast)는 장류, 과실, 과실제품 등 당이나 염 농도가 높은 식품을 변패시킨다.

(1) 효소작용에 의한 변패

① 식품 자체 효소에 의한 변패와 조직 중에서 진행되는 대사작용에 의한 변패이다.

② 주로 탄수화물이나 유기산들의 대사분해와 호흡작용에 기인하며, 최종적으로 CO_2와 H_2O로 산화되어 배출된다.

③ 전분의 당으로의 전환, 펙틴질 분해로 인한 과육의 연화, 클로로필(chlorophyll) 손실로 인한 황화(黃化), 탄닌 손실로 인한 떫은맛의 소실, 방향의 생성 등 변화가 초래된다.

(2) 화학적 작용에 의한 변패

① 광선과 공기중의 산소에 의한 화학반응, 식품 성분간 상호작용 등에 의한다.

② 지방질 식품의 산화반응과 단백질과 탄수화물 식품을 가열함으로써 야기되는 비효소적 갈색화 반응(Maillard형) 등이 여기에 속한다.

③ 식품 내의 효소와 물, 그리고 지방질을 함유한 식품의 산소와의 접촉에 의한 변화 등이다.

④ 화학반응을 최소화하는 방법은 냉각 전 가열로 효소를 불활성화시키거나, 통

조림 식품에서 산소를 제거하거나, 건조식품에 화학첨가물을 첨가하여 갈색화 반응이나 지방질의 산화를 방지하는 것이다.

(3) 물리적 작용에 의한 변패

① 기계적 손상・건조・조직감의 손실 등이 속하다.
② 벌레와 설치류에 의한 변패도 여기에 포함된다.

2. 식품저장의 기본 공정

식품저장은 영양가와 맛의 개선, 수송과 저장의 간편성, 이용의 편리성, 유통 개선으로써 식품 가치를 증진시킬 수 있다. 모든 식품저장법은 식품 원재료의 이용을 극대화하기 위한 것이다. 계절식품을 신선한 상태로 연중 공급하고, 장기간 저장 혹은 특정한 저장방법에 따라 쉽게 파괴되는 비타민 등의 미량영양소(micronutrient)가 손실되지 않아야 하며, 다량영양소(macronutrient) 또한 손실이 없어야 한다. 또한 비용이 저렴하고, 노동력이 적게 들어야 한다. 식품저장은 식품의 변패 원인을 밝혀 식품에 맞게 가공저장법을 강구하는 것으로서 미생물과 효소에 의한 변화와 화학적 변화의 방지를 그 목적으로 한다. 식품저장법은 미생물의 접촉 방지를 위하여 포장하거나, 무균상태를 유지하거나, 냉장고나 저장실에서 유해미생물 번식에 부

표 3-1. 저장공정 기술의 기본 저장원리

공 정	저장원리
건 조	미생물 성장에 필요한 수분의 제거
냉 동	미생물 생장에 필요한 수분을 고체화(얼음) 낮은 저장온도는 미생물의 생장과 효소작용을 저해함
냉 장	미생물의 생장을 정지시키거나 생장속도를 느리게 함
가열・살균	식품 내의 미생물의 생장을 불활성화시킴 밀폐포장으로 미생물의 재오염을 방지
다른 가열공정(baking, pasteurization, frying 등)	많은 살아있는 미생물을 불활성화시킴
발효와 수분활성도 조절 (pickling, salting, sugaring)	산을 생성하는 균을 이용하여 배양함으로써 산도를 낮춤 산・염・당 등을 첨가하여 산도나 수분활성도를 낮춰서 미생물이 자라지 못하게 함

적합한 상태로 유지하거나 방부제와 포장을 사용하여 기타 화학적 · 생리적 반응에 부적합한 상태로 유지하는 것이다.

식품저장법은 건조법 · 냉각법 · 가열법 · 염장법 · 당장법 · 산장법 · 훈연법 · 조사살균법 · 가스저장법 등이 있으며, 식품저장의 기본원리는 표 3-1과 같다.

식품저장의 목적

식품저장의 목적은 미생물의 생육을 억제하고, 물리적 · 화학적 · 생리학적 변화를 감소시키며, 오염을 방지하며, 식품의 완전성 · 영양가 · 기호성 등에 있어서 바람직하지 못한 변화를 최소로 줄이는 데 있다.

식품저장의 기본 원리

① 살 균 : 살균에는 통조림 · 병조림의 살균이 있으며, 방사선 조사법 등도 포함된다.

② 미생물 생육의 저지 : 미생물 번식의 요건이 되는 수분 · PH · 영양 등을 달리하여 미생물의 증식을 억제하든가 방부제를 사용하는 방법 등이 있다.

③ 식품의 물리적 저장방법 : 가열살균법 · 건조탈수법 · 냉각법 · 염장법과 당장법이 있다.

④ 화학적 저장방법 : 화학약제 첨가법과 훈연법으로, 생리적 저장방법은 가스 저장법(CA 저장법)과 저온저장으로 분류된다. 이 외에도 식품포장에 의한 식품저장과 방사선 조사에 의한 식품저장법이 있다.

식품저장의 문제점

① 미생물 성장을 완전히 멈출 수 있는 식품저장법은 있지만, 물리화학적 변화를 완전히 멈출 수 있는 저장법은 없다는 것이다. 예로서 -18℃에서 미생물은 살 수 없지만 비타민 C의 변질(감소), 단백질의 불용화, 지방질의 산화와 재결정은 일어난다.

② 미생물 성장을 멈추게 하는 식품저장법은 식품의 영양가와 관능적 품질을 약간 저하시킨다는 것이다. 예로서 멸균은 식품조직을 연화시키고, 클로로필과 안소사이아닌(anthocyanin)을 변질시키며, 향미(flavor)를 변화시키고, 약간의 비타민 손실을 초래한다.

식품 저장기술의 3대 원리

식품 저장기술의 3대 원리는 냉동과 통조림과 건조이다. 환경조건을 변경시키는 것은 냉동과 건조이며, 미생물의 생존능력을 파괴하는 것은 통조림이다. 최적의 저장조건은 저온, 어두운 장소, 방충용기, CA(controlled atmosphere storage)이다.

1) 건조법

식품의 건조는 식품 속의 수분을 열에너지를 통하여 증발시키거나 분리시키는 것이다. 건조를 위하여 불보다 태양과 바람이 먼저 사용되었다. 영국의 Bergstrom이 1780년에 첫번째로 채소건조에 관한 특허를 획득하였고, 1795년에 Alasson, Chalet가 야채건조기(41℃)를 발견하였다. 1852년에는 Sir John Franklin이 감자와 당근을 건조시켰다.

(1) 식품 건조의 목적

① 유효성분을 감소시키고, 화학반응에 따른 변질을 억제하고, 수송과 포장을 간편하게 하는 것이다.

② 저장성(수분활성도 조절, 미생물 성장 억제, 신진대사 억제, 화학적 안정), 조리에 편리하고 먹기 쉬운 제품의 제조, 가격과 운반성을 좋게 하기 위한 무게 감소, 실온에서 장기저장 가능, 부피 축소 및 경제성 등이다.

(2) 건조에 대한 미생물의 내성

① 포자를 형성하는 곰팡이는 건조에 대한 내성이 강하다(*Aspergillus* 속).

② 수중 미생물(*Pseudomonas, Achromobacter*)은 건조에 대한 내성이 매우 약하다.

③ 병원균 중 건조에 대한 내성이 가장 약한 것은 콜레라균이고, 가장 강한 것은 결핵균이다.

(3) 식품 건조에 있어서의 기술적인 문제점

가) 향미

향미성분은 물보다 더 휘발성이 크기 때문에 건조된 커피나 양파 분말의 향미를 보존하는 문제가 있다.

나) 구조상의 문제

수분 제거에 의하여 생기는 공간 때문에 조직이 붕괴되거나 수축된다.

다) 건조 시 공급되는 열에 의한 문제

① 건조에 의하여 표면이 굳어 내부 건조를 방해하고 갈색화 반응과 단백질의 변성, 식품입자가 수축되거나 비타민 등 영양성분이 파괴되고, 재흡수 시 용해도 감소를 초래한다.

② 갑자기 건조시키면 표면이 경화되어 미세한 금이 생겨서 식품의 품질이 저하되는데, 이 현상을 피막경화(case hardening)이라 한다.

(4) 일광건조법

① 햇볕을 이용하여 건조시키는 방법이다.

② 조작이 간단하지만, 공기에 들어 있는 산소의 영향을 받아 식품성분이 산화되기 쉽다.

③ 농산물과 해산물 등을 건조시킬 때 많이 사용된다.

(5) 인공건조법

① 열풍건조법 : 가열한 공기를 보내어서 식품을 건조시키는 방법이다. 육류·어류·달걀류 등은 이 방법에 의하여 건조시킨다.

② 고온건조법 : 식품을 90℃ 이상의 고온에서 건조시키는 방법이다. β-전분이 α-화 된다. α-전분을 습기가 있는 곳에 방치하면 β-전분으로 노화되지만, 이 온도에서 가열과 동시에 건조하면 노화되지 않는 이점이 있다.

③ 배건법(roast drying) : 식품을 직접 불로 건조시키는 방법이다. 열의 이용률은 좋으나 식품성분이 변화되기 쉽다. 특수한 향기를 내기 위하여 이 방법을 많이 쓴다. 보리차·커피·차 등은 배건함으로써 질이 좋아진다.

④ 감압건조법 : 식품을 저온에서 감압하여 건조시키는 방법이다. 건조채소, 건조달걀, 분유의 제조 등에 이용된다. 산소가 적고 온도가 낮으므로 식품성분의 변화가 적다.

⑤ 동결건조법 : 식품을 급속히 동결시킨 후 진공에 가까운 감압 하에서 수분을 증발시켜서 제거하는 방법으로, 승화현상을 이용한 수분제거법이다. 단백질의 응고와 지방의 산화를 방지할 수 있다. 콜로이드(colloid) 물질의 변화가 일어

나지 않으므로 식품의 신선도가 보존될 수 있다. 당면・건조두부・한천 등의 제조에 사용된다. 동결 후 해동하여 수분을 드립으로 유출시키므로 건조가 빨리 된다. 장점은 열에 의한 손실이 적으며, 휘발 성향 미성분의 손실이 적고 재흡수가 좋다. 단점은 값이 비싸고, 장치가 복잡하고, 수분 제거속도가 느리다. 적용 가능한 식품의 종류가 한정되어 있으며, 냉동 시 조직의 파괴 가능성이 있다. 따라서 조직감이 중요한 식품의 경우에는 사용하지 않는다.

⑥ 증발건조법 : 엿과 연유 등의 액체식품을 농축시켜 저장성을 높게 하고 무게와 부피를 작게 할 때 이용한다. 상압에서는 단백질의 응고, 당분의 캐러멜화 등의 변화가 일어나 냄새와 빛깔이 나타나므로 진공증발법에 의하면 제품의 질을 좋게 할 수 있다.

⑦ 분무건조법 : 액체를 무상으로 분무하여 열풍으로 건조시키는 방법이다. 우유를 분무하면서 가열하면 증발면적이 커지므로 건조가 빠르다. 우유는 이 방법 이외에 드럼건조법과 피막건조법 등에 의하여 건조한다. 가장 흔히 쓰이는 건조방법이며 액체식품에 적당한다.

⑧ 포말건조법(泡沫乾燥) : Paste상 식품에 carboxyl methyl cellulose(C.M.C), 천연고무질, monoglyceride 등의 점조제나 계면활성제를 가하고 질소가스를 불어넣어 표면을 확대시켜 구멍이 뚫린 건조 선반에 얹어 이동시키면서 열풍을 통과시켜 건조하는 방식이다.

⑨ 고주파 건조법 : 고주파를 식품에 조사하면 내부로부터 열을 발생하여 균일하게 건조된다. 증발되는 수분은 표면으로 압출시키는 작용이 있으므로 수분의

냉장실내 상대습도는 저장수명과 품질에 영향을 미치므로 실내 공기가 너무 습하거나 건조해서는 안 된다. 상대습도가 높으면 냉각된 식품 내 표면에 수분이 응축되어 곰팡이의 성장을 초래한다. 상대습도가 낮으면 저장식품은 건조되어 과실채소는 시들고, 육류는 외관이 손상된다(보통 80~95% 유지). 건조식품들도 그 식품의 평형 상대습도보다 낮은 상대습도로 유지된 저장실에 보관해야 한다. 실내의 상대습도가 식품의 평형 상대습도보다 높으면 식품은 공기로부터 수분을 흡수하고, 반대의 경우에는 식품으로부터 수분이 증산(蒸散)된다. 냉장식품을 포장하면 수분의 증산(蒸散), 곰팡이의 발육, 냄새의 흡수 등을 막을 수 있다.

확산이 곤란한 재료나 급속 건조 시에 이용되며, 식품이 타지 않는 것이 특징이다.

⑩ 적외선 건조법 : 적외선을 식품에 조사하여 식품 표면의 온도를 상승시켜 건조하는 방법이다. 조사원은 석영광형 전구 및 적외선 건조용 전구 등이 이용된다.

2) 냉각법

냉각(저온에 의한 저장)은 식품의 온도를 낮게 하여 미생물의 증식과 활동을 저지하는 방법이다. 온도를 낮게 하면 식품 속의 효소 또한 그 작용이 억제된다. 저온저장은 0℃ 이상의 냉장과 0℃ 이하의 냉동으로 분류된다. 냉장은 미생물의 대사활성을 감소시키고, 식품의 내인적 효소의 활성을 감소시킨다. 냉동은 식품의 수분을 감소시켜 미생물 증식에 부적합한 환경을 만든다.

(1) 움저장

① 고구마 · 감자 · 무 · 배추 · Orange 등은 움 속에서 저장한다.
② 온도는 약 10℃로 유지해야 한다.

(2) 냉장

① 빙냉각법, 냉각해수법, Dry ice법, 냉동기에 의한 방법 등이 있다.

② 식품을 0~10℃에서 저장하는 것이다.

③ 가정용 냉장고는 3~5℃를 유지한다. 채소 · 과실 · 곡류 · 우유 · 계란 등 동결할 수 없는 생선류나 가공식품에 적용된다.

④ 이 온도에서 산화작용이나 식품 자체의 효소작용이 계속되기 때문에 보존기간에는 한도가 있다.

⑤ 저장기간이 짧다.

⑥ 냉장온도에서 자라는 미생물에 의한 부패, 곰팡이 번식, 냉장변패와 녹변 등의 문제점이 있다.

(3) 냉동

냉동은 식품을 0℃ 이하로 동결시켜 저장하는 것이다. 0℃ 이하로 냉동하면 더 오래 저장할 수 있다. 식품은 0℃에서 얼지 않는 것이 많으며, 빙점은 대개 -1~

냉동식품을 장기간 저장하면 식품 표면이 외기와 온도 차이, 수증기압 차이에 의하여 수분을 빼앗기고 변색되거나 유지가 산화되는 현상이 일어난다. 냉동식품의 내부는 빙결정 생성으로 인한 기계적 손실과 교질학적 손상을 받아 식품가치가 떨어진다. 당과 아미노산의 반응, myoglobin의 산화에 의한 metmyoglobin의 생성, 유지의 산화 변색, polyphenolase에 의한 melanin 색소의 생성 및 미생물 등의 색소 형성에 의한 변색 등 여러 가지 변화를 받게 된다. 이 현상을 냉동상(freezer burn)이라 한다. 냉동상이란 식품이 냉장 중 극도로 건조되어 표면의 수분이 10～15%로 감소되어 다공질이 되며, 공기와의 접촉면이 커져 단백질의 변성, 유지의 산패, 풍미의 저하 등을 일으키는 변화를 말한다.

-2℃이다. 냉동법을 무조건 안전한 저장방법이라고 할 수는 없다. 식품 품질 변화가 심각하지 않지만 식품 냉동의 문제점은 식품조직에 관련된 식품 품질의 저하이다.

(4) 급속동결

① 임계 동결속도보다 빠른 속도로 동결시키는 것을 급속동결이라 한다.
② 냉각능력이 왕성하여 동결 소요시간 단축으로 생산력이 높다.
③ 식품의 기계적 손상이나 교질적 손상이 적다.
④ 저장 중 변화가 적으며 외관이 좋다.
⑤ 융해 시 특별한 주의를 요하지 않는다.

(5) 데치기

① 냉동 전처리 공정이며, 효소 불활성화 방법이다.
② 야채식품의 경우 냉동 전 데치기 과정은 절대적으로 필요하다.
③ 버섯류 등은 데치기 과정이 조직에 심대한 영향을 주기 때문에 화학첨가제 사용이 허용된다.
④ 채소의 경우 80～100℃의 열탕이나 수증기를 이용한다.
⑤ 과일은 데치면 맛과 조직감이 손상받기 때문에 아황산가스나 산처리와 같은 화학적인 처리에 의하여 갈변반응을 억제한다.

⑥ 어류는 미생물에 의한 부패와 자가 소화에 의한 변질을 받기 쉬우므로 동결 전에 0℃로 보관 냉각한 후 동결시켜야 한다.

(6) 동결방법

① 공기동결법 : 간단하고 경제적인 방법으로 저온으로 냉각된 공기중에서 식품을 동결시킨다.

② 송풍동결법 : 냉각된 공기를 높은 속도로 송풍하여 동결시킨다.

③ 접촉동결법 : 냉매로 냉각된 알루미늄 합금과 같은 금속판의 표면을 식품의 상하에 놓고 동결시키는 방법이며, 다단식 동결장치를 이용한다.

④ 침지동결법 : 저온으로 냉각된 식염용액이나 염화칼슘용액 또는 식염과 설탕 혼합액들과 같은 2차 냉매에 포장된 식품을 침지하여 동결시키는 방법이다.

⑤ 분무식 냉동법 : 최근 식품동결에 이용되고 있으며, 무해하고 증발되는 액체질소・액화 이산화탄소 등을 식품에 직접 살포하는 냉동방법이다.

T.T.T(Time, Temperature, Tolerance) 개념은 냉동식품의 최종품질이 경과시간과 냉동식품의 온도에 지배된다는 관계를 수학적으로 처리한 것을 말한다. T.T.T는 냉동식품에 한하여 전면적으로 처리할 수 있다. 냉동식품 유통에 있어서 그 품질은 생산 시부터 포장될 때까지 품온, 시간 그리고 원료의 성상, 동결 전후의 처리 및 포장 등의 조건에 따라 결정된다. 어느 시점에 있어서 냉동식품이 상품가치를 갖게 하는 데에는 허용되는 경과시간과 그 동안의 온도에 따라 보존기간의 한계가 있으며, 그 관계를 숫자로 정리한 것이 T.T.T 개념이다.

(7) 저온유통 체계

① 생산과 소비를 연결하는 일관된 저온의 연속을 저온유통 체계(cold chain system)이라 한다.

② 저온유통을 함에 따라 제품의 질적・양적 손실을 경감하여 가격의 안정을 얻을 수 있다.

③ 경비가 많이 들며 유통체계 자체가 복잡하다.

④ 저온냉장 시 온도는 2∼-2℃가 가장 적당하다.

⑤ 저온유통 체계는 예냉・냉동 및 냉장・저온수송・저온판매・가정에서의 냉장으로 분류할 수 있다.

(8) 해동

① 냉동식품을 녹이는 작업이다.

② 냉동식품을 가온하여 얼음을 녹게 하고 식용할 수 있는 상태로 전환시킨다.

③ 공기・물・빙수 등이 이용되지만 열탕・oven・초단파 오븐 등도 이용된다.

④ 가열조리와 해동을 겸하는 수도 있다.

가) 해동방법

① 열전도에 의한 해동 : 공기중 해동, 수중해동, 가열해동

② 열전도에 의하지 않은 해동 : 전기저항에 의한 해동, 마이크로파에 의한 해동

③ 해동속도에 의하여 온수나 가열에 의한 급속해동법

④ 그대로 방치하거나 수돗물에 침수하는 완만해동법

⑤ 해동의 조건 : 온도 차이에 의한 식품의 조직감 변화, 드립(drip)의 양, 해동 중 세균의 번식, 선도 저하 등이 적어야 한다.

3) 가열살균법

식품의 품질을 유지하기 위하여 미생물을 살균하거나 멸균하는 방법은 식품을 저장하는 데 있어서 대단히 중요하다. 가열살균의 온도와 시간은 식품의 성질(수분・PH・열전도도)과 존재 미생물과 그 수, 저장기간 등에 따라 달라진다. 살균가열 온도를 10℃ 올리면 변패에 관여하는 세균이나 그 포자에 대한 파괴력은 약 10배가 되지만, 식품의 품질저하는 10℃ 상승에 대하여 2∼3배 정도이다. 저온에서 오래 가열하는 것보다 고온에서 순간적으로 가열하는 것이 품질변화가 적다. 살균 후 순간냉각이 요구되며, 경제성이 문제이다. 가열멸균의 기본 원리는 표 3-2와 같다.

(1) 가열살균 조건과 살균효과

① 간헐살균 : 병원균과 포자를 형성하지 않는 부패균은 완전히 사멸시킬 수 있으나, 포자를 형성하는 부패균, *Clostridium*, *Bacillus* 등의 포자는 내열성이

표 3-2. 가열멸균의 기술적 원리

Equipment of process	Principle
Still retort	용기에 밀봉된 식품이 수직 혹은 수평의 고압장치에서 움직임 없이 증기 또는 과열된 물로 가열
Agitated retort	Retort 내에서 가열될 때 용기가 회전
Hydrostatic sterillizer, continuous retort	가열과 냉각이 컨베이어 벨트 위에서 이루어짐
Steri-flame process	불꽃에 의하여 직접 용기가 가열됨
Pouch-pack process	얇은 플라스틱 용기로 포장된 식품의 retort 멸균방법
UHT process	유동식품의 외부에서 행해지는 가열멸균
Asceptic canning	UHT 공정의 일종, 미리 멸균된 용기에 멸균된 식품을 채우고 밀봉

높아 쉽게 사멸되지 않기 때문에 완전히 살균하기 위하여 100℃에서 6시간 간격으로 3회 가열살균한다.

② 가열치사곡선 : 세균을 가열살균할 때 가열온도와 가열시간 사이의 상관관계는 가열온도와 시간과의 함수로서 직선으로 표시된다(가열온도가 높을수록 가열시간은 짧게, 온도가 낮을수록 장시간 가열하여야 한다).

③ 고온단시간살균법(high temperature short time pasteurization, HTST) : 살균에 있어서 고온에서 단시간 가열하는 것이 저온에서 장시간 가열하는 것보다 살균효과가 크고 성분의 변화가 적다.

④ 초고온살균(ultra-high-temperature, UHT) : 140～150℃에서 수초간 가열하는 것으로 거의 완벽한 살균효과를 갖고 있으며, 가열시간이 짧으므로 식품의 품질저하가 거의 없다.

⑤ 멸균 : 병원균(유해세균, 포자형성균)을 115～121℃에서 15분간 열처리하는 것이다.

⑥ 상업적 멸균 : 치명적인 식중독 botulism을 유발하는 *C. botulinum*을 살균하는 것으로 pH 4.6 이하에서는 독소(toxin)가 생성되지 않으므로 저산성 식품의 살균에 특히 유의해야 한다.

⑦ 멸균효과

㉠ 비타민의 손실이 80% 정도이다.
㉡ 데치기의 경우 전처리에 의한 수용성 비타민과 무기질 성분의 손실이 있지만 미량영양소는 유지된다.
㉢ 단백질이나 탄수화물의 손실은 거의 없다.

⑧ 미생물의 내열성 : 미생물이 생육하는 조건에 있어 유도기의 후반에 있을 때 단일 세포보다 덩어리를 형성하고 있든가 세포수가 많을 때, 습열일 때보다 건열일 때, 가열시 액의 pH가 중성이거나 이 영역에 가까울 때의 네 가지 조건이 부합되지 않는 조건에서 가열하는 것이 가열살균의 목적을 쉽게 달성할 수 있다.

(2) 가열치사시간

가열치사시간은 표준수의 미생물을 특정한 조건(소정온도)에서 사멸시키는 데 요하는 시간을 말한다. 이 시간을 구할 때는 미생물의 배양조건과 가열조건을 소정의 방법에 의하여 실시할 필요가 있다. 즉, 시험하려고 하는 미생물을 저항성이 강한 포자를 형성하기 쉬운 온도에서 일정한 기간 배양한 후 고체배지에서는 수세하여 취하고, 액체배지에서는 원심분리한 후 세척하여 현탁액을 만든다. 이렇게 하여 얻은 포자를 다시 24시간 포자를 형성하게 배양하여 1 mℓ 중의 포자(혹은 세포수)를 직접검경법이나 평판배양법으로 측정한 다음 시험관에 넣어 밀봉한다. 밀봉한 시험관은 교반장치가 있는 항온기를 이용하여 소정 온도에서 시간을 점차 길게 하여 가열시험을 하면서 생존하는 미생물의 수를 계측한다.

F-value는 121℃(250°F)에서 살균하는 데 소요되는 분수(time)이며, Z-value는 가열처리 시간이 1/10 또는 10배의 변화를 주는 온도의 변화량(temp)이다. D-value는 균수를 1/10으로 감소시키는 데 소요되는 시간 분수(특정 온도에서 미생물 수를 90% 사멸시키는 데 소요되는 시간)이다.

(3) 마이크로파(microwave) 가열

가) 마이크로파 가열의 장점

① 마이크로파의 주파수와 전압을 적절하게 선택함에 따라 피가열물체의 내부까지 균일하게 가열할 수 있다.
② 가열목적 이외의 것은 가열되지 않으므로 열효율이 높다.
③ 진공 속에 놓여진 물체와 포장재료로 포장된 물체라도 가열할 수 있다.
④ 조작이 간편하고 적응성이 있다.

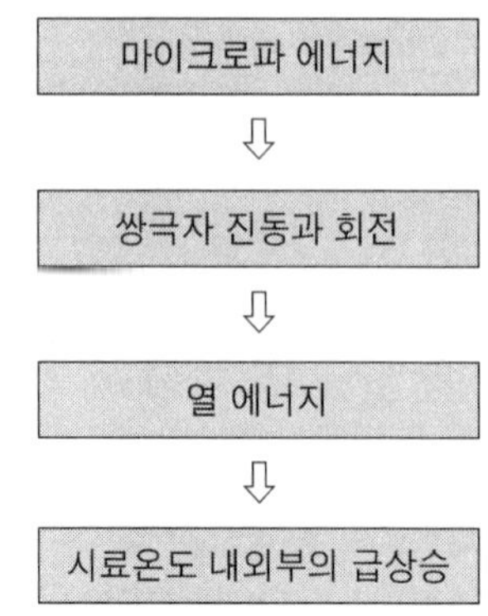

그림 3-1. 마이크로파 가열의 원리

⑤ 가열속도가 빠르고 가열에 필요한 면적이 좁아도 된다.
⑥ 작업환경이 좋다.

4) 염장 · 당장 · 산 저장

염장법 · 당장법 · 산 저장은 식품을 미생물이 자랄 수 없는 환경으로 바꿔준다. 수분활성도를 0.75 이하로, pH를 4.0 이하로 화학식품 첨가물을 첨가하는 것이다. 염장법과 당장법은 식품을 고농도의 식염이나 당액에 보존하는 방법이다. 탈수작용이나 삼투압의 증가를 이용하여 미생물의 증식을 저지한다. 염장법은 채소의 저장에, 당장법은 과실을 원료로 한 잼 등에 이용된다. 산 저장은 부패에 관여하는 세균의 최적 pH가 중성부근이므로 식품의 pH를 5.0 이하로 유지하여 이들 부패세균의 생육을 저지시키는 방법이다. 초산이나 젖산을 이용하며, 초산이 보다 효과적이다. 채소나 어육의 저장에 이용된다.

(1) 염장(salting)

가) 염장법

삼투압으로 식품은 탈수되고, 미생물은 원형질 분리를 일으켜서 저장하는 방법이다. 소금의 삼투작용(osmosis)에 의한 식품의 탈수로 세균의 생활에 필요한 수분이 줄고 미생물 자신도 원형질 분리가 일어나 생육이 억제된다(균세포의 탈수현상). 그 외에도 산소의 용해도를 저하시키며, 미생물에 의한 Cl^-이온의 살균작용과 미생물의 CO_2에 대한 감도를 예민하게 하는 작용과 단백질 분해효소의 억제작용 등이 있다.

나) 식염의 방부력

삼투압에 의한 탈수작용(식품의 삼투압 차에 의한 침투와 확산), 단백질 분해효소의 작용 억제(미생물이 분비하는 단백질 분해효소의 작용 억제), 산소의 용해도 감소(식염용액의 농도가 높아질수록 산소의 용해도 감소), 미생물에 대한 Cl^-이온의 작용 등이다.

다) 염장이 화학적 성분에 끼치는 영향

가용성 단백질·무기질·비타민 등은 그 일부가 소금물에 녹아 손실된다. 그 정도는 온도·농도·염장법·기간·식품의 성질에 따라 다르다. 단백질 변성과 유지의 산화현상이 일어난다. 염장에 의한 저장은 방부효과, 위생적인 안전성, 제품의 풍미, 사용상의 간편성과 경제성이 있다.

(2) 당장(sugaring)

당장은 설탕에 의한 삼투압의 증가를 이용해서 수분활성도를 낮추어 미생물의 생육을 억제시키는 저장법이다. 당장이란 삼투압을 이용하여 설탕 또는 전화당을 식품에 첨가하여 잼·젤리·마말레이드·가당연유·과일의 설탕절임 등을 저장하는 방법이다.

미생물은 당 농도가 50% 이상이면 생육이 억제되지만, 효모나 곰팡이 중에는 설탕 용해도인 67% 농도에도 견디는 것이 있다. 내삼투압성 효모는 80% 시럽에도 생육하며, 곰팡이에도 삼투압에 견디는 힘이 강한 것이 있다. 그러나 특수한 효모와 곰팡이에는 상온에 있어서 67% 설탕용액에서도 잘 생육하는 호당성(*Saccharophile*) 미생물이 있으며, 소량의 산을 첨가하면 당액의 농도가 어느 정도 낮아도 부패균의 생육을 저지시킬 수 있다. Jam과 같은 것은 과일 중에 유기산이 함유되어 있으므로 방부효과가 한층 더 있다.

(3) 산 저장

산 저장(pickling)은 pH가 낮은 초산과 젖산 등을 이용하여 식품을 저장하는 방법이다. 마늘·김치·오이·토마토·청대콩·양배추·죽순을 원료로 한 것과 요구르트 같은 제품 등을 들 수 있다. 미생물은 생육하는 데 있어서 식품의 pH에 많은 영향을 받게 된다. 세균은 pH 7.0(중성)에서 잘 생육하지만, pH 5.0 이하(산성)가 되면 생육하지 못한다. 그러나 미산성에 있어서는 효모와 특수한 세균인 젖산균은 어느 정도까지 잘 생육한다. 산에 대한 미생물 생육의 저지작용은 pH에 따라 차이가 심하지만, 같은 pH에 있어서도 유기산이 무기산보다 미생물 번식을 저지하는 효과가 크다.

일반적으로 미생물 생육에 대한 저지효과는 산과 소금, 산과 당, 산과 화학방부제 등을 겸용함으로써 그 효과를 한층 증가시킬 수 있다. 초산이 미생물 생육을 저지하는 pH는 균종에 따라 일정하지 않으나 대체로 pH 4.9 이하가 되면 세균은 생육하지 못하며, 효모와 곰팡이는 pH 3～4에서 생육이 중지된다.

5) 기타 저장방법

(1) 식품 보존제의 이용

① 보존제 : 식품에 첨가되어 부패와 변질을 방지하는 물질

② 방부제 : 미생물을 완전히 죽이지는 못하지만 활동을 억제 제어하는 기능을 갖는 화합물

③ 합성 보존제 : 식품의 방부를 목적으로 식품의 보존, 보호와 상품가치 저하를 방지하는 약품

④ 합성 살균제 : 음식용 기구, 용기와 물의 소독 또는 식품의 살균과 보존의 목적으로 첨가되는 약품

가) 이상적인 방부제의 조건

① 독성이 극히 적고, 만성 독성과 발암성이 없을 것

② 항균력의 범위가 넓고 보존효과가 확실할 것

③ 열에 안정하고 식품 성분에 의해서도 항균력이 줄지 않고 식품을 변질시키지 않을 것

④ 무색・무미・무취로 자극성이 없고, 첨가함으로써 식품가치가 저하되지 않을 것

⑤ 안정성과 수용성이 높고, 경제적이고 사용방법이 간편할 것

(2) 훈연법

수지(樹脂)가 적은 벚나무, 떡갈나무, 참나무 등을 불완전하게 연소시킨 연기 속에는 살균력이 있는 aldehyde류, alcohol류, phenol류, 산류 등이 들어 있다. 이와

같은 물질을 식품 조직에 침입시켜서 저장하는 법을 훈연(smoking)이라 한다. 식품을 훈연하여 살균력이 있는 물질이 식품 조직에 침입되는 동시에 식품이 건조되며, 저장성이 더 한층 증가되는 동시에 제품에 특수한 냄새와 맛을 주는 효과도 있지만 연기 중에 함유되어 있는 polycyclic hydrocarbon 중 benzopyrene이나 dibenzanthracene은 발암물질로 알려져 위생상 문제가 되고 있다.

가) 훈연의 목적

제품의 풍미와 색을 향상시키고 보존성을 부여하는 것이다. 목재의 불완전 연소로 생기는 연기의 화학성분을 식품 표면에 부착 침투시켜 건조한 것으로, 독특한 향기와 맛을 주는 동시에 연기 중의 방부성 물질(phenol, CHO)로 미생물의 생육을 억제하여 저장성을 갖게 하는 것이다. 목재의 재료는 단단하며 건조한 나무로서 오리나무 · 자작나무 · 참나무 · 호두나무 · 벚나무 등이 좋다.

나) 훈연성분의 기능적 작용

① 항산화작용(훈연하는 동안 phenol이 작용하여 과산화물가가 약 20% 감소한다)

② 살균작용(지방족의 aldehyde류가 살균작용이 있다)

③ 훈연냄새(제품 고유의 냄새와 염지성분과 훈연성분이 합쳐져서 발생하며, phenol류의 함량으로서 훈연수준의 지표가 된다)

다) 냉훈법

① 건조 소시지 등의 제조에 이용되며, 15～35℃의 비교적 저온에서 장시간 훈연하는 방법이다(통풍, H_2O 함량 35～45% 이하).

② 세균에 의한 부패가 적어 상당한 기간 저장이 가능하다.

③ 결점은 장기간 처리하므로 고기의 색깔이 나쁘고, 건조에 의한 중량 감소가 크다.

라) 온훈법

① 햄(ham)류 제조에 이용

② 50～70℃의 고온에서 훈연하는 방법이다. 조미를 주목적으로 단시간 훈연하는 것이다.

③ 건조도가 낮아 수분함량이 50% 이상, 단기 저장만 가능하다.

④ 햄, 베이컨과 같이 통조림・냉장・포장 등 저장법에 이용된다.

마) 액훈법 또는 속훈법

① 훈연성분을 용해시킨 수용액에 식품을 넣어 훈연에서와 같은 효과를 얻는 방법이다.

② 단시간 훈연효과를 위하여 목재 건류(乾溜)에서 얻어지는 물질을 농축해서 이용한다.

③ 건류 농축용액을 나무대신 가열하고, 그 성분을 휘발시켜 식품에 쪼이거나 용액 중에 담그거나 바른다.

바) 전훈법

① 전기를 이용, 훈연실 내에 전선을 배치하고 연기를 보내면서 15～30 kW의 전압으로 방전을 시킨다.

② 연기성분의 흡착을 촉진시켜 준다.

③ 시간이 1/2로 단축되고, 제품은 다른 방법에 의한 것보다 훨씬 많은 aldehyde와 휘발성을 갖지만 수분증발이 적어 저장성이 적다.

(3) 조사살균

조사살균은 살균하는 데 발열이 극히 적으므로 식품을 날 것으로 살균할 수 있어서 무열살균(cold sterilization)이라고도 한다. 조사살균법에는 자외선을 이용하는 방법과 방사선을 이용하는 방법이 있다.

가) 자외선

미생물의 생활세포를 파괴하는 작용이 있으나 미생물의 종류에 따라 살균효과가 다르며, 곰팡이 포자는 이에 대한 저항력이 크다. 자외선 가운데 가장 살균력이 강한 파장인 2,650Å 부근의 것은 H_2O_2를 발생하여 일종의 산화작용으로 식품 표면의 세균을 죽게 하지만, 내부에 있는 세균에 대한 살균효과는 없다. 자외선으로 살균할 수 있는 것은 기구, 식품의 표면, 투명한 음료수, 청량음료 및 분말식품에 불과하다.

나) 방사선

방사성 동위원소에서 나오는 α, β, γ 선과 X선 및 자외선 등을 말한다. 이들 방사선은 조사되면 식품 내의 분자가 이온화되므로 이온화 방사선이라 한다. 이 중에서 에너지 효과와 관통력을 참작하여 식품저장에 이용하는 것은 방사성 동위원소에서 나오는 α선과 가속장치로 얻을 수 있는 고속도의 β선이다.

식품저장에 사용되는 방사선은 β선과 γ선이다. γ선은 Co_{60}과 같은 방사성 원소의 방사능을 이용하여 미생물을 사멸하는 것이며, β선은 전자 가속기에 의한 전자의 흐름을 이용하여 미생물을 죽이는 것이다. β선은 전자가속장치에 의하여 얻어진다.

다) 식품저장에 이용되는 방사선의 조건

① 투과력이 클 것
② 살충·살균효과가 클 것
③ 효소의 불활성화
④ 안전성과 건전성의 보장

라) 방사선 조사에 의한 멸균 장·단점

① 단점 : 화학반응에 의해 향미·색·조직 등이 변화한다.
② 장점 : 무독성이며, 부작용이 없으며, 식품 첨가제가 아니다. 에너지를 절약할 수 있다. 제품의 품질이 우수하고, 저장기간이 연장된다. 따라서 의료기구의 소독에 이용된다.

6) 가스저장(CA 저장)

가스저장이란 저온을 유지해 주는 동시에 밀폐된 용기나 저장실 속에 과채를 저장하여 저장환경을 저농도(1～5%)의 산소와 적당한 농도(2～10%)의 탄산가스를 이용하여 기체 조성을 조절해서 호흡에 의한 대사 작용을 억제하여 저장 과채류의 품질보존을 더욱 오래 유지시키는 저장방법이다. 가스저장은 식품이 저장 도중에도 호흡작용을 하는 성질에 따라 식품을 탄산가스 또는 질소가스 속에 보존하는 것이다. 즉 공기조성 중 산소농도를 낮추고 탄산가스의 농도를 높여 인공적인 공기조성하에 저온을 이용하여 식품저장에 이용하는 것이다.

가스저장은 일반 대기성분과 다른 기체 속에서 식품을 저장하는 방법이다. 사용가스를 인공가스라 하며, 그 성분은 CO_2나 N_2 gas와 같은 불활성인 것을 많게 하고 산소함량을 적게 한다. 산소가 줄어진 공기중에서 청과물의 호흡속도가 줄어들고 호기성 미생물의 생육과 번식이 억제되는 효과를 갖는 것이다. 예로서 과일·채소·어육·분유 등의 저장에 이용된다.

7) 통조림과 병조림

통조림은 박테리아가 열에 약한 성질을 이용한 장기간 식품 저장방법이다. 밀봉된 용기에 식품을 넣은 후 열을 가함으로써 미생물을 파괴한 후 박테리아에 재차 오염되는 것을 방지하는 것이다. 가열에 의하여 효소에 의한 부패와 화학적 부패도 방지된다. 산화에 의한 변화를 막기 위하여 통의 내부를 진공으로 한다. 통조림 공업은 공동 조리의 사명을 띠고 주스와 시럽 등의 통조림으로부터 맥주와 포도주 통조림에 이르기까지 기업화되고 있다.

통조림과 병조림의 제조원리와 방법은 동일하다. 통조림의 일반적인 제조공정은 다음과 같다.

(1) 통조림 제조의 3대 공정

통조림은 탈기·밀봉·살균의 3대 공정을 거쳐서 만든다. 주입액은 과실, 당시럽 18～19%, pH 3～4, 채소, 어육, 염수(1～2%액)이다.

① 탈기 : 통 안의 산소 제거로 통 내면과 내용물의 산화와 부식을 방지하고 열처리 중 관 파손을 방지하며, 타검용이 호기성균의 발아억제효과를 얻는다. 방법에는 탈기함법(90～98℃, 8～15분), 진공시머법, 수증기 분사법, 가스치환법 등이 있다.

② 밀봉 : 진공 권체기나 탈기 후 밀봉기로 실시한다. 밀봉은 시머(seamer)의 척(chuck)과 로울의 작용으로 뚜껑의 curl과 관동의 flange를 서로 말아넣고 압착시켜 완성한다.

③ 살균 : 100℃ 이하에서 살균처리하는 저온살균과 100℃ 이상 살균하는 고온살균이 있다. 저온살균은 산성식품(pH 4.5)의 생육세포 파괴가 가능하고, 포자형성균이 필요하다. 그러나 고온살균은 식품의 영양소 파괴를 초래하므로 유해균만 사멸하고 영양소 파괴를 피할 수 있는 즉, 약간 온도를 낮추어 장시간 살균하는 상업 살균이 일반적으로 산성 과실통조림에 채용되며, 온도범위는 보통 70～100℃이다.

(2) 병조림과 통조림에 의한 저장 시 장점

다른 식품에 비하여 장기간 저장이 가능하고, 내용물을 조리·가공하지 않고 그대로 이용할 수 있으며, 위생적이고 저장과 운반이나 기타 취급이 편리하며, 값이

싼 것 등이 장점이라 할 수 있다. 통조림 식품의 장점은 저장목적으로 대량 처리가 가능하고, 인스턴트성이 있다는 것이다. 또한 살균온도와 시간을 엄격히 지킨 살균에 의하여 안전성이 있으며, 살균온도와 시간의 단축으로 영양가와 맛 등을 조절할 수 있다.

(3) 통조림과 병조림의 원리

효모와 미생물은 열에 대하여 저항하는 최고온도가 있다. 그 온도 이상의 온도에서는 사멸되므로 식품을 가열한 후 미생물의 침입을 방지하면 부패를 막을 수 있다. 일반적으로 미생물은 60～80℃에서 30분간 가열하면 사멸되지만, 특수한 세균이나 포자는 저항성이 강해서 이 온도에서도 사멸되지 않는다. 그러나 내열성 포자라도 고열살균법에 의하여 100℃ 이상의 온도에서 처리하면 쉽게 사멸시킬 수 있다.

(4) 통조림과 병조림의 가열살균에 미치는 요소

① 열전도도 : 통조림의 내부까지 열이 쉽게 도달할 수 있는 식품이면 살균에 소요되는 시간이 짧고, 그렇지 않으면 살균하는 시간이 많이 소요된다.

② 내용물의 pH : 산도가 낮은 통조림보다 산도가 높은 통조림이 살균하기 쉽다. 일반적으로 수산물은 pH 5～6.8, 과일은 pH 3～4, 채소류는 pH 5～5.5 정도이다. 산도가 높은 과일·채소류는 산도가 낮은 수산물보다 단시간에 살균시킬 수 있다. 일반적으로 내용물이 pH 4～5까지인 통조림은 100℃ 이하에서 쉽게 살균되지만, pH 값을 4～5 이상인 통조림은 가압살균에 의하여 100℃ 이상으로 가열하여야 한다.

③ 포화증기의 압력과 온도 : 일반적으로 살균 시 압력이 높을수록 온도가 높아지고, 살균시간이 단축된다.

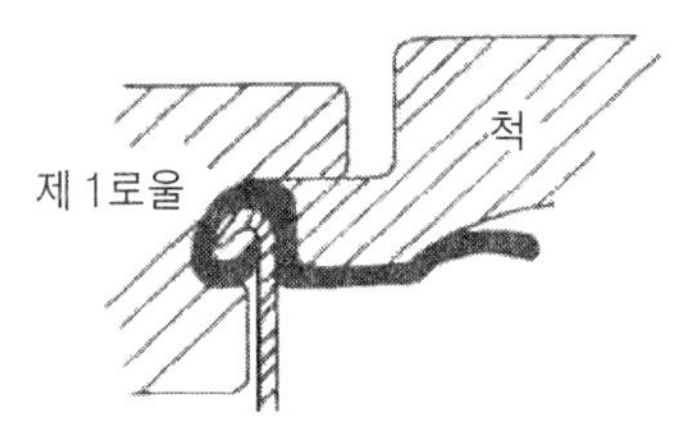

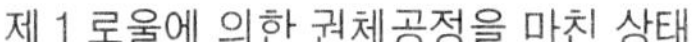
제 1 로울에 의한 권체공정을 마친 상태

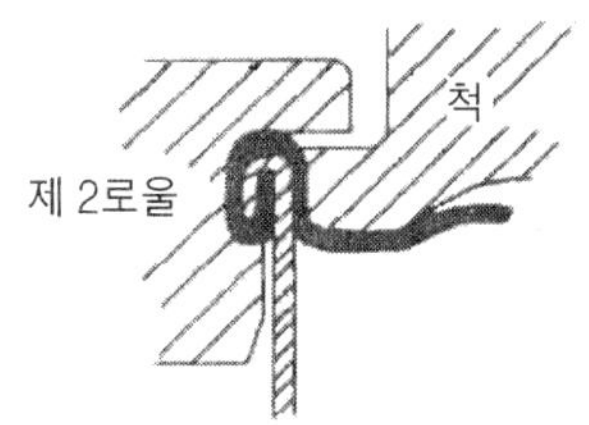

제 2 로울에 의한 권체공정을 마친 상태

그림 3-2. 통조림 공정 중 로울의 구조

④ 세균의 종류와 포자의 수 : 가열시간은 통조림의 내용물이 가지는 세균의 종류에 따라 다르나, 같은 세균이라 할지라도 포자의 수가 많을수록 살균하는 데에 소요되는 가열시간은 오래 걸린다. 세균은 종류에 따라 온도에 대한 저항력이 나르다.

(5) 용기와 표시

① 유리병 : 유리병은 투명하여 내용물을 쉽게 판별할 수 있고, 용기와 식품간의 화학적 반응이 없는데 반하여 깡통(tin can)은 내용물을 식별할 수 없다. 병은 구경의 크기에 따라 광구병과 세구병의 두 종류로 나눌 수 있다. 광구병은 과일·채소와 같이 원료의 형태가 큰 것과 jam, marmalade와 같은 반고체 식품을 저장할 때 쓴다. 세구병은 juice·sauce·간장과 같은 액체식품을 저장할 때 쓴다.

② 깡통 : 캔은 철판에 3% 주석을 도금해서 만든다. 석판 품질은 그 두께와 중량으로 표시한다. 보통 통조림에서는 B.W.G(birmingham wire guage) 30~38번을 사용한다. 깡통에는 원형관(round can), 타원관(oval can), 각관(square can) 등이 있다. 또 타발관(drawn can)이라 하여 can opener를 사용하지 않고 따는 Key opeining can과 당기면 쉽게 따지는 Easy opeining can이 있다. 또한 깡통 내부에 도장(coating)한 Enamelled can과 도장을 하지 않은 Plain can, 부분적으로 내면을 도장한 Partially coated can 등이 있다. 밀봉하는 방법에 따라 땜깡통과 이중 권체한 위생깡통이 있다. 철판 대신 alumite, fiber, bakelite, celluloid 등을 사용하기도 하지만 실용적이 되지 못한다.

(6) 통조림 검사

① 외관검사 : 권체가 불완전한 것, 외상으로 인한 불량한 통조림, 녹이 슨 통조림을 골라낸다.

② 타관검사 : 통조림을 한 줄로 세워 타검봉으로 두드려 맑은 소리가 나면 좋다

③ 가온검사 : 세균의 증식과 화학변화를 가온함으로써 상온 때보다 빨리 진행시켜 변질되는 것을 속히 알 수 있는 방법이다. 세균배양기에 넣어 30~70℃에서 1~3주간 보온하여 검사한다.

④ 진공검사 : 간단한 진공계(Vacuum tester) 끝을 깡통 뚜껑에 꽂고 진공도를 측정하는 방법으로 진공계가 15 inch 이상이 되면 좋다.

⑤ 개관검사 : 통조림을 개관하여 직접 내용물의 냄새·맛·외관을 검사하고 pH

의 측정, 부패생성물, 용해물질, 방부제 등을 검출하여 배양시험을 하고 미생물의 종류와 수를 검정한다.

(7) 통조림의 변질

가) 외관상의 변질

① 팽창 : 살균이 불충분하든가 권체가 불완전하면 미생물이 번식하여 발생한 가스로 깡통이 팽창하는 것을 말한다. 통조림 통 양면이 팽창하고, 일부 복귀가 가능한 soft swell과 눌러지지 않을 정도의 hard swell이 있다.

② 수소팽창 : 깡통과 내용물이 작용하여 발생한 수소로 팽창한 깡통을 말한다. 유기산이 많은 과일 통조림에서 흔히 볼 수 있다.

③ Springer : 내용물을 너무 많이 넣어 팽창하는 현상을 말한다. Springer의 팽창은 flipper보다 심하고 누르면 반대쪽이 두드러진다. Swell이 진행중이다. 내용물이 과다 충진되고, 식품과 용기가 반응하여 생성된 수소가스에 의한 것이다.

④ Flipper : Springer보다 약한 팽창인데, 탈기 부족으로 일어난다. Flipper는 뚜껑이 두둑한 상태이지만 바닥은 편평하다.

⑤ Leaker : 권체의 불완전, 깡통의 침식에 의한 외부에서의 상처로 액즙이 새는 것을 말한다.

나) 내용물의 변질

① Flat sour : 깡통은 팽창되지 않으나 세균에 대한 변질로서 내용물에서 산미를 내는 것을 말한다. Flat sour는 살균부족과 권체불량에 의하여 야기되는 미생물에 의한 부패이다. *Bacillus stearothermophilus*, *B. subtilis*가 원인균이다.

② 곰팡이의 발생 : 살균온도가 불충분할 때 일어나며 과즙에 많다.

③ 빛깔의 변화 : 여러 가지 원인이 있는데 배・복숭아의 변색을 그 예로 들 수 있다.

④ Pectin의 용출 : 미숙한 과일을 통조림하면 pectin이 액 중에 용출되어 품질을 저하시킨다.

8) Retort pouch 식품

Retort pouch 식품이란 고압살균에 견딜 수 있는 플라스틱 주머니에 식품을 넣어 밀봉 · 가열한 식품을 뜻한다. 즉, polyester film, Al-foil, polyolefine film 등을 2중, 3중으로 복합한 주머니(pouch)나 접시(tray)에 넣어 밀봉한 후 가압솥에서 100℃ 이상의 습열로서 살균하여 통조림 · 병조림과 같이 저장성을 가진 식품을 말한다.

Retort pouch 식품은 통조림 · 병조림과 같이 오래 저장할 수 있을 뿐만 아니라 보관하는 데 체적이 적게 소요되고, 용기가 유연하며 가볍다.

(1) Retort pouch 식품의 특징

① 통조림 · 병조림에 비하여 얇고 평평한 모양이기 때문에 살균시간이 단축되므로 색깔 · 조직 · 풍미 및 영양가의 손실이 적다.

② 냉장 · 냉동할 필요가 없고, 방부제 등을 첨가할 필요가 없다.

③ 통조림 · 병조림에 비하여 저장공간이 절약되고, 개봉이 용이하며, 폐기처리가 간편하다.

④ 냉동식품은 가열하여 사용할 때 많은 시간과 열원을 필요로 하지만 Retort 식품은 그대로 사용할 수 있고, 가열 · 가온하는 데 시간과 열원이 절약된다.

⑤ 가벼우므로 유통이나 휴대가 간편하며, 포장에 다양성을 띌 수 있다.

(2) 포장재료

일반적으로 포장재료로는 강도를 갖는 polyester film(외층), 기체와 광선을 차단할 수 있는 Al-foil(중층), 접촉성과 가열밀봉이 쉬운 polypropylene film(내층)의 유연한 포장 재료를 이용한다.

(3) 충전 · 탈기 · 밀봉

① 내용물은 그 형태에 따라 반고체 · 액상 · 고상으로 대별할 수 있다.

② 충전한 후 sealing 할 때는 살균 중에 sealing 부위가 떨어지지 않도록 주의하여야 한다.

③ Sealing 전에 pouch 내에 잔존하는 공기를 없애기 위하여 탈기하여야 한다.

④ 탈기는 pouch 내의 잔존 공기에 의하여 포장이 파열 또는 Al-foil이 찢어지는 것을 막고, 살균할 때 공기로 인하여 열전도가 저하되어 살균효과가 떨어지는 것을 막는다.

(4) 가압살균 및 가압냉각

Retort pouch는 Al-foil을 함유하는 경우, 내용물에 있어서는 돌기가 없는 한 비교적 강하다. 그러나 내부의 압력에 대해서는 매우 약하므로 살균·냉각할 때에도 가압을 유지하면서 냉각하여야 한다. Retort pouch 식품의 살균기준은 통조림과 같으며, 살균대상 기준균은 *Clostridium botulinum*, *Clostridium sporogenes*, Flat sour thermophile 등으로, 이들 균의 포자를 사멸시킬 수 있는 온도와 시간에서 살균하여야 한다.

통조림은 오랜 연구 끝에 115~120℃에서 가열살균 하는 것이 그 품질유지 면에서 가장 좋은 방법으로 알려져 왔지만, Retort pouch 식품은 부피에 비하여 표면적이 크므로 통조림에 비하여 열전도가 우수하다.

제 4 장

식품과 미생물

식품제조에 관여하는 미생물 중에는 유용한 미생물과 유해한 것이 있으며, 미생물이 분비하는 효소는 식품제조상 발효와 부패의 중요한 역할을 한다. 따라서 주류·된장·간장·납두·젖산·구연산 등의 제품을 만들 때는 유용한 미생물을 이용하고, 통조림·건조식품·훈제품·염장품 등의 저장식품에는 유해균의 번식을 막기 위하여 만든 것이다. 미생물의 활용 분야는 다음과 같다.

① 식량사료 : 효모의 영양성분(단백질·지방·비타민)을 증식시켜 식량으로 이용이 가능하다.

② 발효 양조식품 : 간장, 된장, 술, 포도주 등이 있다.

③ 약재, 비타민 생산에 이용된다.

④ 환경정화 : 폐수처리에 이용된다.

⑤ 유전공학에서 균주개량에 이용된다.

1. 미생물의 분류

1) 세 균

세균(bacteria)은 효모보다 더 작은 단세포 미생물이며, 주로 분열에 의하여 번식하므로 분열균이라고도 한다. 세균의 형태에는 여러 가지가 있으나 환경에 따라 변하고, 다음과 같이 분류될 수 있다.

(1) 세균의 형태에 따른 분류

① 구균(coccus) : 둥근 원형으로 공기중에 존재한다.

② 간균(rod-shaped) : 막대형태로 토양 및 곡류 중에 존재하고, 세포 내에 저항력이 강한 포자를 만들어 종족을 보존한다. 포자는 외계의 변화에 잘 견디므로 균체가 죽은 후에도 그 생활력은 보존되기도 한다.

③ 나선균(spirillum) : 나선형태로 물 속에 비교적 많이 존재한다.

(2) 발육온도에 따른 분류

① 저온균(8～20℃)

② 중온균(20～40℃ 내외)

③ 고온균(40～55℃)으로 분류된다.

(3) 산소 요구성에 따른 분류

① 호기성균(*aerobe*) : 산소가 존재해야만 발육할 수 있는 균

② 혐기성균(*anaerobe*) : 산소가 존재하면 발육하지 않는 균

③ 통성 혐기성균 : 산소가 다소 있어도 발육할 수 있는 균

④ 편성 혐기성균 : 산소가 있으면 발육하지 않는 균

2) 식품가공에 관계되는 중요한 세균

(1) 초산균

초산발효를 영위하는 균으로 세포는 간형, 장간형 또는 사상형이고, 포자를 만들지 않는 호기성균으로 알코올을 산화하여 초산을 생성한다. 10%의 알코올에서도 생육하여 5～8%의 초산을 생산한다. 초산균(acetobacter)에는 *Acetobacter aceti*와 *A. schutzenbachii*가 있고, 이 외에 *A. rancens*, *A. xylinoides*, *A. orleanens*, *A. Acetigenum* 등이 있다.

그림 4-1. *Acetobacter aceti*

초산균이 술에 번식하면 피막을 형성하는 성질이 있는데, 유용균의 피막에는 점성이 있고, 두꺼우며 흔들어도 잘 부서지지 않으나 유해균의 피막은 얇으며, 흔들면 쉽게 부서진다. *Acetobacter roseus*, *Acetobacter suboxydans*는 glucose를 산화시켜 gluconic acid를 만드는 외에 sorbose 발효 및 비타민 C 생성균으로 이용된다.

(2) 젖산균

젖산을 많이 생산하는 세균으로 세포는 구형(coccus) 또는 간형(bacillus)이며, 홀로 또는 쌍으로 연쇄되어 있다. 젖산균 및 호기성균은 비교적 크기가 적고, 통성 호기성균 혹은 편성 혐기성균이다. 젖산발효에는 당을 90～100% 젖산으로 만드는 정상발효 유산균과 당의 절반을 유산으로 만들고, 그 외 향미물질 등을 생산하는 이상발효 유산균이 있다. 젖산 제조균은 침채, 산변사료 등에 관계되는 유용한 세균이다. 또한 장내의 젖산균(lactic acid bacteria)은 장내에 서식하는 부패균의 번식을 억제하고 정장의 효과가 있다.

① 정상발효 유산균 : *Streptoccus lactis, Lactobacillus bulgaricus, L. delbru"ckii* 등이 있다.
② 이상발효 유산균 : *L. mesenteroies, Leuconostoc* 등이 있다.

가) 젖산균의 용도별 분류

① 공업용 젖산제조 : *Lact, debru"ckii*
② 유제품 제조 : *L.casei, L.bulgaricus, L.acidophilus, St. lactice*
③ 청주와 주류에 이용 : *L.sake, Leuconostoc mesenteroides var. sake*
④ 유산균제제 : *Bifidus*
⑤ 지물에 관계되는 균주 : *L. cucunerism L. plantarum, Pediococcus sojace*
⑥ Dextrin 제조균 : *Leuconestoc mesenteroides*

(3) 납두균

납두(혹은 청국장)를 만드는 균을 납두균(*Bacillus natto*)이라 하는데, 그 발육 적온은 42℃ 전후이다. 납두균(Natto bacteria)은 납두제조에 유용한 균이지만 코오지 제조에는 유해하다. 그리고 납두균은 번식력이 강한 간상의 세균으로 항생물질을 분비하기도 한다. 콩에 배양했을 때 콩 중의 비타민 B_2가 5배나 증가된다.

(4) 부패균

부패균의 분포는 매우 넓고 그 종류도 많다. 그리고 혐기성 및 호기성이 있으며,

그림 4-2. *Bacillus natto*

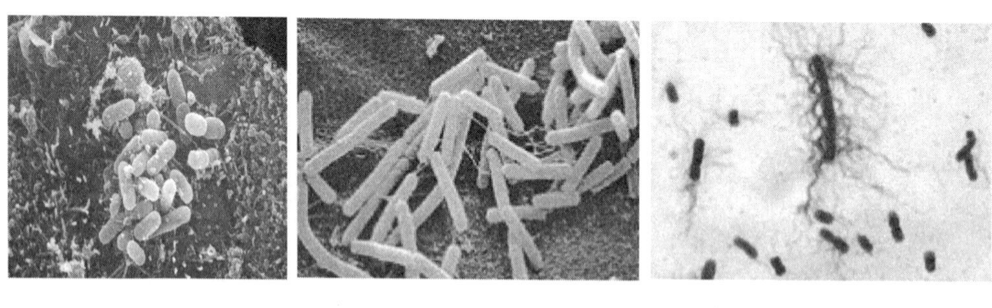

E. coli *Bacillus subtilis* *Proteus vulgaris*

그림 4-3. *Escherichia coli, Bacillus subtilis, Proteus vulgaris*

포자를 만드는 것과 만들지 않는 것이 있다. *Bacillus puricus*는 부패한 음식, 토양 물 속에 있으며, *Escherichia coli*는 대장균으로 장내, 대변 또는 음식물 속에 서식한다. *Bacillus subtilis*는 고초균으로 고초·토양 등에 생육하고 포자를 형성하며, 그 포자는 살균에 저항력이 크다. 편모를 가진 *Proteus vulgaris*는 운동성이 있는 부패균이다.

3) 효 모

효모(yesat)는 자낭균류에 속하는 단세포 미생물로서 세균보다 커서 현미경으로 200~600배 정도 확대하면 잘 보인다. 그 형태는 종류에 따라 다르며 *Cerevisiae*형, *Ellipsoideus*형, *Pastorianus*형, *Appiculatus*형, *Candida*형, *Torula*형 등이 있다. 효모는 출아와 분열 및 포자 등으로 번식한다. 그리고 발효현상에 따라 top yeast와 bottom yeast로 구분된다. 효모는 주류 및 알코올 제조에 필요하며, 세포는 단백질 자원 및 식용, 약용, 사료용 등에 사용된다.

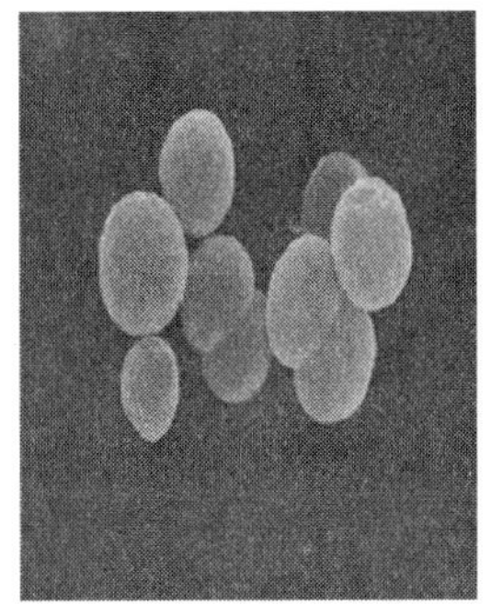

그림 4-4. Yeast

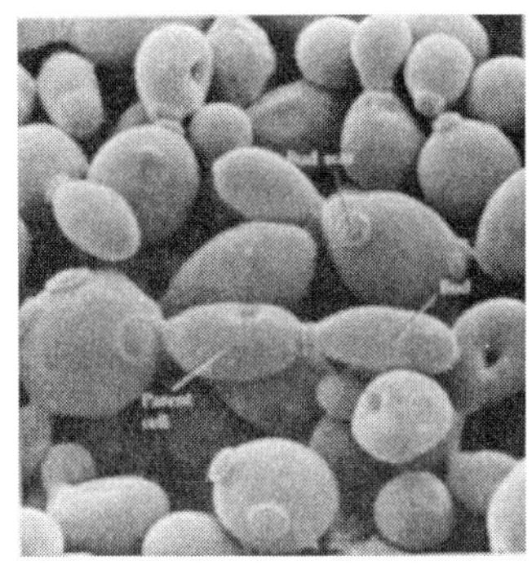

그림 4-5. *Saccharomyces cerevisiae*

그러나 양조물 중에는 악취를 주며, 또한 부패의 원인이 되는 것도 있고, 통조림, 병조림에 번식하여 혼탁 및 분해를 일으키는 유해한 것도 있다.

효모의 성분은 그 종류나 배양조건에 따라 다르나 대체로 수분 75%, 고형분 25.0%로서 고형분 중에는 단백질 52.5%, 지방 5.0%, 글리코겐 22.0%, 회분 6.5%이다. 이상의 성분 외에 비타민 B_1, B_2, B_3, 엘고스테롤(ergosterol), 나이아신, 판토텐산(pantothenic acid), 파라-아미노 안식향산(*p*-amino benzoic acid), 이노시톨 등을 함유한다. 이와 같이 효모는 단백질 함량이 많고 글리코겐을 가진 동물질에 가까우며, 비타민 등이 많이 함유되어 있다. 효모는 진정효모(*Saccharomyces*), 접합효모(*Zygosaccharomyces* 속), 분열효모(*Schizosaccharomyces* 속)로 분류되며, 이들 중 중요한 효모를 열거하면 다음과 같다.

(1) 진정효모(*Saccharomyces*)속

알코올을 만드는 대표적인 효모속으로 맥주·포도주 등 주로 주류를 만드는 데 쓰인다. 영국의 맥주 양조장에서 분리된 표면 발효효모인 *Saccharomyces cerevisiae*는 맥주효모, 빵효모, 알코올 효모의 대표적인 것이다. *S. sake*는 청주의 양조에 쓰이는 표면 발효효모이며, 포도주 효모인 *Saccharomyces eillpsoideus*도 이에 속한다. *Saccharomyces cerevisiae* 이외에 당밀의 알코올 발효효모인 *S. fannosensis* 등이 있으며, 일본청주에는 *Saccharomyces sake*가 이용된다.

(2) 접합효모(*Zygosaccharomyces*)속

알코올 발효력은 비교적 약하나 삼투압에 견디는 힘이 강하므로 농후한 식염수나 설탕용액에서도 비교적 잘 번식하는 효모속으로 20% 식염수에서도 내염성인 효모가 있다. *Zygosaccharomyces sojae*는 간장제조 효모이고, *Z. major*는 간장숙성에 중요한 역할을 하는 효모이다. *Z. salsus* 및 *Z. japonicus*는 간장의 표면에 피막을 만들고, 향기와 맛을 나쁘게 하는 유해한 효모이다.

(3) 분열효모(*Schizosaccharmyces*) 속

분열에 의해 증식하는 효모는 주류제조 등에 관여한다. 열대지방의 주정제조에 사용되는 *Schizosaccharomyce pombe*는 아프리카 토인의 밤술에서 찾아낸 효모이다. *Schizo mallacei*는 당밀을 원료로 하는 Rum주의 효모이다.

(4) *Torula* 속

포자를 만들지 않는 산막효모로서 종류가 많으며, 발효공업에 유해한 것이 많다. 청량음료 등을 혼탁케 하고 간장・된장에 번식하여 제품을 변질시킨다. 유용한 것으로는 *Torulopsis utilis*가 있는데, 이것은 식용 및 사료효모(feed yeast)의 제조에 널리 사용되는 균이다.

(5) *Candida* 속

균사를 만드는 *Candida*는 식용・약용・사료용 효모제조에 이용된다. *C. lipolytica*, *C. tropicalis* 등도 사료효모로 이용된다.

4) 곰팡이

곰팡이(mold)는 발육기관이 실 모양으로 되어 있기 때문에 이것을 **사상균**이라고도 한다. 곰팡이 균사는 단일 세포로 된 종류와 격막으로 세분되어 있는 종류가 있는데 보통 백색을 나타내고, 자실체를 가지며, 이들 포자의 색과 모양은 종류에 따라 다르다. 포자는 극히 작아서 육안으로는 보이지 않는다. 이 포자가 공기중에 떠다니다가 생육에 적당한 곳에 이르면 균사를 내고 번식한다.

곰팡이가 자라는 데는 영양분・수분・온도・공기 등이 필요하다. 영양분은 전분질・당분・단백질・기타 무기물 등이고, pH는 미산성에서 잘 자란다. 곰팡이 포자는 영양세포보다 저항력이 강하고, 주로 결합수를 많이 가지고 있으나 영양세포는 유리수를 많이 가지고 있다. 결합수는 미생물이 이용할 수 없고 자유수만이 이용할 수 있다.

수분은 미생물의 발육에 꼭 필요하며, 건조하면 발육이 정지된다. 발육온도는 종류에 따라 다르나 코오지 곰팡이(*Aspergillus oryzae*)는 35℃ 정도이고, 푸른곰팡이

(Penicillin)는 이보다 10℃ 정도 낮다. 많은 곰팡이는 호기적 상태에서 여러 가지 유기산을 만들며, 혐기적 상태에서 주정을 생산한다. 곰팡이는 각종 효소를 분비하여 영양물질을 분해하고 자기의 생활자원을 얻는다. 효소에는 전분 분해효소(amylase), 단백질 분해효소(protease) 등이 있다.

(1) 코오지 곰팡이속(Aspergillus)

발효공업에 응용되는 곰팡이는 대부분 여기에 속한다. 균총의 색은 흑색・갈색・황색・녹색・백색 등을 띠고, 균사는 엷게 착색한다. 분생자낭의 선단에 정낭을 이루고 많은 경자를 형성한다. 경자 위에는 외생포자가 연쇄되어 있다.

황국균(*Asergils oryzae*)은 코오지 곰팡이의 대표적인 것으로 누룩곰팡이, 메주곰팡이라 하며, 육안으로 보면 처음에는 모두가 흰색이지만 발육함에 따라 황색, 황갈색 또는 암록색을 띠며, 가루모양의 수많은 외생포자를 형성한다. 이 곰팡이는 코오지 곰팡이로 amylase와 protease를 분비한다. Amylase를 대량 분비하는 황국균은 술의 양조에 적당하며, 단백질 분해력이 강한 곰팡이는 장류를 만드는 데 적당하다. 흑국균(*Aspergillus awamori*) 포자는 흑색이며, 아밀라제의 분비력이 강하고, 소주나 알코올, 구연산 제조에 사용한다. *A. shilousami*는 백국균으로서 약주・탁주 당화 효소제로 널리 이용되고 있다.

(2) 푸른곰팡이속(Penicillium)

자연계에 널리 분포하며 *Penicillin*의 생산, cheese의 숙성 등에 이용되는 것이 있다. 푸른곰팡이에는 식품 및 과실 등을 부패시키며 황변미(黃變米)의 원인이 되는

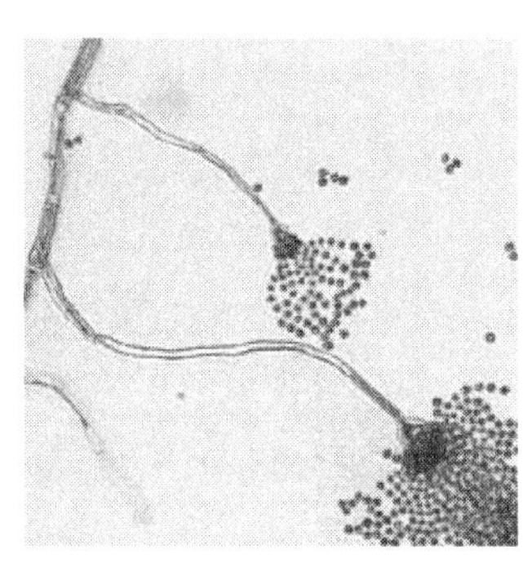

그림 4-6. *Aspergillus oryzae*

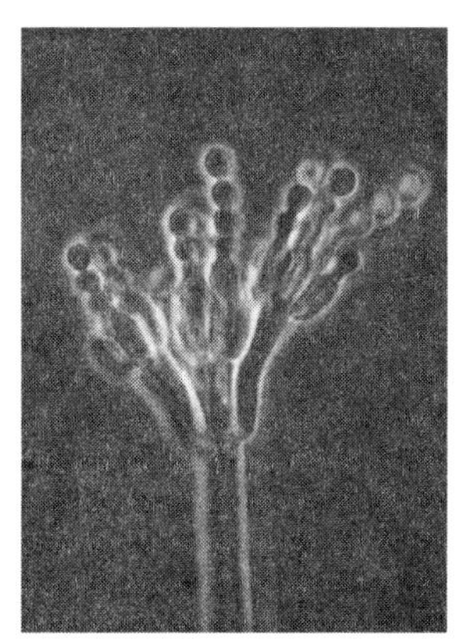

그림 4-7. *Penicillium roqueforti*

유해균이 많다.

분색포자낭의 선단에는 정낭(精囊)이 없고, *Penicillius*를 형성하는 것이 *Aspergillus*와 다른 점이다. 처음에는 흰빛을 띠나 발육함에 따라 청색 또는 청록색을 띤다. *Penicillium glaucum*은 푸른곰팡이 중 대표적인 균으로서 균총은 청색, 분생포자낭은 필상으로 분병(分炳)이며, 주로 빵·떡·치즈 등에 잘 번식하고 쌀 코오지에 침입하여 양조에 해를 준다. *Penicillium roqueforti*는 치즈를 만들 때 카제인(casein)을 분해하여 좋은 향기를 주는 숙성에 유용한 곰팡이며, *Penicillium chrysogenum*, *P. notatum*은 페니실린을 생산하는 유용한 곰팡이다. 황변미에서 분리한 *P. citrinum*은 신장장애를 일으키며, 황색의 유해물질인 citrinin을 생산한다.

(3) 거미줄 곰팡이속(Rhizopus)

우리나라의 약주·탁주, 중국의 고량주·노주·황주 등의 제조에 이용되는 곰팡이로 역시 amylase의 분비력이 강하다. 젖산·푸말산(fumaric acid) 등의 유기산을 만드는 것도 많다. 균사에서 자실체를 이루고, 포자는 포자주머니를 만들어 그 속에 많은 내생포자를 형성한다. 균사는 stolon을 이루고, 자실체 아래 가근(rhizoid)을 만든다.

*Rhizopus nigricans*는 공기중에 포자가 제일 많은 곰팡이균으로 균총은 면모상 또는 구름모양이다. Fumalic acid의 생산성이 강하여 공업적으로 이용된다. 감자, 과실의 부패를 일으키기도 한다. *Rhizopus japonicus*는 알코올 제조중 아밀로법에 쓰이는 가장 중요한 균이며, 전분 당화력이 강하다. *Rhizopus delemar*는 알코올 제조 시에 처음으로 쓰인 균인데 전분 당화력이 강하다.

(4) 털곰팡이속(Mucor)

거미줄 곰팡이와 같이 내생포자 가지에 포복지(stolon)와 가근(rhizoid)을 가지지 않는 곰팡이이다. 빵·과실 등에 잘 자라며, 양조상 유해한 것도 있으나 유용한 것도 많다.

*Mucor mucedo*는 털곰팡이의 대표적인 균이며, 고기·빵·과실·채소 등에 많이 발생한다. *Mucor hemalis*는 보통 흙 속에 많이 있으며, pectin을 분해하는 힘이 강하므로 삼의 정련에 쓰이는 유용한 곰팡이이다. *Mucor rouxii*는 당화력이 강하여 amylo법의 알코올 제조에 유용한 균이다.

(5) 흑국곰팡이(Monascus)

균총은 선홍색 또는 자색을 띠고, 균사는 분지하며, 격벽(septa)을 가지고, 균사

내에 홍색 또는 도색의 색소를 생산한다. *Monascus purpureus*는 흑국곰팡이라고도 하며, 중국・말레이지아 등에서 홍주를 만드는 데 사용된다. 그리고 *M. anka*는 홍유부(紅乳腐)등의 제조에 중요한 균이다.

2. 미생물의 증식과 미생물을 이용한 식품제조

미생물은 생육에 있어서 환경조건이 알맞으면 증식율이 급속하게 증가하나 부적당한 환경조건에서는 생육이 억제되거나 죽게 된다. 미생물은 자연환경 내에서 서식하고 있기 때문에 환경에 대해서 민감하게 반응한다. 미생물의 생활에 있어서 가장 기본이 되는 증식을 영위하기 위해서는 어떠한 환경요소가 일정한 범위 내에 적당히 있어야 하며, 이 범위는 최소・최적・최고범위로 나눈다. 또 미생물의 생육에 영향을 주는 요인으로서 물리적・화학적 요인들이 있다. 즉 온도, 압력, 광선, 삼투압, 산소, 초음파, 건조, 독물, 균 상호간의 관계 및 영양 등의 많은 요인들이 있다.

미생물의 생육에 있어서는 처음에 발육유도기(lag phase)를 거쳐서 발육대수기(logarithmic phase) 발육정지기(stationary phase)를 이루고, 다음에 발육감퇴기(death phase)를 가져온다. 식품저장에 있어서는 발육유도기를 연장하여야 그 효과를 가져올 수 있다. 그러나 오랜 시간 후에 미생물이 서서히 증식하여 식품이 변질되나 일정한 기간동안 저장효과를 가져올 수 있다. 식품 속에 세균 발육이 부적당한 물질, 즉 방부제가 들어 있으면 이러한 저장기간이 상당히 길어진다.

미생물을 이용하는 것 중의 하나는 미생물이 분비하는 효소를 이용하는 것이다. 따라서 필요한 효소를 많이 생성하는 유용한 미생물을 택하여 그것을 순수분리 배양하는 것이다. 곰팡이는 사상으로 효모와 세균은 단세포 미생물로서 증식한다. 코오지 곰팡이는 응용면이 매우 넓은 국균이다. 이것은 술과 같이 전분질 원료를 분해하기 위하여 사용되든가 또는 간장, 된장과 같이 단백질을 분해하기 위하여 이용된다. 적합한 균주를 선택하려면 그 특성에 알맞은 생리실험을 하여 선발하게 된다. 미생물을 식품가공에 응용할 때에는 곰팡이・효모・세균을 각각 한 가지씩 이용할 때가 많고, 곰팡이와 효모, 곰팡이와 세균, 효모와 세균 또는 세 가지를 병용하여 이들의 복잡한 작용을 이용할 때도 흔히 있다.

1) 미생물 종류에 따른 식품가공품의 분류

① 곰팡이를 이용한 제품 : 감주, 푸마르산(fumaric acid), 발효사료, 아밀라제, 구

연산, 수산(oxalic acid) 등

② 효모를 이용하는 제품 : 알코올 맥주, 포도주, 과실주, 증류주, 식용효모, 글리세린, 비디민제제

③ 세균을 이용한 제품 : 식초, 젖산, 낙산, 아세톤, 부탄올(butanol), 버터, 치즈, 항균성 물질 등

④ 곰팡이와 효모를 함께 이용하는 제품 : 탁주, 약주, 청주, 소주, 알코올 등

⑤ 효모와 세균을 함께 이용하는 제품 : 전분 전화당 등

⑥ 곰팡이, 효모 및 세균을 이용하는 제품 : 간장, 된장 등

3. 발효식품

1) 발 효

발효란 일반적으로 미생물의 작용에 의해 산소와 같은 최종 전자수용체의 관여 없이 탄수화물과 같은 유기물질이 분해되어 변화하여 어떠한 물질을 생산하거나 에너지를 방출하는 대사과정을 의미한다. 단백질·지방·탄수화물 등 대부분의 성분들이 미생물에 의해 분해되며, 발효성 당은 미생물효소에 의해서 발효 대사산물인 알코올이나 산으로 되거나 또는 물과 탄산가스로 분해된다.

$$C_6H_{12}O_6 \rightarrow 2C_{12}H_5OH + 2CO_2 + 27.9\ kcal$$

$$C_6H_{12}O_6 + 6O_2 \rightarrow 6CO_2 + 6H_2O + 657.6\ kcal$$

※ 발효와 부패의 차이점

- 발효 : 식품이 미생물작용에 의해 알코올·유기산·탄산가스 등이 생성되는 현상을 말하며, 좋은 맛과 향, 조직감 및 유용한 성분을 포함하는 목적에 부합된 상태로 전환되는 과정을 발효로 한다.
- 부패 : 식품이 미생물에 의해 독성성분을 포함하거나 나쁜 맛과 향, 조직감의 변화 등의 인간에게 해로운 상태로 변화하여 목적에 부합되지 않는 산물을 얻게 되는 경우 이상발효 또는 부패라고 한다.

2) 발효식품

발효식품이란 동물 또는 식물 유래의 원재료를 세균, 효모 및 곰팡이와 같은 미생물을 이용해 변형시켜 생산된 식품의 종류를 말하며 다음과 같은 장점을 갖는다.

① 식품의 향미, 풍미, 조직, 안정성 등을 향상시킨다.

② 젖산, 초산, 알코올 발효를 통한 식품의 저장성을 향상시킨다.

③ 단백질, 필수아미노산, 필수지방산 및 비타민 등의 식품 제조에 이용된다.

④ 건강증진 효과를 갖는다. 요구르트와 같은 발효유의 경우 혈중 콜레스테롤 농도 저하 및 대장과 관련된 암예방 효과를 갖는다.

⑤ 발효과정을 통해 원재료에 함유된 독성물질에 대한 해독작용을 함과 동시에 생리활성물질의 생산에 이용된다.

⑥ 장내균총을 정상적으로 회복시키며 소화율을 향상시킨다. 예를 들어 정상적으로 유당을 소화시키지 못하는 유당불내증 환자의 경우 요구르트와 같은 발효유의 섭취가 가능하다.

3) 식품발효의 종류

표 4-1. 원료에 따른 발효식품 분류

원 료	발효식품	
축산물	· 치즈, 젖산발효 음료(우유) · 알코올 포함 발효유(우유)	· 발효버터(유지방)
농산물	· 빵(밀/효모) · 젖산발효 음료(곡류, 콩, 과실, 채소류) · 알코올 음료(과실류, 곡류, 감자)	· 식초(곡류, 감자, 과실류, 술) · 간장, 된장, 청국장(콩) · 김치, sauerkraut, pickle(채소류)
수산물	· 젓갈류(생선/소금)	· 식해류(생선/곡류/소금)

표 4-2. 발효관여 미생물 종류에 따른 분류

발효관여 미생물	원 료	발효식품
젖산균	채소류 고기 우유	김치, 사우어크라우트(sauerkraut) 소시지(salami, cervelat) 발효유, sour cream, yoghurt, leban, 치즈(cheddar, gouda, ricotta)

(계속)

발효관여 미생물	원 료	발효식품
젖산균 + Propionic acid bacteria + 세균 + 효모 + 곰팡이	우유 우유 우유 채소 콩	치즈(swiss, emmentahler) 치즈(limburger, brick) 발효유(kefir, koumiss) 피클(nukamiso pickles) 템페(tempe), 간장(soy sauce), 감주, 된장, 가쓰오부시
초산균	알코올(술)	식초
효 모	맥아(malt) 과실(fruits) 당밀(molasses) 곡류(grain) 쌀 밀가루 반죽	맥주(larger, ale, porter, pilsner) 과실주 럼(rum) 위스키(whiskey) 청주, sake, 약주, 막걸리 빵(bread)
효모 + 젖산균	곡류 Ginger plant 콩(beans)	신맛의 빵(sour dough bread) Ginger beer 버미세리(vermicelli)
곰팡이 + 세균	콩(soybean)	미소(miso), 간장(soy sauce) 청국장, 된장, 고추장

4. 발효식품의 가공・저장

1) 종국의 제조

(1) 종국

어떤 배지에 국균(H, Koji균)을 배양하여 포자(spore)를 형성시킨 후 건조시킨 것을 일반적으로 종국이라 한다.

(2) 우리나라에서 사용되는 대표적인 종국에는

① 황국 : *Aspergillus oryzae, Asp. sojae* 등. 청주, 된장, 간장, 감주 등의 제조
② 흑국 : *Asp. niger, Asp. awamori* 등. 소주, 구연산 제조
③ 백국 : *Asp. kawachii, Asp. shirousamii* 등. 약주, 탁주 제조

(3) 종국 제조

가) 균주 선택

미생물학적인 설비와 기술이 있는 곳에 있어서는 황국균은 amylase, protease의 역가가 높은 균주를 순수 분리한다. 백국균은 다른 국균보다 특히 약·탁주 제조에 이용된다. 적당히 pH를 저하시킴으로써 안전한 발효를 할 수 있으며, 산패를 억제하는 데 도움이 될 뿐만 아니라 유기산(국산)을 많이 생성하며, 약·탁주의 쏘는 맛을 준다.

나) 균의 확대배양(중간 배양)

시험관의 균주는 일단 확대배양한 후 종국제조에 사용한다. 배지는 쌀과 밀기울에 40~50%의 물을 뿌려 잘 혼합한 후 삼각 플라스크에 소량씩 넣어 15 lbs에서 20분간 가열살균한 후 냉각하여 무균상자에서 시험관의 균을 백금이로 이식하여 30℃의 항온기에서 4~5일간 확대 배양한다. 각 균종에 따라 약간의 차이는 있지만, 종국을 제조할 때 배지(쌀·보리·좁쌀·밀기울 등) 100 kg에 대하여 500 mℓ 플라스크에 배양한 중간배양기 약 4~5개를 혼합 사용하는 것이 안전하다.

① *Aspergillus oryzae* : 황국균, 누룩곰팡이라고도 하는데, 된장·간장·탁주·청주 등의 양조에 사용되는 균이다. 우리 가정에서도 속성 메주제조에 이 균을 순수하게 배양한 황국을 사용하고 있다.

② *Aspergillus sojae* : 간장제조에 사용되며, 콩·보리의 혼합물에 잘 번식하고, 당화력과 단백질 분해력이 강하다.

③ *Aspergillus niger* : 흑국균으로 포자는 흑갈색을 띠며, 비교적 강한 산성에도 잘 번식하고 pectin 분해력이 강하다. 이 균 중에는 포도당에서 citric acid를 많이 생산하는 균주도 있다.

④ *Aspergillus awamori* : *Aspergillus niger*와 같이 흑색균으로서, 당화력이 매우 강하여 쌀과 고구마를 원료로 해서 소주를 제조할 때 사용되며, 구연산도 생산한다. 비슷한 종에 *Aspergillus usamii*가 있다.

⑤ *Aspergillus shirousamii* : *Asp. usamii*의 변이균종으로 내산성 amylase가 강하여 우리나라에서 주정제조에 많이 이용된다.

⑥ *Aspergillus kawachii* : 백국균이며 돌연변이종이다. α-amylase를 가지며, maltase 역가도 강하다. 흑국균 대신 이 균을 사용하는 경우가 많아졌다.

다) 종국제조

우리나라에서는 일반적으로 백국은 백국균(*Asp. kawachii*)을 좁쌀 및 싸라기에, 청주용 황국은 황국균(*Asp. oryzae*)은 쌀에, 장유용은 균사가 짧은 황국균(*Asp. sojae*)을 보리쌀에 배양한다. 전자를 장모균이라 하여 amylase 역가가 높아 된장·고추장·감주·식초 등에 사용하고, 후자는 단모균이라 하여 amylase와 protease 역가가 높아 간장과 개량식 메주 및 발효사료 등에 이용되고 있다. 따라서 제조하고자 하는 종국에 따라 배지를 일정한 시간 수침하여 가열증기로 쪄서 약 30℃로 냉각하고, 플라스크에 배양한 균을 잘 뿌려 골고루 혼합하고 보쌈, 입상, 갈아쌓기 등에 의하여 품온을 30~35℃로 유지하면 백색의 균사를 형성한 후 점차 포자를 형성하게 된다. 이를 저온에서 건조한다.

(4) 개량식 메주의 제조

개량식 메주는 우리나라 재래식 제법을 개량하여 만드는 방법으로, 각각 황국(메주균)을 사용하여 제조기간을 단축시킬 수 있는 등 장점이 많다.

콩(10~20리터)을 씻고 물에 약 8~10시간 침지하여 갈색이 될 때까지 삶든가 찐다. 그 후 콩물을 빼고 30~35℃로 식혀 황국을 골고루 잘 혼합하여 재래식 방법으로 콩을 찧어 일정한 모양으로 덩어리 메주를 만든다. 이렇게 만든 덩어리 메주를 따뜻한 곳(20~25℃)에 마대를 깔고 서로 닿지 않게 나열하고 자주 뒤집어 주며, 황녹색이 될 때까지 건조하면서 보온 발효시키면 덩어리 메주가 된다.

2) 장류의 가공·저장

장류에는 된장·간장·고추장·청국장·막장 등이 있다. 장류는 조미료임과 동시에 부식으로서 우리 식생활에 있어 가장 중요한 위치를 차지한다. 장류는 곡류에서 단백질을 섭취하는 우리들에게 있어서는 결핍되기 쉬운 아미노산 등을 공급하는 단백질원이 되어 왔다. 장류는 콩의 발효식품으로서 감칠맛을 주는 glutamic acid가 많고, Ca, K 등 알칼리염과 Fe를 많이 가지고 있다.

장류의 제조법은 재래식·개량식·속성 개량식 등의 방법이 있어서 그 제조공정에는 차이가 있지만 원리는 동일하다.

(1) 된장

근래, 국민소득이 증가하고 산업구조가 고도화되었을 뿐만 아니라 도시권 생활자가 증가하고 핵가족화, 아파트화 등의 현상이 두드러지게 나타남에 따라 된장을 공장에서 공급받는 양이 날로 증가하고 있다. 된장은 공장에서 만드는 개량식 된장과 재래식으로 가정에서 간장을 뜨고 난 잔류물인 된장으로 나눌 수 있다. 개량식 된장은 원료인 전분질의 차이에 따라 쌀된장, 보리된장, 밀된장으로 나눌 수 있다.

가) 개량식 된장의 제법

된장의 원료는 단백질 원료(콩), 전분질 원료(쌀 · 보리 · 밀), 소금, 황국 및 물이다. 콩의 종류는 여러 가지가 있지만 된장에는 황색콩을 이용한다. 국내에서 생산되는 양이 부족하므로 많은 양을 수입에 의존하고 있다. 된장에서 사용되는 전분질 원료로는 쌀과 보리가 있지만 보리가 쌀에 비하여 pentosan, methylpentosan이 많고, 단백질에는 glutamic acid가 많아서 감칠맛이 많다. 소금에 들어 있는 Fe, Cu는 된장의 갈변을 촉진시키므로 이들이 적게 함유된 것이 좋다. 황국은 *Asp. oryzae*를 균주로 한 것이며, 당화력과 단백질 분해력이 강하고 제국이 용이한 것을 선정하는 것이 좋다.

된장은 증자한 전분질 원료에 종국을 넣어 국자를 만들고, 이것에 소금을 가하여 일정기간 두었다가 단백질 원료인 콩을 짜서 국자와 혼합한 후 마쇄하여 통에 담아 숙성시킨다. 된장의 제조공정은 원료에 따라 다소 차이가 있다.

나) 된장의 제법

된장은 증자한 전분질 원료에 종국을 넣어 국자를 만들고, 이것에 소금을 가하여 일정기간 두었다가 단백질 원료인 콩을 쪄서 국자와 혼합한 후 마쇄하여 통에 담아 숙성시킨다.

① 국자 제조

국자를 제조하는 주요 목적은 국균 포자형성보다는 amylase와 protease를 생성시키는 데 있다. 이와 같은 효소 역가를 높이려면 원료의 적당한 증자, 국의 온도 및 습도의 관리가 중요하다. 보통 25℃ 정도에서는 protease의 역가가 높아지고, 33~35℃에서는 황국균의 발육이 좋으며, 35~40℃에서는 amylase의 역가가 높아진다. 과열하면 *Bacillus subtilis* 등이 번식하고, 습기가 많으면 Rhizopus속, Mucor속, Penicillium속이 번식하게 되므로 주의하여야 한다. 제국은 40~43시간에 끝내는 것이 좋고, 수분은 30~32%가 알맞다. 지나치게 건조하면 콩과 혼합하여 chopper에서 갈 때 힘이 든다. 출국과 동시에 국자를 사용하지 못할 때는 소금과 잘 혼합하여 4~5℃에서 보관한다.

② 보리(또는 쌀)의 처리

보리를 물로 씻고 침지한 후 시루나 증자통에 넣어 찐다. 물에 침지하는 시간은 수온에 따라 일정하지 않다. 침지가 끝나면 물기를 뺀 후 약 1시간 방치하고, 상압에서 시루나 증자통에 넣어 증맥 표면으로 증기가 나오기 시작하여 약 60분간 찐다. 그 다음에 깨끗한 마대나 가마니에 헤쳐 덩어리가 지지 않게 비비면서 약 33~35℃로 될 때까지 냉각하고 제국한다.

③ 제국 제조

㉠ 섞기 : 찐보리(쌀)를 식혀서 33~35℃까지 내렸을 때 황국(0.1~0.2%)을 골고루 살포하여 찐보리(쌀)에 들어붙게 비벼서 균이 잘 발육할 수 있게 한다. 이 조작을 섞기라 한다. 이 조작이 끝났을 때 품온이 약 33℃가 되는 것이 좋다.

㉡ 재우기: 섞기가 끝난 뒤, 보리 온도가 약 30℃가 되면 구상으로 퇴적하여 깨끗한 마대 등으로 덮어 보온한다. 이 조작을 재우기라 한다. 이 때부터 곰팡이는 본격적으로 번식을 하게 된다.

㉢ 뒤지기: 퇴적 후 12~14시간 지나면 보리 표면에 균이 발육하여 보리의 고유한 광택을 잃어버리고 둔한 불투명 반점이 생겨 품온을 33℃ 정도가 된다. 이 때 구상으로 쌓은 국자 속이 지나치게 열이 오르기 전에 더미를 헤쳐서 덩어리를 부수고, 구상 안의 보리와 밖의 보리를 잘 혼합하여 먼저와 같이 퇴적한다. 이 조작을 뒤지기라고 한다. 뒤지기의 목적은 국자의 온도와 습도를 고르게 하며, 곰팡이의 번식으로 발생한 CO_2를 방출시키고, 산소를 공급하여 균의 번식을 고르게 하는 데에 있다.

㉣ 담기: 뒤지기가 끝난 후 3~5시간이 경과하면 품온이 32℃로 되고, 보리 표면에 흰 반점이 생기게 된다. 이 시기에 덩어리를 부수고 국자상자 한 장에 1.8리터씩 구상으로 담는다. 이 조작을 담기라고 한다.

㉤ 헤치기: 담기를 마친 국자 상자는 7~8장씩 봉상으로 쌓고 보자기로 덮어 보온하여 약 33℃가 되게 한다. 이후부터 점점 균사의 발육이 왕성하여 CO_2의 발생도 많아지며, 품온이 33~35℃ 정도가 된다. 이 때 구상의 덩어리를 헤쳐서 상자 전면에 보리를 펴준다. 이 조작을 헤치기라고 한다. 그런 다음 또 다시 온도가 오르면 상자 아래의 것과 위의 것을 바꾸면서 벽돌 쌓기와 같이 다시 쌓아 품온을 39℃ 이상 오르지 않게 한다.

㉥ 출국: 순조롭게 제국하면 갈아쌓기를 한 후에 국자 전면에 흰 균사가 덮이

고 상자 바깥으로 약간의 황색 포자가 발생하기 시작한다. 이 때 국자실에서 꺼낸다. 국자실에서 제국하는 작업의 번잡을 피하고 인력을 절감하며, 잡균의 오염을 막기 위하여 근래에는 기계에 의한 제국법이 쓰이고 있다. 찐 보리를 32～35℃로 냉각하여 종국을 첨가(중맥에 대하여 0.02%)하여 혼합기로 잘 섞은 후 제국기에 약 30 cm 두께로 깔아 온도(30℃)와 습도(95%)를 조절하여 균을 번식시키는 기계에 의한 제국을 말한다. 제국 중의 화학적 변화는 다음과 같다.

제국 중 황국균은 amylase, dextrinase, maltase, invertase, raffinase, pepsinase, tryptase, peptidase, peroxidase, catalase, protease, lipase 등 당화효소와 단백질 분해효소를 분비하여 전분 · 단백질 · 섬유 등의 일부를 분해하는 동안에 국균이 번식할 때 호흡작용에 의하여 그 성분의 일부를 산화 · 분해하여 발생하는 에너지를 이용하고, 열과 이산화탄소를 발생시킨다. 제국의 주목적은 조작 중에 전분을 당화시키는 것보다 국자 안에 강력한 효소를 생성시키는 데 있다.

④ 가염

국자실에서 꺼낸 국자를 소금과 잘 혼합하여 퇴적하여 둔다. 마쇄하기 전에 소금과 국자를 혼합시키지 않으면 국자가 건조되어 마쇄기(chopper)의 구멍이 막혀서 작업이 불편하지만, 소금과 혼합해 두면 국자가 물러져서 마쇄하기 쉽다. 이 때 소금으로는 재염을 사용하고 호염은 사용하지 않는 것이 좋다.

⑤ 콩 익힘

흰콩을 정선한 후 물로 씻어 돌과 쭉정이를 가려내고 여름에는 6시간, 겨울에는 20시간 물에 침지하여 솥 혹은 가압솥을 이용하여 연하게 익힌다. 솥에 콩을 넣고 가열하여 콩 표면에 증기가 오르기 시작한 지 1시간 정도면 대체로 연하게 된다. 콩을 삶을 때는 계속해서 가열하는 것보다 어느 정도 콩이 무른 다음 뜸을 들이고 다시 가열하는 편이 연료가 절약된다.

⑥ 마쇄와 담기

가열한 국자에 익힌 콩을 혼합하고 끓인 물로 수분을 조정하면서 마쇄기로 갈아서 나무통이나 탱크 등에 담아 숙성시킨다. 출하하기 전에 작은 구멍의 망을 이용하여 재차 마쇄하면 질이 좋은 된장이 되고 숙성기간도 단축된다. 된장을 숙성시킬 때는 된장 표면에 약간의 소금을 뿌리고 나무판자를 덮어 돌로 눌러둔다. 일반적으로 수분함량이 많으면 숙성이 빠르지만, 출하하였을 때 수분함량이 55% 이상 되면 된장이 괴어오를 우려가 많다.

⑦ 숙성

된장의 숙성에는 된장 안에 있는 곰팡이·효모·세균 등의 상호작용으로 특유한 빛깔, 맛, 향기를 낸다.

⑧ 조합마쇄와 살균, 포장

각 발효탱크의 숙성 된장을 품질규격에 맞게 혼합·배합하고, 한편에서는 품질의 균질 및 입자를 보다 미세하게 하기 위하여 마쇄하는 것이 좋다. 마쇄한 된장은 가열살균한다. 살균은 60℃에서 10분, 70℃에서 5분 정도로도 효과가 있지만, 된장에는 내열성 효모가 존재하므로 100℃에서 22분 정도로 하면 거의 변질되지 않는다. 살균이 끝난 제품은 일정한 양으로 nylon pouch에 넣어 진공포장하든가 통에 넣어 포장한다.

(2) 간장

간장은 조미료 또는 기호품으로서 조리의 기본이 되는 것이다. 간장은 대체로 개량식 간장, 재래식 간장, 아미노산 간장으로 나눌 수 있다. 재래식 간장은 순 콩으로 간장과 된장을 동시에 제조하는데 반하여, 개량식 간장은 콩과 밀로 제조하며 부산물인 된장이 나오지 않는다. 재래식 간장과 개량식 간장을 양조식 간장이라고 하며, 아미노산 간장을 화학간장이라 하여 구별한다. 아미노산 간장은 단백질의 분해를 효소에 의하지 않고 염산(HCl)으로 분해하여 짧은 시간에 제조할 수 있는 것이 특징이다.

간장은 발효 중 생육하는 미생물에 의하여 lactic acid, phosphoric acid, tartaric acid, acetic acid 등이 생기고, 이로 인하여 pH가 낮아진다. 간장의 peptide와 아미노산은 콩 단백질이 Koji균의 protease에 의하여 분해되어 생성된 것이다. 감칠맛의 주성분은 glutamic acid, aspartic acid, threonine 등 10여 종의 아미노산이며, 이들 아미노산의 양에 의하여 품질이 좌우된다. 또한 밀 전분은 Koji균의 β-amylase에 의하여 분해되어 당분이 되고, 다시 알코올로 변한다. 풍미를 내는 것은 이렇게 하여 생긴 ethyl alcohol, butyl alcohol, propyl alcohol과 휘발성 물질에 의한다.

간장의 덧에 작용하는 미생물 중 효모의 대부분은 삼투성 효모인 *Torulopsis versatilis*이다. 유산균은 내염성을 가진 *Pediococcus soyae* 등이다. 이들의 작용으로 간장은 독특한 풍미를 낸다.

가) 개량식 간장의 제법

개량식 간장은 순 콩(또는 대두박)과 볶은 밀을 마쇄, 혼합시키고 황국균을 뿌려 국자(Koji)를 만든 다음, 소금물에 담가 발효시켜 짠 것이다. 이 제법은 재래식보다 순수한 균을 배양하여 사용하기 때문에 전분과 단백질의 분해력이 강하여 간장의 질이 좋고, 전분질의 원료를 사용하기 때문에 재래식 간장보다 감미가 많고 방향이 좋으며, 색깔이 진하다.

① 콩(대두박)과 밀의 처리

콩은 물로 씻어 침지하고, 대두박은 물을 뿌려 증기로 찐다. 밀은 볶음기계로 볶아 분쇄한다. 분쇄는 세분쇄기를 사용하여 밀 알맹이가 네 쪽이 날 정도로 엉글게 부수며, 그 중 10% 정도가 가루가 되도록 한다. 찐 콩(삶은 콩)과 볶아 분쇄한 밀에 황국(*Asp. oryzae*) 등을 살포하여 제국한다. 된장용 보리 Koji에는 흰색의 균사가 발생하여 황록색의 포자가 형성되기 전에 출국하여 가염한다. 간장용 Koji는 황록색의 포자가 충분히 형성될 때까지 제국한다. 제국할 때 열이 너무 오르면 Bacillus subtilis가 생겨 간장의 질이 저하되므로 주의해야 한다.

② 소금물 조제

소금을 물에 용해시키는 방법에는 냉수용해법과 온수용해법이 있다. 일반적으로 냉수용해법을 이용하는 것이 편리하다. 소금의 불순물을 제거하려면 큰 물통 위에 대로 만든 소쿠리를 올려놓고 마대를 깔아 소요되는 소금을 부어두면 소금만 용해되고 협잡물은 마대 위에 남게 된다. 간장에 소요되는 소금물은 19～19.5°로 조절하여 사용하는 것이 좋다.

③ 원료 배합

간장원료를 배합함에 있어서 보통 콩과 밀은 동량을 사용하지만, 소금과 물의 배합량은 간장 품질에 따라 일정하지 않다.

④ 담기

소금물과 국자를 담글 때 소요량의 소금물을 Koji와 함께 통이나 독에 담그는 방법도 있지만, 이 방법은 숙성이 늦으므로 국자에 소금물을 일부만 혼합시켜 습할 정도로 된 것을 탱크나 나무통에 넣어 퇴적하여 두면 1주일 이내에 발효하여 열이 오르기 시작하고, 진한 갈색으로 변함과 동시에 맛이 생긴다. 이 때 소요되는 소금물을 추가한다. 간장을 담그는 것은 봄과 가을이 적당하며, 여름에는 빨리 발효하지만, 다량의 알코올을 생성하여 환원당의 생성과 단백질의 분해를 억제시킨다.

⑤ 담금액의 교반과 숙성

담금액은 매일 1회 이상 교반하는 것이 좋다. 공장에 있어서는 압착공기를 담금액에 불어넣어 교반한다. 교반의 목적은 담금액 내에 공기를 공급하여 곰팡이·효모·세균 등의 번식과 그 작용을 왕성하게 하고, 이산화탄소와 기타 휘발성 가스로서 균의 활동을 저해하는 물질을 배출하는 데 있다. 담금액 속에서 당화작용, 단백질과 지방질의 분해작용, 알코올 발효, 산 발효, 방향의 생성 및 합성 등이 일어나 약 1년이 지나면 좋은 담금액이 된다.

⑥ 압착

일반적으로 압착시킬 때는 담금액을 소량씩 포대에 담아 이 포대를 10～15장씩 겹쳐 놓고 압착시킨다. 압착기계로는 나사식 압착기, 수압식 압착기, 유압식 압착기 등이 있다. 담금액을 압착시켜 분리한 액을 생간장이라고 한다. 이것은 저장성이 없어 변질되므로 가열살균한다.

⑦ 가열살균

압착한 간장은 5～10일 정치하여 침전물을 제거하고 80℃에서 30분 가열살균한다. 이것은 미생물의 살균과 아울러 효소를 불활성화하고 간장에 향기를 내기 위함이다. 가열살균할 때 2중솥을 이용하거나 스크루식 연속 가열장치를 사용하는 것이 능률적이다. 방부제로는 para-aminobenzoic acid의 ethyl ester, propyl ester, butyl ester(간장 1리터에 0.25 g 이하), naphthoquinone(비타민 K_3, 간장 1리터에 대하여 0.1 g 이하), 안식향산(benzoic acid, 간장 1 kg에 대하여 0.25 g 이하), 안식향산 소다(sodium benzoate) 등을 사용한다. Para-aminobenzoic acid의 butyl ester는 효과가 좋지만 잘 녹지 않는 결점이 있다. 가열할 때 방부제를 첨가함과 동시에 캐러멜 색소, 감초, 감미료와 조미료(아미노산 원액)를 넣을 때도 있고, 살균이 끝나면 통에 넣어 4～5일 자연 냉각시킨다.

나) 아미노산 간장

아미노산은 유기산으로 그 종류가 20여 종 있으며, glutamic acid가 특히 감칠맛이 좋다. 아미노산 간장은 소금물에 아미노산 원액, 감미료, 캐러멜 색소 등을 첨가하여 제조한 것이다. 아미노산 원액, 간장 담금액, 소금물을 혼합하여 매일 한 번 교반하고, 4～5일 후에 압착한다(30℃로 보온하여 15일 후에 압착하면 한층 좋은 간장을 얻을 수 있다). 압착액에 감미료, 캐러멜 색소를 넣어 70℃로 가열살균하면 간장이 된다.

순 아미노산 간장은 보통 간장보다 향기가 나빠서 그대로는 조미료로서 환영을 받지 못하지만, 발효간장과 혼합하거나 기술적으로 제조하면 일반 간장에 손색이 없다. 아미노산 간장은 보통 간장보다 제조시간이 짧고 시설과 자본이 적게 소요된다. 아미노산 간장에 보통 간장을 혼합한 간장을 반화학성 간장이라 한다.

① 원료

㉠ 단백질 : 식물성 원료로 대두박·밀기울·옥수수깻묵·땅콩·깻묵 등과 동물성 원료로 어박·번데기 등을 사용한다. 일반적으로 식물성 원료인 대두박을 많이 사용한다.

㉡ 분해제 : 단백질을 분해할 수 있는 약품으로는 황산(H_2SO_4), 가성소다($NaOH$)도 있지만, 아미노산을 제조할 때는 주로 비소를 함유하지 않은 합성 염산(HCl)을 사용한다.

㉢ 중화제 : 염산으로 분해했을 때는 $NaOH$, Na_2CO_3으로 중화하면 된다. Na_2CO_3는 $NaOH$보다 사용하기 쉽다.

② 아미노산의 제조

㉠ 산액 제조와 원료 배합

㉡ 분해 : 용기에 소요되는 산을 넣은 후 가열하면서 단백질 원료를 넣고 자주 교반하여 10～15시간 가열 분해한다. 이와 같이 분해하면 원료 중의 단백질은 peptone, peptide를 거쳐 아미노산으로 변화하고, 탄수화물은 당분으로 되며, 일부는 아미노산과 결합하여 간장색소를 형성한다.

㉢ 중화 : 분해가 끝난 액에 아직 HCl이 남아 있으므로 이것을 변화시키는 조작을 중화라고 한다. 중화는 아미노산 제조에 있어서 중요한 공정이다. 중화가 덜 되면 산미가 나고, 과하면 알칼리 맛이 난다. 중화를 정확하게 하려면 pH meter, pH paper, litmus paper 등을 사용하면 된다. 중화작용은 액이 60℃ 정도 되었을 때 Na_2CO_3 분말을 체로 쳐서 소량씩 뿌리면서 중화시킨다.

㉣ 여과 : 중화한 액은 흑색의 침전물을 가지므로 압착기로 압착하여 아미노산액을 분리한다. 찌꺼기 중에는 아직 아미노산이 남아 있으므로 소금물을 첨가하고 또한 압착하여 분리시킨다.

③ 간장의 조미가공

간장의 질을 향상시키기 위하여 다음과 같은 것을 첨가한다.

㉠ 감미료 : 설탕・당밀・물엿・감초 등이 있지만, 일반적으로 당밀과 감초 등이 사용된다.

㉡ 향미료 : 소주・청주・초산 등이 있지만, 일반적으로 초산이 사용된다.

㉢ 지미료 : 아미노산 원액을 넣으면 좋다.

㉣ 착색료 : 캐러멜 색소를 사용한다. 캐러멜은 설탕을 caramelization 한 것으로 액체와 반고체의 것이 있다.

④ 방부제 사용

간장을 변질시키는 미생물은 주로 표면에 번식하는 산막효모이다. 산막효모는 호기성균으로서 *Zygosacchaormyces japonicus*, *Mycoderma* 등이 있다. 산막효모는 주로 다음과 같은 경우에 발생한다. 즉, ① 따뜻한 장소에 보관할 때, ② 기구가 불결할 때, ③ 소금의 농도가 희박할 때, ④ 간장 담금액의 숙성이 불완전할 때, ⑤ 가열살균의 온도가 낮을 때 발생하기 쉽다. 그러나 이런 호기성균은 공기가 없는 곳에서는 번식하지 못한다.

(3) 고추장

고추의 매운 맛은 alkaloid 일종인 capsaicin으로 과피에 많고 붉은 색소는 주로 capsanthin과 lutein으로 이루어져 있다. 비타민이 매우 많으며, 건위제로도 사용되고, 피부를 자극하여 혈액순환을 돕기도 한다.

고추장은 단백질 원료인 콩과 전분질인 찹쌀, 보리쌀을 증자한 뒤 황국으로 제국 당화하여 고춧가루와 소금을 넣고 숙성한 우리나라 고유의 조미료이다. 고추장 제조방법은 많은 변천을 가져와 재래식 제법, 개량식 제법, 속성식 제법이 있다.

고추장의 제법은 다음과 같다. 찐 찹쌀과 찐 콩에 황국을 살포한 다음 2～3일간 25～35℃로 보온하여 흰색의 균사가 발생하여 황색이 되면 건조시켜 제분하고 고춧가루, 엿기름과 온수를 첨가하여 55～60℃로 유지하면서 2～3시간 당화시킨다. 당화가 끝나면 소금의 1/2를 넣고 다음날 나머지 1/2를 넣어 잘 교반해서 묽어지면 저온에서 농축시키고, 너무 되면 끓인 물을 넣어 알맞게 한다.

(4) 청국장

청국장은 콩을 삶아 *Bacillus subtilis*를 번식시켜 콩단백질을 분해하고, 마늘・파

·고춧가루·소금 등을 가미시킨 것이다. 소화가 잘 되고, 특수한 풍미를 가진 영양식품이다. *Bacillus subtilis*는 내열성이 강한 호기성균으로서 최적 번식온도는 40～42℃, 최적 pH는 6.5～7.5이다.

콩에 *Bacillus subtilis*를 번식시켜 발효하는 동안 단백질은 분해되어 감소하고, peptone과 아미노산 형태의 질소는 증가한다. 콩이 발효됨으로써 쉽게 소화·흡수가 되는 것은 *Bacillus subtilis*가 강력한 protease, zymase, oxidase 등을 분비하기 때문이다. 청국장에서 분리된 아미노산은 leucine, tyrosine, phenylalanine, valine, glutamic acid, histidine, alanine 등이다. 점질물의 특수성분은 다른 미생물을 저해하는 성질이 있다.

3) 주 류

알코올 음료인 주류는 청주·맥주·포도주·과일주 등과 같은 양조주와 whisky·brandy·gin·고량주·소주 등의 증류주, 합성 청주 같은 합성주, 홍주·노주·liquor같은 혼성주 등으로 대변된다. 이들 주류를 학술적으로 분류하면 양조주와 증류주 그리고 혼성주로 나눌 수 있다.

① 양조주 : 양조한 것을 직접 또는 여과하여 마시는 술이다. 양조주의 종류에는 단발효주와 복발효주가 있는데, 단발효주는 원료 속의 주성분이 당분으로서 효모만의 작용에 의해서 만들어지는 술이고, 복발효주는 원료 속의 주성분인 녹말질이 당질까지 분해되지 못한 상태로 있기 때문에 당화의 공정을 필요로 하는 술이다. 또한 복발효주는 단행 복발효주와 복행 복발효주로 나뉜다.

② 증류주 : 양조주 또는 그 술 찌꺼기를 증류한 술 또는 처음부터 증류하기 위한 목적으로 만든 술덧을 증류한 술이다. 기타 성분이 적고 주정도가 높다.

③ 혼성주 : 양조주 또는 증류주에 조미료, 향료 또는 색소 등을 가하여 가공한 술이다. 합성청주, 합성과실주, 칵테일류가 이에 속한다.

각국의 대표적인 주류는 다음과 같다. 프랑스의 wine(포도주), 영국의 whisky, 미국의 brandy, 일본의 sake(정종), 폴란드의 gin, 소련의 vodka, 중국의 고량주, 포르투갈의 portwine, 독일의 beer 등이다.

알코올 원료인 쌀, 보리, 감자, 포도 및 고구마를 가수분해하여 당화함에 있어서는 국자균이나 맥아에 들어 있는 amylase에 의한다. 효모는 일반적으로 pH 5～6, 온도 25～30℃에서 잘 번식하므로 알코올 발효를 빨리 일으키기 위하여 탁·약주는 이 조건에서 발효시키는 것이 보통이다. 맛과 풍미를 좋게 할 필요가 있는 맥주·청주는 저온에서 발효시킨다. 효모는 자신이 생성한 알코올 성분이 20% 이상이 되면 생활이 저지되어 그 이상 발효하지 못한다. 따라서 소주, whisky, brandy 같은 것은 발효액을 증류하여 알코올 함량을 25～45%(50～90 proof)까지 높인 것이다.

(1) 맥주

맥주는 기원전 4200년경 고대 바빌로니아에서 발효빵과 같이 제조되었다. 기원전 3000년경에 이집트에서 향료인 고미제를 첨가하였다는 기록이 있다. 1070년 독일에서 맥주에 hop을 넣기 시작하여 이 때부터 beer라는 호칭이 사용되었다. Hop를 넣지 않은 것은 alu라 한다.

맥주의 성분은 다음과 같다. 즉 물 89～91%, 탄수화물 6.5～4.5%, 알코올 3～5%, CO_2 0.4～0.5%, 조단백질 0.15～0.65%, 유기산 0.2～0.3%, 회분 0.1～0.3%, 미량의 호프성분과 비타민이 있다.

가) 맥주의 원료

① 보리 : 맥주에 사용되는 곡류는 주로 보리라고 할 수 있지만, 맥주의 종류에 따라 밀·쌀·옥수수 등을 혼합하기도 한다. 알맹이가 굵고 껍질이 얇은 황갈색의 대맥으로 단백질이 적고 전분이 많은 보리를 발아시켜 맥아로 가공한다. 발아력이 왕성하고 전분질이 많으며, 단백질이 적고 곡피가 얇은 것이 좋다.

② Hop(*Humulus lupulus L.*) : Hop는 마아과에 속하는 다년생 식물이다. 맥주에는 hop의 꽃만을 사용한다. Hop는 꽃을 그대로 사용하였으나, 근래에는 이것을 분말화한 것이나, 성분의 추출물을 사용한다. 맥즙에 첨가하여 끓이면 luplin에서 쓴맛성분과 정유가 추출되어 맥주에 쓴맛과 방향을 부여하며 맥주

※ 발효형식에 따른 맥주의 분류

· 하면발효맥주 : 전 세계 맥주의 3/4 정도이다. *Saccharomyces carlsbergensis*를 사용하는 저온발효맥주로서 우리나라, 일본, 독일형 맥주이다.

· 상면발효맥주 : 영국, 미국, 독일 맥주의 일부이다. *Saccharomyces cerevisiae*를 사용하여 발효하는 맥주로 영국형 맥주이다.

의 청징에도 도움이 된다. Hop의 쓴맛 성분은 맥주의 거품을 잘 일어나게 하고 세균이나 곰팡이의 번식을 억제하여 맥주의 부패를 방지한다. Hop의 고미 성분인 humulon, lupulon은 맥주의 기포성과 지포성을 가질 뿐만 아니라 안전도를 높여 준다.

③ 제조용수 : 물은 맥주의 90%를 차지하므로 품질에 영향을 미치는 중요한 원료이다. 양조용수는 무색·투명·무미·무취하며, 생물학적 오염이 없어야 하며, 당화나 발효, 맥주 품질 등에 유해한 성분이 함유되어서는 안 된다.

④ 효모 : 맥주공장에서는 순수하게 분리한 효모를 사용하는데, 발효가 끝나면 발효액의 상면에 떠오르는 상면효모(top yeast)인 *Saccharomyces cerevisiae*와 가라앉은 하면효모(bottom yeast)인 *Saccharomyces carlsbergensis* 등이 있다.

나) 맥주의 특성

① 색 : 색깔은 맥아와 호프에서 나오는데 암색맥주(황금색)가 좋다

② 맛 : 순수하고 온화하며 상쾌한 맛이 난다고 하는데 제품에 따라 다르다.

③ 거품 : 공기를 차단하여 산화를 막아 맛을 유지하고 CO_2도 나오지 못하게 한다.

다) 맥주 제조공정

① 맥아(malt) 제조와 볶음 : 맥아제조의 주목적은 당화효소, 단백질 분해효소 등을 활성화시키고 특유의 향미와 색소를 생성하고 저장성을 부여하는 것이다. 보리를 물로 씻은 뒤 물을 흡수시킨 다음(38~48%) 물을 흡수시킨 발아상자(sprouting box)에서 15~17℃의 온도와 습기를 유지하면서 약 8일간 발아시킨다. 보리는 이와 같이 발아함으로써 생장에 필요한 가용성 물질을 얻을 수 있고 효소를 생성하며, 또 활성화된다. 맥주제조에는 이 효소를 이용하는 것이다. 이것을 녹맥아(green malt)라 하고, 볶음장치로 볶아 건조시킨 것을 건조맥아(dry malt)가 된다. 맥아를 볶아 건조시키는 목적은 맥아의 냄새를 제거하고 오래 저장하기 위함이며, 맥아의 뿌리(rootlet)를 제거하는 데 있다. 볶은 맥아는 뿌리와 협잡물을 제거하고 20℃ 이하의 습기가 없는 곳에 저장한다.

② 당화와 여과 : 맥아를 분쇄하고 물을 가하여 60℃로 보온하면 맥아 중의 amylase 작용으로 탄수화물은 maltose, isomaltose, dextrin으로 변한다. 이 작

용을 당화라 한다. 당화가 끝나면 filter press를 사용하여 여과하여 맥아즙(wort)을 제조한다. 여과가 끝난 맥아즙은 hop와 같이 솥에 넣어 2～2.5시간 끓인 뒤에 체로 쳐서 hop 찌꺼기를 제거한다. 이 때 맥아즙이 농축되며, hop의 고미와 향기가 추출되고, 단백질과 hop와 tannin이 결합되며, 효소의 불활성화가 일어난다.

③ 발효공정 : 효모첨가로 당을 발효시켜 알코올과 이산화탄소를 생산시킨다. 냉각한 맥아즙에 주발효 배양효모를 첨가하여 발효시킨다. 주발효가 끝난 것은 new beer라 하여 음료에 적당하지 못하기 때문에 통에 넣어 0～2℃에서 2～3개월간 후발효시킨다. 후발효 후에 남아 있던 isomaltose의 일부는 발효하여 CO_2로 되어 맥주 안에 포화되고, 효모는 침전되어 투명하게 된다.

④ 냉각과 여과 : 숙성이 끝난 맥주는 0～1℃로 냉각한 후 현탁물질을 제거하기 위하여 여과한다. 여과한 맑은 액을 생맥주(green beer)라 한다. 냉각은 탄산가스의 발산을 방지하고, 단백질의 일부를 응고하여 맥주의 보존성을 높인다. 부유물을 침강시키고, 이산화탄소를 용해시키며, 맛과 향이 숙성된다.

⑤ 제품화 공정 : 여과된 생맥주는 보존성이 없으므로 병, 통, 캔에 넣어서 자동식 살균기를 사용하여 가열살균한다. 여과 후 살균하지 않은 맥주를 생맥주(draft beer)라 한다. 이 중에는 미생물이 존재하고 있어 시일이 경과함에 따라 혼탁하든가 향미가 변한다.

라) 맥주의 품질

① 향미 : 향미물질은 hop, 맥아, 양조용수와 효모의 발효부산물에서 비롯된다.

② 색깔 : 색깔은 주로 맥아와 전분질 부원료에서 유래된 melanoidin과 caramel에 의한 것이다. 색깔은 광택이 있는 황금색이어야 한다. 맥주의 산화가 일어나면 적색으로 변한다.

③ 투명도 : 우수한 보존력과 높은 투명도를 유지하기 위하여 혼탁이 없어야 한다. 영구혼탁은 단백질, 곡피의 anthocyanin과 tannin, 전분, 호프수지, 금속, 효모, 세균 등에 의하여 생성되며, 한번 발생하면 없어지지 않는다. 한냉혼탁은 단백질과 tannin이 복합체를 형성하여 생기는 일종의 교질혼탁으로 맥주를 저온에서 저장할 때 발생하며 상온에서 없어진다.

④ 발포성 : 거품은 시각적인 매력뿐만 아니라 CO_2가 없어지는 것을 막아 준다. 발포성이 좋으려면 포형성과 포지성이 좋아야 한다. 포형성은 고분자 단백질, 호프수지에 의하며, 포지성은 맥아제조의 온도가 높고, 맥아즙 제조가 신속하

게 이루어지고, 호프가 신선하여야 한다. 수지함량이 높고, 저장중 후발효때 사용되는 효모량이 적고, 저장기간이 4～6주 정도로서 여과를 너무 완벽하게 해서 거품성분을 제거하지 않도록 하며, 살균은 가능한 한 짧은 시간에 해야 유지된다.

⑤ CO_2의 함량 : CO_2는 물에 용해되어 탄산으로 상쾌한 산미를 부여한다. 포형성의 기체성분이 되고, 마실 때는 충만감을 준다. 일정한 압력 하에서 안정된 상태로 용해시켜야 한다.

⑥ 알코올의 함량 : 탄수화물과 더불어 맥주의 주된 영양원으로 맛의 조화에 영향을 주며, 알코올 농도가 높으면 맛이 거칠어지면서 상쾌한 맛을 잃게 된다.

(2) 포도주

과일을 원료로 하여 발효시킨 알코올 음료를 과실주라 하며, 포도주(wine)가 대표적인 과실주이다. 포도주는 인류가 처음 만든 단발효주로서 기원전 4000년경부터 제조되어 왔다.

포도는 기후가 온화하고 건조한 지역에서 잘 자라며, 다습지에서는 병해에 약하다. 지역에 따라 품종 및 재배량이 다르며, 포도주의 성격을 결정하는 요인이 된다. 포도주 양조용 포도는 내용이 완숙된 것이 좋다. 당분 증가, 산 성분의 감소, 향기의 충실, 색소의 증가에 의하여 포도주의 향미를 부여한다. 적포도주와 백포도주의 큰 차이는 색소와 탄닌의 많고 적음의 차이이다.

가) 적포도주 제조과정

포도 과즙은 그대로 방치하여도 과피에 붙어 있는 *Saccharomyces cerevisiae, Saccharomyces ellipsoides* 등의 포도주 효모로 인하여 자연적으로 발효를 일으켜 포도주로 된다. 그러나 이 밖의 유해균으로 일어나는 이상발효를 방지하기 위하여 포도를 파쇄함과 동시에 아황산(SO_2)을 가하여 유해균을 살균하고, 우량하고 강한 포도주 효모를 증식시킨 주모를 첨가하여 발효시킨다. 아황산은 파쇄포도의 산화방지와 유해균의 증식억제에 효과가 있다.

산화방지는 과즙의 갈변방지, 붉은 색소의 안정화, 야생효모의 번식을 억제하기 위한 것이다. 포도 과즙에 순수배양한 주모를 첨가해 발효시키는 동안 찌꺼기가 액표면에 떠서 cap을 형성하면 과피의 tannin, polyphenol계 색소의 추출이 불충분하게 되고, 호기성 유해균인 산막효모와 초산균이 번식하여 맛을 해치므로 cap이 생

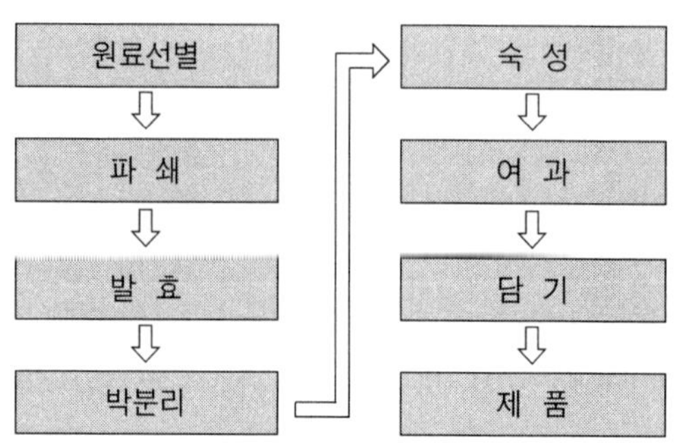

적포도주 제조과정

길 때 막대기로 하루 1～2회 액속에 눌러 둔다.

주발효는 효모의 종류, 발효온도 등으로 일정하지 않지만, 발효액의 온도를 20～25℃로 조절하면 7～10일, 15℃에서는 3～4주일간에 주발효가 끝난다. 적포도주 양조의 요점은 색소와 tannin의 용출 및 완전발효의 수행이다. 발효온도는 25℃이다. 발효액이 적당한 색소와 tannin을 갖게 되면 찌꺼기를 분리시킨다. 찌꺼기를 분리한 액에는 1～2%의 발효성 당이 남아 있으므로 또 다시 발효한다. 이것을 **후발효**라 한다.

만일 발효가 정지되면 산소를 공급하고 0.02%의 ammonium phosphate를 첨가하여 발효를 촉진시킨다. 후발효는 밀폐된 통에 넣어 발효마개로 막는다. 발효마개는 호기성균의 침입을 방지하고, 산소와 이산화탄소의 치환을 방지하는 데 그 목적이 있다. 여과된 포도주는 병에 담아 코르크로 타전한 후 병을 기울여 코르크가 젖은 상태로 하여 숙성시킨다. 후발효가 일어나는 동안에 효모, 주석, 주석산석회, 단백질, gum질, tannin류는 점차 침전하게 된다. 이 주액을 분리하면 포도주가 된다.

나) 백포도주 제조과정

백포도주는 탄닌 및 산이 적포도 주에 비해 적으므로 산화에 특히 약하다. SO_2의

※ 화이트와인과 레드와인의 맛이 다른 이유

화이트와인은 포도의 과즙만을 발효시키지만, 레드와인은 씨와 껍질을 그대로 함께 오랫동안 발효하여 추출되도록 한다. 따라서 화이트와인은 맛이 상큼하고 깨끗하나 레드와인은 발효 시 타닌성분까지 함께 추출되므로 떫은맛이 난다.

첨가로 찌꺼기의 분리와 산화 방지, 유해균의 증식을 돕는다. 발효온도는 적포도주보다 낮은 온도로 15℃에서 효모를 첨가하고 최고 품온이 20℃ 이하가 되도록 관리한다. 숙성기간은 적포도주와는 달리 6~8개월간 숙성시킨다. 또한 백포도주는 착즙 후 발효를 시킨다는 것이 적포도주와의 가장 큰 차이점이다.

4) 청 주

청주는 일본의 대표적인 주정(酒精) 음료로 우리나라에서도 비교적 많이 생산되며, 순곡으로 제조한 청주와 청주에 알코올을 첨가한 반합성 청주가 있다.

(1) 양조 청주의 제법

① 원료처리 : 원료인 쌀은 유해균의 양분이 될 수 있는 쌀겨를 제거하기 위하여 잘 도정한 것을 수세하여 찐다. 양조용 물은 경도(硬度) 3~5도, 염소량 20~50 ppm 정도의 경수(硬水)가 좋다.

② 제국(製麴) : 찐쌀에 종국을 섭종시킨 후, 30~37℃로 보온하여 국자 전면에 Koji 균을 번식시켜 출국할 때는 어느 정도 건조된 국이 되게 한다. 국자의 제국방법은 된장용 국자제조법과 동일하게 취급하면 된다.

③ 주모(酒母) 제조 : 국자와 찐 쌀에 물을 가하고 순수하게 배양한 청주효모를 첨가하여 주모를 만든다. 주모는 작은 통에 나누어 저온에서 공기를 공급하면서 효모의 번식을 왕성하게 한다. 이 때 유산균도 번식시켜 잡균의 침입을 방지하면서 2~3주일간 발효시킨다.

④ 담금 · 주발효 및 압착 : 주모의 발효가 끝나면, 찐쌀과 국자를 혼합한 것을 3회에 걸쳐 순차적으로 첨가한다. 이것을 초첨(初添), 중첨(仲添), 유첨(留添)이라 한다.

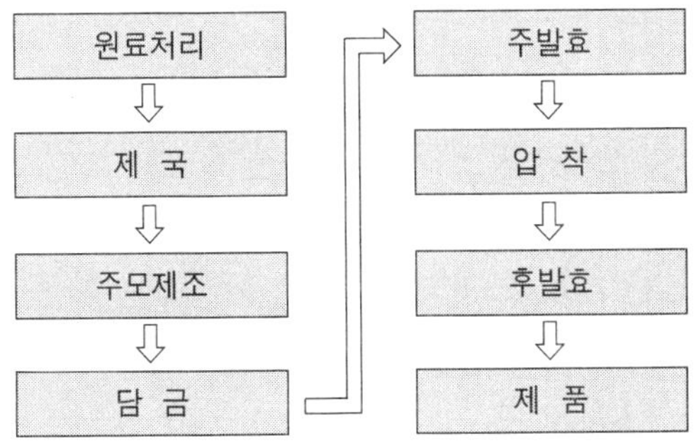

양조 청주의 제법

⑤ 후발효와 제품 : 압착한 청주는 25~35일간 후발효시켜 맛을 좋게 하고, 침전물을 제거하여 가열·살균하여 출고한다.

5) 탁주·약주

탁주는 주세법상 곡류 기타 전분질 원료도는 전분당과 국 및 물을 원료로 사용하여 발효시킨 술덧을 여과하지 아니하고 혼탁하게 제성하거나 발효·제성과정에서 법정 첨가물을 첨가한 것으로 알코올분 6도 이상의 술을 말한다. 약주는 주세법 분류상 청주와 함께 약주류에 속한다. 약주의 알코올 규격은 13도 이하이다.

탁·약주의 제조원리는 거의 같다. 약주는 술덧을 압착기를 이용하여 짜고 앙금질을 하거나 여과해서 비교적 투명한 상태로 만든 것이다. 탁·약주 제조에 있어서 주모를 사용하는 것이 안전하게 술을 만들 수 있고, 또한 질도 향상시킬 수 있다. 주모는 찐쌀, 국자, 물을 독에 담근 뒤 강한 효모를 번식시킨 것이다. 이 주모를 제조함에 있어서는 빨리 발효하게 되고, 유산을 발효시켜 유해균의 번식을 방지해야 한다. 탁주는 청주 제국과 같은 요령으로 국자를 만들어 20℃에서 약 1주일간 발효시켜 짜서 체로 받친다. 탁·약주는 청주의 발효액을 그대로 짠(압착 여과한) 것으로 생각할 수 있으며, 알코올은 6~8%(12~16 proof) 가량 된다. 약주는 탁주 발효액을 보자기에 넣어 압착 여과시킨 것으로 알코올의 강도는 탁주보다 높다.

(1) 탁주·약주의 제조

① 쌀은 침지하여 증자한다.

② 입국이란 당화효소를 가지고 있는 곰팡이(*Asp. usamii*)를 곡자에 번식시킨 것이다.

③ 주모는 알코올 발효를 하는 효모(*Saccharomyces coreanus*)를 배양시킨 것이다.

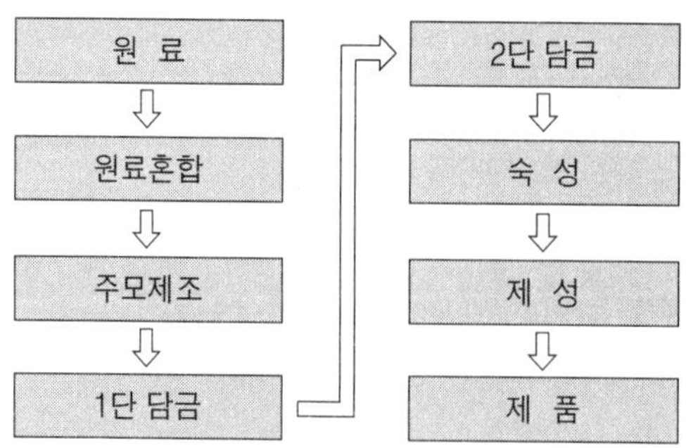

탁주·약주의 제조

④ 담금공정은 유지원료, 용수, 미생물을 혼합하여 28～30℃에서 발효시키는 것이다.

⑤ 제성공정은 숙성이 끝나고 제품으로 만드는 과정이다.

(2) 탁주 · 약주의 품질

탁주는 앙금이 쉽게 형성되지 않아야 하고, 앙금물질이 너무 많아서도 안 된다. 용존 CO_2 함량이 높아야 하며, 색은 백색인 것이 좋다. 약주는 담황색이고 투명해야 하며, 순한 향기가 있어야 한다.

6) 증류주

알코올과 물의 혼합물인 발효액을 증류시켜 얻은 알코올 도수가 높은 주정음료를 증류주(spirit)라고 한다. 증류할 때 알코올 이외에 발효부산물인 aldehyde, ester, 고급 알코올 등 향기성분도 같이 증류되어 나오므로 증류주는 독특한 맛이 있다. 증류주는 소주 이외에 brandy, whisky, rum, arrack, gin 등 그 종류가 대단히 많다.

(1) 소주

우리나라 소주는 중국 원나라에서 전래되었다. 소주란 명칭은 15세기경부터 사용되었다. 소주는 약 50년 전까지는 순 재래식 누룩을 재료로 하여 일종의 증류기인 고리를 써서 제조되었으나, 근래에는 나사식 증류기를 이용하여 소주를 제조한다. 주정을 희석하여 소주를 만들기 전에는 양조소주라고 하여 곡물에 *Asp. niger*를 이용하여 제국, 발효, 증류하여 소주를 제조하였으나 지금은 주정을 희석한 소주뿐이다.

소주는 곡류로 만든 증류주의 일종으로 쌀 또는 곡류를 쪄서 누룩을 넣고 25℃로 3～4일간 발효시킨 후 가열하여 증류한 것으로 물과 같이 맑고 불순물이 없는 액체이다. 알코올 성분이 95% 가량 되는데, 여기에 물을 가하여 25～30%로 희석시켜 음용한다. 소주는 전분 · 당분 · 주박 · 국 등을 주원료로 하여 발효시킨 것을 증류하여 제성한 것이나 희석하여 제성한 것이다.

가) 소주의 제조공정

소주의 제조공정은 크게 두 가지로 구분된다. 첫째는 주정 제조공정이며, 둘째는 주정의 희석공정이다. 주정 제조공정은 발효를 위한 원료는 폐당밀과 전분함유 곡

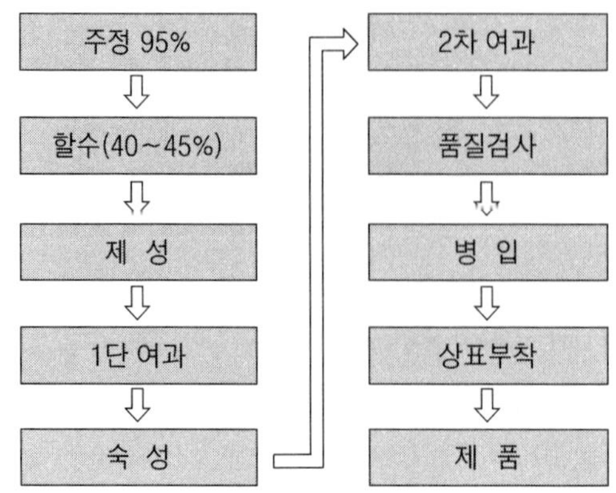

소주의 제조공정

류이다. 당 농도를 약 22%로 묽게 한 곡류에 누룩을 넣고 당화, 발효하여 알코올을 생성하는 것이다. 주정 희석공정은 제조된 주정을 희석하는 공정을 말한다.

나) 소주의 품질 특성

소주 제조 시 사용되는 첨가물은 감미료·조미료 등이며, 제조 시 양조용제, 품질 개량제, 흡착 여과용제를 사용하는 경우가 있다. 원래 소주의 주성분인 알코올은 무색·투명한 휘발성, 가연성 액체로 임의 비율로 물과 혼합한다. 소주 자체의 열량은 7 kcal/g의 empty calory이며, 다소 쓴맛과 탁 쏘는 듯한 냄새를 갖는다. 유통기간은 보통 1년이다. 용기는 주로 유리병을 사용한다. 근래에 테크라팩에 넣어서 유통되는 간편형의 소주로 유통되고 있다.

(2) 위스키

위스키(whiskey)는 Aqua-vitae(생명의 물)와 같은 의미를 가지며, 스코틀랜드와 캐나다에서는 whisky, 미국에서는 whiskey로 표시한다.

가) 위스키의 분류

위스키는 산지, 원료 및 증류하는 방법에 의하여 다음과 같이 분류된다.

① 산지에 의한 분류

㉠ Scotch whiskey : 스코틀랜드에서 생산된 것으로, straight, blended whiskey

㉡ Canada whiskey : 캐나다에서 생산된 것이다.

㉢ American whiskey : 미국에서 생산된 것으로, straight, blended, spirit whiskey

② 원료에 의한 분류

㉠ Malt whiskey : 맥아를 주원료로 하여 제조한 것이다.

㉡ Grain whiskey : 보리·호맥·밀·옥수수 등에 맥아를 첨가하여 당화하여 제조한 것

㉢ Blended whiskey : Scotch whiskey는 malt와 grain whiskey를 혼합한 것

American whiskey는 whiskey의 원주(原酒)에 알코올을 혼합하여 만든다.

③ 증류방법에 의한 분류

㉠ 단식 증류한 것 : Pot still whiskey라 한다. 알코올 이외에 aldehyde, ester, fusel oil, 휘발산 등이 함유되어 있다.

㉡ 연속식 증류한 것 : 단식에 비하여 대량생산이 가능하다.

나) 위스키의 제조법

Scotch whiskey의 제조방법에 있어서는 종래에는 맥아로 만들어 단식 증류로서 제조되어 왔지만, 근래에는 맥아와 곡물로 만든 whiskey를 혼합(blending)하여 제조하고 있다. Malt whiskey와 Grain whiskey는 그 원리가 Scotch malt whiskey와 같다.

① 발아 : Whiskey 제조용 맥아는 이조맥인 Chevaliar, Golden melon 등을 원료

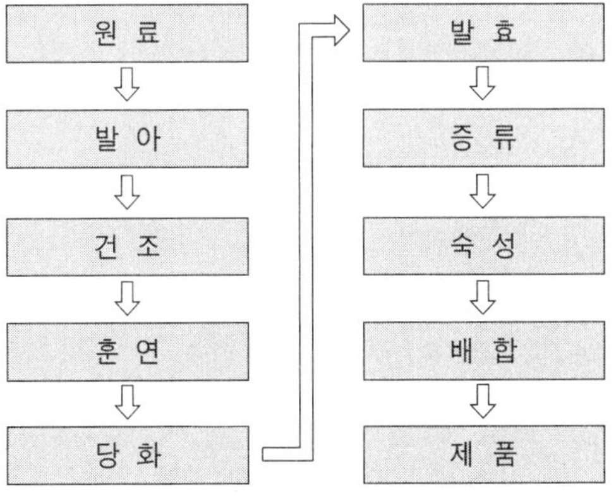

위스키 제조법

로 사용하고, 정선·침수하여 발아실에서 뿌리와 싹이 나게 한다. 보리는 발아하게 되면 전분과 단백질은 감소하고 amylase와 protease 등을 생성하게 된다.

② 건조 및 훈연 : 발아한 녹맥아는 건조상에 널어 도단(peat)과 cokes를 혼합하여 태운 불 위에서(65℃ 이하) 약 48시간 건조·훈연하여 수분이 4~5% 정도의 특유한 향미를 갖는 훈연맥아(smoked malt)를 만든다.

③ 당화 및 발효 : 저장한 맥아는 용해도, 수분함량 및 품질에 따라 분쇄도를 조절하여 특수한 분쇄기로 분쇄한다. 분쇄한 맥아는 3~5배량의 온수를 가하여 당화조(mush tun)에 넣어 약 60℃ 전후에서 당화한다. 당화조에는 교반, 냉각, 가열 및 냉각장치가 되어 있어 당화가 끝나면 20~22℃로 냉각하여 발효조에 옮긴다. 발효조에 옮긴 당화액은 *Saccharomyces cerevisiae*를 이용하여 18~32℃에서 3~6일간 발효시킨다. 이 때 당화액은 끓이지 않으므로 효소 활성이 파괴되지 않아 발효 중에도 당화가 진행된다.

④ 증류 및 숙성 : 발효한 덧(wash)을 단식증류기로 증류하여 알코올분(18~22%)을 채취하고 재차 증류하여 불순물을 제거한다. 증류는 양질의 신주(新酒) 위스키(60~63%)를 얻는 데 목적이 있으며, 증류가 끝난 위스키를 떡갈나무(oak) 등의 통(cask)에 밀폐하여 저장한다. 통에 넣어 저장하면 빛깔이나 방향 등이 생기고, 순화되며 부드러운 원주가 생긴다.

⑤ 배합 및 제품 : 이상과 같이 제조한 malt whiskey는 경험과 숙달된 scotch blender에 의하여 grain whiskey를 첨가, 조합(blending)하여 6개월간 숙성시킨 후 병에 넣어 제품화하든가, 원주를 도입하여 알코올과 같이 조합하여 제품으로 하는 경우 등이 있다.

제 5 장

우유와 유제품

우유는 사람의 이상적인 영양소의 비율에 가장 가까운 조성을 이루고 있으며, 소화 이용되기 쉬운 형태로 구성된 완전식품으로 알려져 있다. 한국인의 식생활 특징은 탄수화물을 과잉 섭취하며, 동물성 단백질 섭취가 부족하다. 또한 칼슘의 섭취량이 성장기 어린이, 노인, 임신, 수유기간에 특히 부족하다고 알려져 있다. 우유에는 지방・단백질・유당 등 대량 영양소 이 외에도 건강증진 효과가 큰 Ca 등의 무기질과 비타민 B를 비롯한 각종 비타민 등의 미량영양소 역시 균형 있게 함유되어 있어 한국인 식생활의 부족한 영양소 부분을 채워줄 수 있다. 따라서 우유와 유제품은 우리 식생활에 중요한 비중을 차지해야 한다. 우유는 젖소의 유선(mammary gland)에서 분비되는 백색의 액체로서 유당과 무기질 수용액에 지방질이 유화되어 있고, 단백질이 입자형태로 현탁되어 분산되어 있는 콜로이드 용액이다.

1. 우유의 특성

1) 우유의 합성

젖소가 우유를 생산하는 양과 그 성분 조성은 젖소의 품종, 비유기 및 젖소의 연령, 계절과 온도, 사육의 종류, 착유시간과 착유, 온도, 운동 등에 따라 차이가 있을 수 있다. 소의 임신으로 호르몬의 작용을 받아 유방이 발달하며 유방세포가 수적・양적으로 증가하게 된다. 유방조직이 우유를 합성하는 데에는 insulin, hydrocortisone, prolactin 등이 함께 작용한다. 유방 내에서 젖샘세포가 모여서 선포(alveol)를 만들고 있으며, 선포 내에는 유강(lumen)이 있다.

젖샘세포는 젖을 합성하여 이 유강 내로 분비하여 유강 내에 젖이 차고, 자극이 주어지면 옥시토신(oxytocin)이라는 호르몬의 작용으로 선포가 수축하여 우유를 유

사료 ⇨ 소화관 ⇨ 분해흡수 ⇨ 혈액 ⇨ 젖샘세포 ⇨ 우유

관(duct)으로 밀어내며 유관으로부터 유조(cistern), 유두구를 통하여 유두로 분출하게 된다. 유선이 우유를 합성하기 위하여 혈액으로부터 사용되는 물질은 acetate, β-hydroxybutyrate, triglyceride, 포도당, 아미노산, 단백질 등이다. 이들을 이용하여 선도 내의 젖샘세포들은 우유의 지방, 단백질, 유당 등을 합성한다.

2) 우유의 성분

(1) 단백질

단백질은 우유의 3～3.9% 정도이다. 단백질을 구성하는 기본성분은 L-α-amino acid이다. 탈지유를 20℃에서 pH 4.6으로 조정하였을 때 응고되어 침전하는 부분을 카제인(casein)이라 한다. 상등액에 남아 있는 것을 유청단백질(whey protein)이라 한다.

가) 카제인

카제인(casein)은 단백질이며, 총 단백질의 78～85%를 차지한다. 카제인에는 α-casein, β-casein, γ-casein, κ-casein 등이 있으며, 칼슘과 결합하여 칼슘 케이신염으로 되고, 여기에 인산칼슘과 복합물로 분산되어 있다. 이 콜로이드를 케이신 입자 또는 케이신 마이셀이라 부른다. 케이신은 Ca, P 외에 Mg와 구연산도 함유되어 있지만, 주로 칼슘 케이신염(95.2%) 및 인산삼칼슘$(Ca_3PO_4)_2$ 4.8%로 구성되어 있다. Micell의 직경은 5～300 ㎛(500～300Å)이며, 구상으로 분산되어 있으나, 대부분 100～200 ㎛ 크기로 알려졌다.

우유 1 ㎖에는 케이신 마이셀이 $5 \sim 15 \times 10^{12}$개 존재한다. pH 4.6이 케이신의 등전점이다. 우유를 산상으로 하면 케이신 복합물인 Ca가 일부 P은 가용성으로 되어 유청으로 유리되고, 카제인은 염을 함유하지 않은 순수한 상태로 침전한다. 카제인은 열에 안정하지만, 130℃에서 수분 가열하면 변성을 일으켜 응집・침전한다.

나) 유청

유청(whey)은 탈지유를 pH 4.6으로 조정하였을 때 침전되는 카제인을 제거한 나머지 용액이다. 유청에는 유청단백질과 비단백태 질소가 함유되어 있다. Bovin serum albumin은 총 우유단백질의 0.7～1.3%를 차지하며, 혈액으로부터 우유로 이

행된다. β-Lactoglobulin은 총 우유단백질의 7~12%, 유청단백질의 반, N-acetyl-neraminic acid, glucosamine, galactosamine, mannose 및 갈락토오스 등이 미량 함유되어 있다. 시스테인(cysteine)을 함유하고 있는 단백질의 유리 sulfhydryl기(-SH)는 가열취의 원인이 되기도 한다. α-Lactoalbumin은 총 우유단백질의 2~5%이다.

면역글로블린(immunoglobulin)은 총 우유단백질의 1.9~3.3%이며, 초유에 많다. 초유 단백질 함량(15~26%)의 50~60%, 초유 유청단백질의 85~90%를 차지한다. Proteose와 peptone은 pH 4.6에서 열에 안정하고, 12% TCA(trichloroacetic acid)에 의해서 침전하는 성질이 있다.

(2) 지방질

지방질은 triglyceride, phospholipid, sterol, vitamin A, D, E, K로서 우유의 3~5%를 차지한다. 유지방구는 유지방구막으로 싸여 있고, 극히 일부의 지방질만이 유청에 존재한다. 크기는 직경 0.1~1.0 ㎛, 대부분 2~5 ㎛이며, 지방구수는 2~4×10^9/㎖이다. 인유는 8~10× 10^8/㎖이다. 지방구수는 품종・비유기・사료・건강상태에 따라 다르다. 60~70% 포화지방산, 25~35%는 불포화지방산, 4%는 고도불포화지방산이다. 미량성분으로 phospholipid와 sterol, 그리고 fatty acid가 있다.

(3) 유당

유당(lactose)은 우유의 4.4~5.2%를 차지한다. 이당류이며, 글루코오스(glucose)와 갈락토오스(galactose)로 구성되어 있다.

(4) 무기질

우유에 존재하는 무기질은 0.7%로서 I, Cl, Mn, Zn, F, Mo, Co 등이다. 무기질은 영양가 이외에도 구성과 평형상태에 따라서 우유단백질의 상태와 안정성에 많은 영향을 미치므로 가공공정에서 염류의 평형은 중요하다.

(5) 비타민

비타민은 약 20여 종으로, 수용성과 지용성 비타민이 있다. 수용성 비타민으로 비타민 B_1(thiamine, aneurin), B_2(riboflavin), niacin, B_6(pyridoxine), panthothenic acid, B_{12}(cyanocobalamin), inositol, 비타민 M(folic acid), 비타민 H (biotin), 비타민 C(ascorbic acid), 비타민 P(citrin), B_{13}(orotic acid) 등이 있고, 지용성 비타민으로 A, D, E, K 등이 있다.

(6) 효소

효소(enzyme)는 약 20여 종이 있다. 산화환원효소(peroxidase, catalase, xanthine oxidase)와 가수분해효소(lipase, phosphatase, protease, amylase)가 대표적이다. Rennet은 rennin 또는 chymosin으로 불리는 효소를 주로 하는 응유효소이다. 레닌은 prorennin(prochymoisn) 상태로 존재하며, 산성 pH에서 활성화되어 렌닌으로 전환된다. 렌닌은 우유단백질의 peptide 결합을 가수분해하는 효소로서 pH 5.3 ~6.3에서 안정하며, 중성 및 알칼리 pH에서 급속히 상실된다.

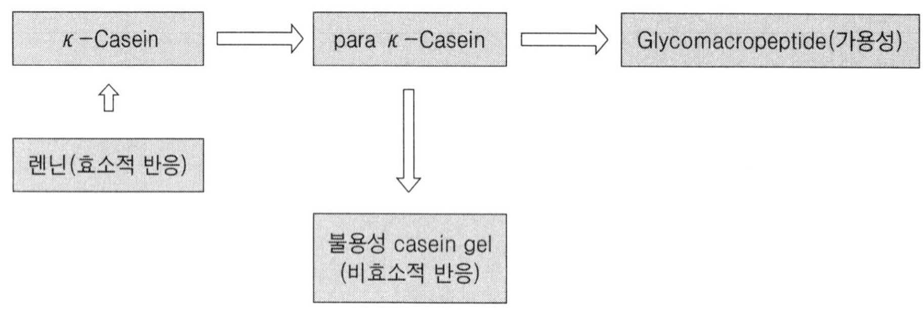

3) 우유의 성분변화와 그 요인

젖소의 유선에서 합성되어 분비되는 우유는 백색 불투명-담황색을 나타낼 때도 있다. 유청단백질 · 프로테오스 · 펩톤 · 유당 · 무기질의 대부분은 물에 녹는다. 케이신과 무기질 일부는 colloidal dispersion(콜로이드 상태로 분산상태)에 있으며, 유지방질은 emulsion(유탁액)으로 존재한다. 우유의 조성은 품종 · 비유기 · 계절 · 환경온도 · 사료 · 개체 · 연령 · 착유방법 · 질병 등에 따라 변동된다.

(1) 품종

Jersey와 Geuernsey의 젖은 농후하고 황색을 띠며, Holstein의 젖은 수분이 많고 백색이다.

(2) 비유기

분만해서 비유가 그칠 때까지의 기간을 말한다. 분만 후 4~7일 사이의 젖을 초유(colostrum)라 하고, 그 후 분비유가 정상유로 분비된다. 초유는 단백질 · 지방질 · 회분량이 많고, 유당은 적다. 초유는 납유가 금지되어 있다. 글로블린(globulin)

함량이 많고 철분(17배 정상유), 비타민 A(10~30배)가 많다. 이같은 성분은 송아지의 면역성 및 발육에 중요하다.

① 계절 : 여름에는 단백질, 지방질 함량이 낮고, 겨울에는 높다. 회분은 불규칙적으로 변화하고, 유당은 변화가 없다. 단백질과 유당은 상관관계가 있다. 여름에는 불포화지방산이 많다.

② 환경온도 : 4~21℃에 거의 변화가 없으나, 21℃부터 27℃에서는 유량이 서서히 감소한다.

③ 사료의 종류 : 농후사료 급여 시 유량 증가와 무지고형분량도 증가한다.

④ 젖소의 연령 : 8세에 최고에 달하고, 10세가 지나면 감소한다.

⑤ 착유시간 및 완전착유 정도 : 유량은 아침에 많고, 저녁에는 지방량이 많다. 착유시 처음과 나중에 지방질 함량이 차이가 있다(0.5~11.5%).

⑥ 질병, 운동, 약제의 투여 등도 유성분의 변화 요인이다.

4) 우유의 물리적 성질

우유에는 여러 성분이 있는데, 유당과 대부분의 염류는 물에 녹아 진한 용액을 이루고 있고, 단백질은 colloid상태로 있으며, 유지방은 에멀젼(emulsion)을 형성하여 물에 분산되어 있다. 또한 우유의 성분 검사와 제품의 변화 측정에 사용되는 여러 물리적 성질이 있다.

(1) 비중

우유의 비중은 에멀젼상태의 지방, 용해된 유당과 콜로이드 상태의 단백질 등 각 구성요소의 비열을 화합한 것이다. 따라서 그 안의 유화상태이거나 교질화 내지는 실제로 용해된 물질의 종류와 양에 따라 차이가 나며, 15℃에서 1.028~1.034로서 평균 1.032이다. 지방함유가 많을수록 비열도 높아지며, 15℃에서 유지의 일부는 응고되고, 그의 액화로 일정한 열량이 소모된다. 따라서 탈지유의 비중은 전유에서 비중이 낮은 지방을 뺀 것이므로 그 비중은 우유보다 크나 단백질, 유당 및 염류의 양은 변화가 적으므로 탈지유의 비중은 변동이 적다.

(2) pH와 산도

전유의 pH는 보통 6.6이며 실온에서 정상유의 pH는 6.5~6.7이다. 초유의 pH는 약간 높은 산성인 6.0 정도이며, 유방염유의 pH는 7.5 정도로 높다. 이와 같이 우유의 pH는 신선도, 우유 속에 함유된 미생물의 종류와 그 상태 및 유방의 건강상태에 따라 다르며, 온도가 증가함에 따라 calcium phosphate는 불용으로 변하므로 pH는 감소한다.

우유의 적정산도는 젖산의 양(%)으로 표시하며, 신선한 우유는 보통 0.15~0.18%이다. 이 전유의 산도를 구성하는 성분은 CO_2-구연산염, 단백질과 인산염 등이며, 이 산도는 간접적인 우유의 완충능력의 표현이라고 할 수 있다. 또한 신선한 우유를 방치해 두었을 때는 미생물의 작용에 의하여 유당으로부터 젖산발효가 일어나 산이 생성된다. 우유의 산도가 증가되었을 때에는 염에 대하여 우유를 불안정하게 하므로 응고하기 쉽게 만든다. 우유의 산도가 보통 0.56~0.58%가 되면 실온에서도 응고가 일어난다.

(3) 우유의 완충작용

우유는 완충작용을 갖고 있으며, 이는 우유 속에 탄산염, 인산염, 구연산염 및 그 외 알칼리염이 작용하기 때문이다. 그 외에도 우유의 단백질 성분은 양성물질로서 완충작용을 할 수 있다. 산의 성상에 있어서 우유는 완충작용 때문에 pH값이 조금밖에 변하지 않으며, 한편 적정되는 산도는 현저히 올라간다.

(4) 빙점

우유의 빙점은 그 속에 녹아있는 수분 때문에 물보다 낮아 -0.530~-0.550℃ 범위이며 평균 -0.540℃이다. 이 빙점은 주로 염류와 유당과 관계가 있다. 우유에 물을 첨가하면 빙점이 상승되므로 물의 첨가 여부는 빙점 검사기(cryscope)를 이용하여 측정함으로써 가수첨가 유무를 검출해 낼 수 있다. 또한 염류와 유당은 우유 성분중 함량의 변화가 가장 적으므로 가수검사에 이용되기도 한다.

(5) 비점

우유의 비점은 그 속에 용해되어 있는 용질의 양에 의해 좌우되는데 1기압일 때 100, 55℃이며, 농축될수록 용질의 농도가 높아져서 비점도 높아진다.

(6) 비열

우유의 비열은 에멀젼 상태의 지방, 용해된 유당과 colloid 상태의 단백질 등 각 구성요소의 비열을 화합한 것이다. 지방함유가 많을수록 비열도 오르며, 15℃에서 유지의 일부는 응고되며 그의 액화로 일정한 열량이 소모된다. 4.3% 지방의 우유는

0℃에서 비열이 0.92가 되고, 15℃에서는 0.94, 60℃에서는 0.92가 되며, 온도가 오를수록 비열은 변화한다. 이에 비하여 물의 비열은 1이므로 우유는 물보다 빨리 식고 또한 물보다 빨리 데워진다.

5) 가열에 의한 화학적 변화

(1) 피막형성

공기와 액체 사이의 계면에서 단백질의 불가역적 침전에 의하여 형성되는 것이다. 고형분의 70% 이상이 지방질이고, 20~25% 대부분이 단백질이거나 유청단백질이다.

(2) 갈색화 반응

캬라멜화, 마이아르(Maillard형) 갈색화 반응, 아스코르빈산 산화에 의한 갈변화 반응이 일어난다. 갈변반응은 케이신 아미노기와 유당 사이의 carbonyl 반응이다. 갈변화가 일어나는 임계온도는 100~120℃, pH는 6.0~7.0이다.

(3) 가열취

β-Lactoglobulin 또는 지방구막 단백질의 열변성에 의하여 활성화된 특히 SH기로부터 생기는 것이며, 특히 휘발성 황화물과 유화수소로 구성되어 있다. 카제인(casein)은 100℃ 이하에서는 최적으로 무변화이다.

2. 생우유의 검사

우유는 흰색의 불투명한 액체로 약간의 감미와 특유한 풍미가 있다. 우유는 시판함에 있어서나 가공함에 있어서 그 품질이 제품 성질에 미치는 영향이 매우 크므로 원유로서 적부(適否)를 판정하고, 품질의 등급을 정하며, 유가를 결정한다. 우유의 검사법은 원료유로서 적부를 판정하고, 품질의 등급을 정하며, 유가를 결정하기 위해 우유를 검사한다. 우유의 검사는 우유를 납유할 때 하는 수유검사와 먼저 시료를 채취한 후 실험실로 운반해 실시하는 검사가 있다.

1) 관능검사

원료유의 관능검사에서는 원유의 외관, 냄새와 맛 등을 검사한다. 우유는 우유 특유의 유백색을 나타내며 적당한 점도를 갖고 응고물이 없어야 한다. 우유는 또한 산패취와 산취 또는 불결취 등 냄새가 없어야 하며, 신선한 풍미를 지니고 산미나 짠맛 등이 없어야 한다.

2) 침사검사

우유에는 이물질이 섞여서는 안 되므로 침사검사(sediment test)를 실시하여 이물질이 함유된 정도를 측정한다. 여과기를 사용하여 시료를 잘 섞어 여과한 후 표준판과 비교해서 양을 판정한다.

3) 알코올검사

원유의 신선도를 측정하는 간단한 방법이며, 이 실험의 원리는 알코올의 탈수작용에 의한 우유 속의 카제인의 안정성 조사이며 제조상의 내열성을 검사하기 위해서도 실시하고 있다. 세균에 의해 산이 생성된 우유는 68～70%의 알코올과 반응하여 쉽게 응고물이 생겨 침전된다. 또한 신선한 우유에서 산도가 높지 않은데도 응고되는 경우는 주로 우유성분이 비정상적인 초유인 경우나 생리적으로 이상이 있는 유방염유인 경우가 있다.

4) 비중검사

우유 속에 함유되어 있는 구성성분에 이상이 있나 없나를 알아보기 위하여 비중계로 측정을 실시한다. 우유 속에는 물보다 비중이 무거운 성분도 많이 있지만, 지방은 1보다 적은 유일한 성분이다. 우유의 비중은 15℃에서 1.028～1.034이며, 측정시의 온도에 따라 도표에 의해 보정해 주어야 한다.

5) 산도검사

우유의 신선도를 쉽게 알아내기 위해 실시하는 방법에는 알코올검사, 세균수를 대충 알아보기 위해 실시하는 레자쥬린(resaurin), methylene blue 환원시험 방법과 산도검사 등이 있다.

우유의 산도는 자연산도, 발생산도와 적정한도 등으로 표시된다. 자연산도는 착유 직후의 우유의 산도를 말하며, 우유 속에 들어 있는 인산염, 구연산염과 단백질 등에 의해 나타나게 되는 것이다.

6) 발생산도

신선한 우유를 방치해 두면 우유 속의 유당으로부터 미생물에 의해 젖산이 생성되는데, 이 산도는 자연산도와 같이 우유의 산도를 나타내게 된다.

적정산도는 알칼리용액을 사용하여 적정한 결과를 젖산의 양(%)으로 표시한 것을 말한다. 이 방법은 우유 10 mℓ에 증류수 10 mℓ를 가하고 1% alcoholic phenolphthalein 용액 0.5 mℓ를 지시약으로 0.1N-NaOH용액으로 적정한다.

7) 지방검사

우유 속에 함유된 지방량의 검사는 젖소의 능력과 유대금 산출의 기초를 결정하는 기준이 되므로 중요한 검사이다. 유지방 검사에는 거버법(Gerber method), 배브콕법(Babcock method)과 밀코테스터(Milko tester) 방법 등이 사용된다. 일반적으로 거버법이 공장에서 흔히 사용되고 있으며, 현대화된 공장에서 많은 샘플을 검사할 때는 밀코테스터가 사용되고 있다. 그 외에 마죠니아관(Majonnier tube)에 유기용매를 사용하는 뢰제-고트리브(Rose-Gottlieb)법이 있는데, 정확성은 좋으니 분석하는데 많은 시간이 걸리는 단점이 있다.

8) 항생물질 검사

유방염 치료에 쓰이는 항생물질이 우유에 섞여 있으면 젖산균의 성장이 억제되므로 발효유나 치즈 제조시 사용되는 젖산균에 의한 젖산발효가 저해된다. 이 실험은 TTC(2,3,5-Triphenyl-3,7-Tetrazolium chloridemonohydrate) 시약을 사용하여 항생물질에 예민한 유산균을 우유에 섞어 배양해서 유산발효가 저해되는 정도를 색깔의 변화로 판정한다.

9) 빙점검사

우유의 어는점은 보통 -0.530～-0.545이며, 주로 염류와 유당의 함량에 관계되어 있다. 물을 첨가하면 어는점은 높아지므로 cryoscope라는 빙점검사기를 사용하여 가수검사를 하고 있다.

이 외에도 실험실에서는 우유의 신선도를 측정하기 위해 배지를 사용하여 총균수나 대장균 검사를 하며, 단백질 함량이나 총 고형분 검사와 기타 여러 가지 검사도 필요에 따라 실시하고 있다.

3. 우유와 미생물

우유와 유제품을 효과적으로 이용하기 위하여 미생물의 종류와 성질을 알고 그 성장을 조절하고 사멸을 효과적으로 할 수 있어야 하고, 유리한 미생물은 효과적으로 이용할 수 있는 방법을 강구해야 한다. 낙농 미생물에서 중요한 것은 virus, bacteria, yeasts와 molds이다. 우유와 유제품의 변질은 원인미생물의 오염으로부터 시작된다. 생유의 중요한 오염원은 각종 기구, 세척수, 소의 몸체와 유방, 목부의 손, 공기 등이다. 따라서 세척, 소독, 건조 등으로 청결을 유지해야 한다.

우유는 수분, 산소, 온도, pH 뿐만 아니라 영양소가 풍부하기 때문에 미생물 오염이 쉽다. 우유 변패의 종류는 유산균에 의한다. 유산균은 15～37℃에서 증식한다. 우유에 증식하는 미생물은 coliform, Micrococci, Bacilli, Enterococci, *Str. thermophilus*, Lactobacilli 등이다. 가스를 발생하는 미생물은 coliform과 chlostridium 오염인 경우가 많다. 단백질을 분해하는 미생물은 Micrococus, Bacilli, Pseudomonas, Proteous, Achromobacter, Flavobacteium 등이다.

끈끈한 우유(roppy milk)는 유방염유인 경우도 있고, 미생물이 생성하는 gum인 mucin 등에 의한다. 이것은 Alcaligenes, Micrococci, Enterobacter 등이다. 유지방을 산패시키는 lipase는 Pseudomonas, Alcaligenes, Achromobacter 등에 의하여 생산된다. 저온 발생시 알칼리가 생성되는데, 이것은 *Pseudomonas fluoroscens, Alcaligenes viscolactis* 등에 의한다.

4. 우유의 영양가

사람이 생명활동을 하는 데 필요로 하는 영양소를 공급해 주는 식품의 영양적 가치는 그 식품이 가진 영양소의 종류와 양과 그 식품을 먹었을 때 체내에서 얼마나 효율적으로 소화·흡수·이용되는가에 따라 평가된다. 그런 점에서 우유는 거의 완벽한 완전식품이다. 우유와 유제품은 균형 잡힌 영양소를 공급해 주는 식품이다. 우유와 유제품은 그 영양성분의 소화·흡수율이 우수할 뿐 아니라(98%), 단백질과 칼슘을 비롯한 영양성분을 다량 함유하고 있다(114가지). 또한 정장작용을 하며, 성장발육을 도와 주며, 발암물질을 억제한다. 우유에는 산·알칼리가 있어 찌꺼기(잔류물질)를 중화시킨다. 우유는 갈증을 풀어주고, 유아를 성장시키고, 환자의 생명을 유지시킨다. 우유는 영혼과 육체를 발달시켜 주는 식품이며, 체력과 지력을 도와 주는 건강식품이다.

우유 1리터는 물 87.4%, 고형분이 12.6%이다. 유당이 4.8%, 단백질이 3.3%(카제인 2.7%, 유청단백질이 0.6%), 지방질이 3.8%, 회분이 0.7%이다. 무게로 환산하면 우유 1kg는 물 874 g(7/8)과 고형분 126 g(1/8)으로 구성되어 있다. 고형분 126 g은 유당 48g, 단백질(카제인과 유청단백질) 33 g, 회분 7g, 지방질 38 g, 기타 비타민 · 효소 · 미량원소로 구성되어 있다. 우유 1컵은 240 mℓ, 165 kcal이다. 여기에는 탄수화물 12g, 단백질 8.5 g, 지방질 9 g, 비타민 A 370 IU, B_1 0.07 mg, niacin 0.2 mg, 리보플라빈 0.41 mg, 비타민 C 2 mg, 칼슘 285 mg, 철분 0.1 mg이 있다. 우유는 균형된 영양소를 공급하는 완전식품이지만 우유를 유일한 식품으로 섭취할 때 비타민 C와 D 및 Fe을 보충 · 섭취해야 한다.

5. 우유의 문제점

① 우유 알러지 문제가 사람에 따라 생길 수 있다.

② 우유에는 유당이 함유되어 있으므로 유당분해효소가 결핍된 경우 유당불내증의 문제가 있다.

③ 모유와의 가장 큰 차이점은 유당 함량이다(우유 4.8%, 모유 6～7%).

④ 우유 소비량은 선진국이 400～500 kg/1년에 비하여 후진국은 소량이다.

⑤ 유제품의 콜레스테롤 함량(13 mg/100 g)은 계란(500 mg/100 g)이나 난황(1500 mg/100 g)에 비하면 소량이다.

표 5-1. 모유와 우유의 영양성분 비교

	모 유	우 유
고형분	12.9%	12.8%
단백질	1.19/100 mℓ	3.5/100 mℓ
Casein	40%	82%
유청단백질	60%	18%
회분	0.2%	0.7%
Ca(mg)	340	1170
P(mg)	140	920
비타민 C(mg)	43	11
Mg(mg)	4.0	120
유당	6.8	4.9
Fe	0.56	0.5

※ 유당불내증

우리나라와 일본, 중국 등 동양인들은 작은창자의 상피세포에서 분비되는 유당분해효소(lactase)가 부족하여 우유를 마시면 가스가 생기고, 설사하는 경우가 얼마 전까지도 있었으나, 어린이나 청소년의 경우 지금은 별 문제가 없다. 이 현상을 유당불내증(lactose intolerance)이라고 한다. 유당불내증은 우유를 체온으로 덥혀서 마시거나 요구르트로 만들어 마시면 해결이 가능하다. 대개 하루 0.5리터 정도는 아무 지장 없이 마실 수 있는데, 이는 체내의 장에 있는 유산균 등이 우유 속의 유당을 소화시켜 주고 있기 때문이다. 우유 알러지는 우유 중의 단백질(casein과 lactalbumin)에 민감한 사람에게 나타나는데, 이 경우는 열처리를 하면 좋아진다. 식물단백질이나 계란단백질 같은 것이 우유단백질보다 더 알러지성이 높다.

⑥ 두유는 단백질・지방질은 많으나 비타민・미네랄은 거의 없다.

⑦ 지방질이 2% 미만이면 저지방, 3% 이상이면 고지방 우유이다.

6. 시유의 가공

유가공(dairy processing)은 젖소가 생산한 원료 우유를 인간의 소비목적에 맞도록 여러 가지 제품으로 제조・가공하는 것을 말하며, 유가공학(dairy technology)은 유가공에 관련된 모든 분야의 기술과 과학을 다루는 학문이다. 이를 위하여 화학의 기초지식, 특히 유기화학, 생화학 및 낙농화학에 대한 이해가 필요하며, 일반 미생물과 기계학의 기초지식이 필요하다. 낙농미생물학, 위생학 및 인체영양학도 필요하다.

1) 시 유

시유(市乳, market milk)란 우유를 가열 살균하여 소비자가 위생상 안전하게 마실 수 있도록 가공처리된 우유, 매일 배달되는 우유를 말한다. 식품위생법에서 우유를 "생유를 살균처리한 것으로써 직접 음용을 목적으로 하는 소의 젖을 말한다"라고 규정되어 있다. 식품 규격 및 기준에 따른 우유의 성상은 다음과 같다.

우유는 유백색 내지 엷은 황색의 균질한 액체로서 이미・이취가 없어야 하며, 일

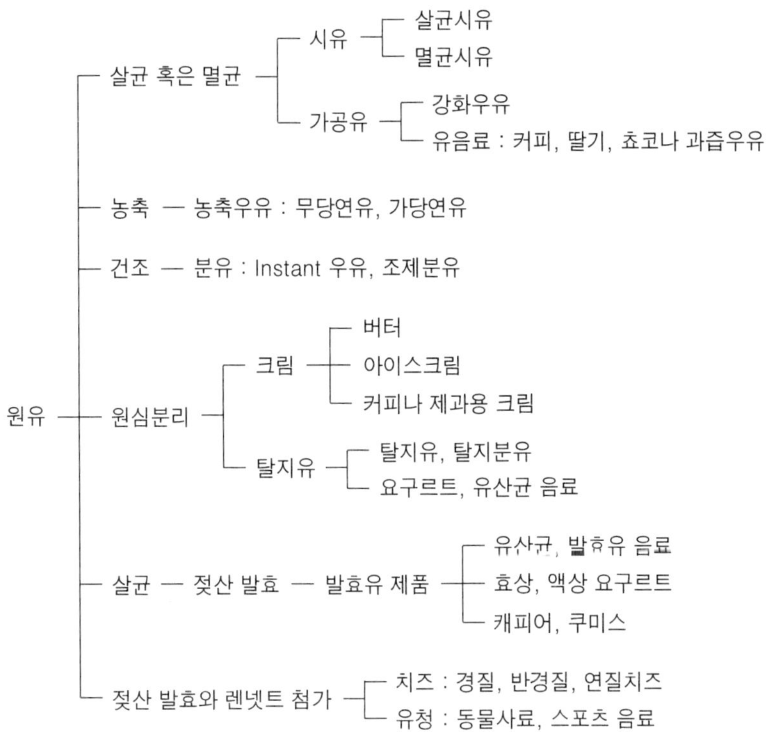

그림 5-1. 우유와 유제품의 분류

정한 양의 비중, 산도, 무지 유고형분과 유지방분을 함유하고, 위생적으로 안전해야 한다. 비중은 15℃에서 1.028～1.034, 산도는 0.18%, SNF(지방질을 뺀 고형분)는 8.0% 이상, 유지방은 3.0% 이상, 세균수는 ㎖당 40,000 이하, 대장균수는 ㎖당 10 이하, phosphatase는 음성이어야 한다.

농가에서 생산한 우유는 착유・여과・냉각・저장・수송의 과정을 거쳐 집유장을 경유하여 우유 가공공장에 납유된 후 우유가공은 시작된다. 시유(市乳)란 수유, 검사, 계량, 여과 및 청징, 냉각 및 저장, 표준화, 균질화, 살균 및 멸균, 냉각, 충진, 포장, 저장된 우유이다.

2) 시유의 가공공정

(1) 수유

원유로서 신선도 적부를 판정하고 품질의 등급을 정하며, 유가를 결정한다(직·간접방법). 생유를 계량 전에 실시하는 수유검사(platform test)와 계량하면서 시료를 채취하여 정밀하게 검사하는 실험실 검사(laboratory test)를 거쳐야 한다.

(2) 계량

계량하여 원유 값을 지불한다. 수동식과 지시식(300~500리터)이 있다.

(3) 여과와 청징

우유에 혼입되어 있는 먼지나 우유침전물을 제거하는 공정이다. 여과포나 금속망을 통하여 큰 불순물을 제거하는 공정을 여과(filtration)라 하고, 원심력에 의하여 기계적으로 더 작은 불순물까지 제거하는 공정을 청징(clarification)이라 한다.

(4) 냉각과 저장

10~15℃의 우유를 4℃로 냉각시켜 저장탱크로 옮긴다.

(5) 표준화

식품위생법상 생산하고자 하는 제품의 종류와 규격에 맞게 원료유의 성분을 조정하여 완제품의 성분규격에 맞도록 하는 것이다. 제품의 성분을 일정하게 한다.

(6) 균질화

유지방은 0.1~20 ㎛ 정도의 큰 지방구로 비중이 다른 성분보다 작아서 위로 떠올라 크림층을 형성하여 분리되므로 기계적인 힘을 이용하여 크기를 0.1~2 ㎛ 정도로 균일하게 미세화하여 줄 필요가 있다. 지방구는 떠오르는 속도가 느리다. 분산된 입자수가 많아 광분산이 증가하여 백색이 강해지며, 치즈나 요구르트 제조시 커드의 크기가 작아 연질커드가 형성되며, 지방구 입자의 미세화로 소화·흡수율이 좋다. 균질화는 크림층 형성방지, 유지방의 소화율 증가, 우유색의 변화(흰색으로)와 유단백질의 연성 커드화 효과가 있으며, 단점은 유지방질의 산패와 빛에 민감한 맛의 변화를 초래하고, 크림이 부푸는 성질(포말성)을 변화시킨다.

(7) 살균과 멸균

우유는 영양가가 많은 완전식품이고, 수분이 많으므로 미생물이 쉽게 증식한다. 영양가를 적게 파괴시키며 미생물을 살균한다. 미생물의 사멸은 가열에 의한다. 가

표 5-2. 살균유와 멸균유의 차이점

	살 균 유	멸 균 유
방 법	LTLT, HTST	UHT
온도, 시간	63～65℃(30분), 72～75℃(15초)	140～150℃(2～5초)
미생물 파괴	일반세균, 병원성균, 대장균	포자형성균, 내열성균
영양가	비타민 C	비타민 C 덜 파괴됨
맛	좋다	별로 좋지 못함

열온도에 따라 살균과 멸균으로 구분하며 살균은 저온살균, 고온단시간살균이 있고, 멸균에는 초고온멸균법이 있다. 그 외에도 적외선 살균, 자외선 살균, 초음파 살균 등이 있다.

살균은 일반세균・병원성균・대장균을 거의 파괴시키지만, 멸균은 살아 있는 모든 미생물(포자형성균, 내열성균 포함)을 완전히 사멸시킨다. 살균유와 멸균유의 차이점은 표 5-2와 같다.

가) 저온살균(LTLT)

우유의 영양가와 맛과 색깔 등에 변화를 주지 않고 살균만 하는 방법이다. 보통 63～65℃에서 30분간 가열하는 방법이다. 온도를 높이면 살균시간은 짧아진다. 즉, 68℃에서 20분간 가열하여도 같은 효과를 나타내지만 풍미(cooked)에 약간 영향을 준다.

나) 고온살균(HTST)

일반적으로 시유의 살균에 가장 많이 이용하는 방법이다. 보통 72～75℃에서 15초간 살균하는 방법이다. 이 방법에 사용되는 장치는 살균과 냉각을 연속적으로 처리할 수 있어 노력이 적게 들며 경제적이다. 외부와 밀폐되어 있어 오염의 위험성이 없다. 우유의 오염정도와 우유의 성분에 따라 살균온도와 시간은 조절된다.

다) 초고온멸균법(UHT)

열교환기에서 75℃ 정도로 예열한 후 140～150℃에서 2～5초 정도 가열하는 방법이다.

(8) 냉각

4℃로 냉각한다.

(9) 충전과 포장

유리병, 플라스틱 또는 종이에 포장한다. 플라스틱과 종이는 취급이 쉽고 저장고의 이용효율이 높은 장점이 있으나, 폐기시 환경오염과 포장비가 비싼 단점이 있다. 우유 포장용기가 갖추어야 할 조건은 광선, 가스가 투과되지 않는 것, 흡습성이 없을 것, 이취를 옮기지 않을 것, 인체에 유해한 물질이 없는 것, 가볍고 견고한 것, 값싸고 환경오염이 안 되도록 쉽게 처리 가능한 것 등이다.

(10) 저장

4℃의 냉장실에서 저장한다.

7. 유제품

1) 액상 유음료

(1) 가공유

생우유 · 크림 · 탈지유 · 분유를 주원료로 하여 조성분을 다양하게 변화시킨 액상의 우유를 가공유(processed milk)라 한다. 가공유에는 강화우유(vitamin D), 환원우유, 성분 강화유, 탈염우유, 유당분해우유, 유아용 조제유 등이 있다. 강화우유는 결핍되기 쉬운 비타민 A, D, B_1 또는 무기질을 첨가한 우유이다. 환원우유는 분유를 물에 용해하여 일반 조성분이 액상우유와 동일하게 환원시킨 우유이다. 풍미가 떨어지고, 지방분해취가 생길 수 있다. 탈지분유와 버터기름을 섞어 환원하는 것이 바람직하다.

(2) 유음료

커피우유, 초콜릿우유, 과실우유, 유청음료가 있다. 커피우유는 커피와 설탕(4~8%)을 첨가하여 무지유 고형분(SNF)을 4~5% 낮게 조절한 것이다. 초콜릿우유는 코코아와 설탕을 첨가한다. 코코아의 침전을 막기 위하여 알긴산 소다(0.1~0.2%), CMC(0.1~0.2%), 카라기난(0.02~0.05%) 등의 안정제를 첨가한다. 일반적 조성은 SNF 3~5%, 유지방 0~2%, 코코아 0.5~2%, 설탕 6~8%이다. 과실우유는 3~6% 과즙(fruit juice)을 첨가하고, 안정제를 첨가하여 케이신의 응고를 방지한다. 과즙대신 각종 과실의 향료와 유기산, 색소 등으로 생산한다.

2) 연유와 분유

(1) 연유

연유(煉乳, condensed milk)는 우유의 성분 중에서 수분을 증발시키고 고형분 함량을 농축한 제품으로서, 설탕의 첨가 여부에 따라 가당연유와 무당연유로 분류된다. 가당연유는 설탕을 첨가하여 저장성을 증가(우유를 1/3로 농축, 30~40% 설탕 : 미생물이 증식할 수 없는 상태)시킨 것이다. 무당연유는 농축한 후 포장해서 멸균처리하여 저장을 오래 할 수 있다.

(2) 가당연유

우유를 1~2/5 정도로 농축하고 설탕 첨가량은 최종제품의 40~50%가 되게 하여 가당연유를 만드는 데 설탕의 농도가 높아서 저장성이 좋다. 풍미검사와 산도검사를 하여 신선도를 측정하여야 하며, 지방함량을 측정하여 표준조성에 맞도록 크림이나 탈지유를 첨가하여 분석의 표준화를 시켜야 한다. 이어서 농축하기 전에 예열과정이 있는데, 이는 원료유에 있는 미생물을 사멸하고, 효소를 불활성화시켜 제품의 품질을 좋게 하고, 진공농축기에서 수분 증발을 빠르게 하며, 단백질을 미리 변성시켜 제품의 점도와 열안정성을 증가시키기 위함이다.

설탕의 첨가는 우유의 저장에 농축작용을 하며, 그로 인해 열에 대한 살균을 대신한다. 첨가과정은 예열 후에 목적에 맞게 이루어지고 있으며, 그 이유는 설탕이 미생물과 효소의 열저항성을 높여 주기 때문이다. 살균 전에 행해진 첨가는 물리적인 안정도를 감소시키고, 후에 일어날 수도 있는 엉김의 위험을 높여 주기도 한다. 일반적으로 설탕의 첨가는 농축의 마지막 단계에서 하고 있다. 가당연유의 저장성은 설탕과 수분함량에 따라 영향을 받게 된다.

설탕함량(%) = saccharose(%)/(saccharose(%)+water)×100

실제로 설탕함량은 62.5~64.5% 정도 사용하며, 함량이 이보다 낮을 경우에는 저장성이 보증될 수 없으며, 이보다 더 높은 경우에는 설탕의 결정화가 저장 중에 일어날 수 있다. 원료유를 농축하고 설탕을 첨가하는 방법은 위의 여러 장점이 있는 반면 원유에서 많은 수분을 증발시켜야 하기 때문에 농축시간이 많이 들고 가공이 복잡한 단점이 있다.

유당의 용해도는 표 5-3과 같이 실온의 물에서는 16.1% 밖에 용해되지 않고, 62% sucrose 용액에서는 13% 밖에 용해되지 않는다. 가당연유의 유당함량은 약

표 5-3. 물과 설탕용액에서 유당의 용해도

온 도		유당의 용해도(%)			
		물		설탕 62% 함유한 물	
℃	℉	용해도	과용해도	용해도	과용해도
0	32	10.6	19.9	-	-
10	50	13.1	24.6	11.1	20.9
20	68	16.1	30.4	13.7	25.8
25	77	1738	33.7	15.1	28.6
30	86	19.9	37.0	16.9	31.4
40	104	24.6	43.9	20.9	37.3
50	122	30.4	51.0	25.8	43.4
60	140	37.0	59.0	31.4	50.2

11%이므로 수분(27%)에 대한 유당량은 29% 정도 되고, 농축온도는 50~55℃로 포화상태가 된다.

농축 후에 냉각되면 포화도는 점차적으로 증가하여 마지막에 가서는 결정화하여 당이 침전되며, 연유는 사상조직이 생기며 갈색화도 일어난다. 따라서 과포화상태의 유당을 많은 미세한 결정이 되도록 인공적으로 유도하여 균일하게 분산시키면서 냉각시키면 점도가 증가하기 때문에 유당결정은 자유이동이 억제되어 큰 결정은 형성되지 못하고 연유의 조직은 부드럽게 된다.

(3) 무당연유

무당연유는 우유를 농축기로 농축하여 가열멸균하여 만들며, 첨가식품인 제과용 또는 유아용으로 이용되고 있다. 무당연유 제조에 사용되는 원료유의 품질은 고온처리를 하기 때문에 열응고가 잘 일어나는 유청단백질의 분량이 적어야 하며, 산도가 낮고 염류평형에 이상이 없는 신선한 우유를 선택하는 것이 중요하다.

신선도의 판정은 관능검사, 산도측정, 미생물검사와 알코올검사 등이 이용되고 있다. 원료유의 표준화를 시킨 후에 첨가되는 안정제는 제조과정에서의 열 안정성과 저장 중 안정성을 위해 실시되는 데 Na_2HPO_4 $NaHCO_3$와 $Na_3C_{26}H_5O_7 \cdot 2H_2O$ (구연산소다) 등이 쓰이고 있다.

예열과정은 생유 단백질을 안정화시켜 멸균시 응고를 방지하고 불화성화하며, 고온멸균 시 열안정성을 높이고, 적당한 점도를 유지하기 위하여 실시되며, 증발효율을 높이는 등에 목적이 있다. 예열 전 우유는 농축장치에 도입되어 필요한 농도로

표 5-4. 무당연유의 평균 조성

수 분	단백질	지 방	탄수화물	회 분
66.7%	8.72%	10.1%	12.5%	1.98%

농축시킨다. 농축종료는 비중을 측정하여 결정하며, 농축이 끝나면 표준화시켜 균질화 과정에 들어간다.

균질화의 압력은 150～250 g/cm^{3}이고, 온도는 50～70℃가 적당하다. 균질화한 것은 냉각하여(4℃) 저장탱크로 옮기는데, 냉각과정은 평판식이나 튜브식 열교환기를 이용한다. 관에 충전하여 밀봉한 무당연유는 멸균과정에 들어가는데, 제조과정에서 무균공정으로 처리된 무당연유는 무균충전 및 포장되므로 멸균이 필요 없으나 증기처리된 무당연유는 멸균과정이 필요하다. 무당연유의 평균 조성은 유럽에서는 표 5-4와 같다.

무당연유의 품질은 저장가가 높거나 균질화가 잘못되어 지방분리가 일어나거나 멸균이 잘못되어 미생물이 번식함으로써 맛과 냄새에 변화가 일어날 수 있으며, 멸균처리 과정에서 교반이 잘못되거나 저장온도가 높고 기간이 길어 점도에 영향을 미쳐 gel이 형성되므로 응고될 수도 있다. 또한 가당연유에서와 같이 갈색화 반응이 일어나기도 하는데, 이것은 유당과 단백질이 가열에 의하여 마이아르(Maillard형) 반응을 일으켜 melanoidine 색소를 형성하기 때문이다.

(4) 분유

사용한 원료와 첨가물의 종류에 따라 전지분유, 탈지분유, 가당분유, 조제분유와 용해도를 좋게 해서 만든 인스턴트 분유로 분류된다. 저장, 운송편리, 타 식품제조에 사용된다. 조제분유는 모유를 대신할 수 있도록 그 성분을 조제하여 육아용으로 만든 것이다. 잘못 조제된 조제유를 공급하면 문제가 발생된다. 분유는 사용한 원료와 첨가물의 종류에 따라 전지분유, 탈지분유, 가당분유, 조제분유와 용해도를 좋게 해서 만든 인스턴트 분유 등이 있다. 또한 분유와 유사한 분말유청, 분말크림, 유당과 케이신 분말 등이 있다.

우유, 유청과 액상 유제품에서 수분을 제거하여 5% 이하의 수분함량을 가진 건조유제품을 만들고 있다. 이러한 제품은 알맞은 포장을 해주어 저장성을 좋게 해주고 있다. 일반적으로 이들은 물에 잘 녹고 또한 완전히 녹아야만 된다.

가) 원통 건조법

농축율을 상압의 가열된 원통의 표면이나 밀폐된 진공상태의 원통 표면에 엷은 막이 되도록 원통을 회전하여 그 회전되는 동안에 건조시켜 칼(scraper)로 분리하여 내는 건조방법이다. 원통을 1～2개를 이용하며, 상압에서 100～130℃의 고온으로 건조시키면 용해도가 좋지 않으나 시설비가 저렴하고, 좁은 공간으로도 가능하며, 제조공정이 간단한 장점이 있다. 이 제품은 제과·제빵의 원료에 많이 사용되며, 사료 등으로도 사용되고 있다.

나) 분무건조법

농축된 우유를 액체 방울로 분무시키고, 여기에 뜨거운 공기를 불어넣어서 전조시키는 방법이다. 사용되는 분무건조 장치에는 원반식과 압력노즐식이 쓰이고 있다.

다) 냉동건조법

우유를 우선적으로 냉동시키고, 진공상태에서 승화에 의해 수분을 증발시키는 방법으로 진공동결 건조장치를 이용하여야 한다. 건조방법은 냉동장치와 건조장치가 동시에 필요하므로 시설비와 운영비가 많이 들어서 특별한 제품(starter 건조용)에만 사용되고 있다. 이 건조법의 장점은 제품의 용해도가 좋아지고, 비타민 등 영양가의 파괴가 적고, 단백질의 변성이 일어나지 않으며, 저장중의 변화가 적고, 갈색화 반응도 일어나지 않는다.

분유의 성분규격은 전지분유인 경우 유고형성분이 95% 이상, 수분이 5% 이하, 세균수는 표준평판배양법(plate count agar)으로 g당 4만 이하, 대장균군은 음성이며, 탈지분유의 경우는 유지방을 제외한 기타 성분이 전화우유와 동일하도록 규정하고 있다. 제품으로 되어 있는 분유의 일반적인 성분 조성은 지방과 단백질 27%, 유당 38%, 회분이 6%이고, 수분은 2～3% 정도로 되어 있다.

분유의 품질은 건조방법과 포장의 종류에 따라 많은 차이가 있다. 분유를 물에 녹여 환원유를 만들 때 용해성이 중요하며, 잘 녹지 않고 덩어리가 생기거나 분산이 좋지 않는 입자는 과도한 가열과 저장의 잘못에 원인이 있다. 저장 중에 일어나는 품질의 변화는 색깔, 맛과 용해도의 감도 등이 있다. 저장 시 습기가 많고 저장온도가 높을 때 Maillard법에 의한 갈색화가 일어나고, 공기중의 산소나 지방분해효소인 lipase에 의하여 지방산패가 일어나 제품의 품질을 저하시킨다.

3) 크림과 버터

(1) 크림

생유를 오랫동안 정치해 두면 비중의 차이에 의하여 두 개의 층으로 분리되는데, 유지방이 많은 층이 크림(cream)이다.

① 커피크림 : 지방함량이 10~30%이다.
② 발효크림 : 지방함량이 18% 이상인 것을 발효시킨 산도가 0.6%인 크림이다.
③ 포말크림 : 사용한 지방함량이 30~36%이다.

(2) 버터

버터(butter)는 우유에서 크림을 분리하여 교동에 의하여 유지방구가 파괴되어 지방질 입자들이 덩어리를 만들고, 남아 있는 물을 분산시켜 유화상태로 만든 것이다. 버터의 성분은 지방질 80% 이상, 수분 16%, SNF 4%이다. 버터는 발효 여부에 따라 발효버터와 생버터, 가염유무로 가염버터와 무염버터로 분류된다. 버터의 제조 공정은 다음과 같다.

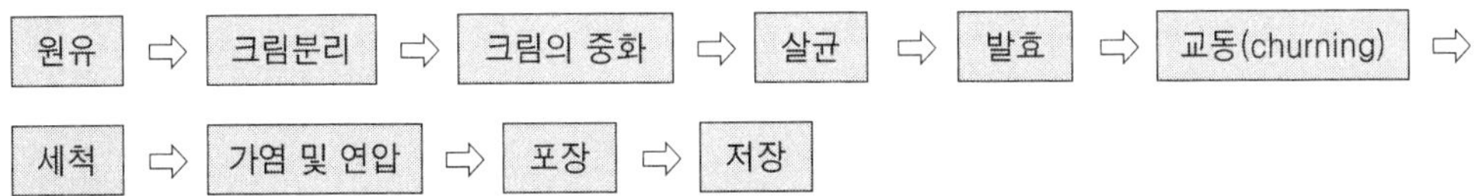

① 크림의 산도가 높으면 살균할 때 카제인이 응고하므로 신선한 크림을 사용한다.
② 살균목적 : 병원균을 포함한 미생물과 lipase와 같은 효소를 파괴하여 저장성을 높이고, 위생상 안전한 버터를 만들며 발효시 젖산균의 발육을 저해하는 물질을 파괴한다.
③ 교동 : 크림 중에 있는 지방구에 기계적인 충격을 주어 일정한 속도로 크림을 운동시켜 지방구끼리 뭉쳐서 입자가 형성되어 버터밀크와 분리되도록 하는 작업이다.
④ 세척의 효과 : 버터의 SNF를 0.7% 정도로 낮게 하여 저장성을 높이고, 발효버터의 강한 풍미를 완화시켜 주고, 남아 있는 버터밀크를 제거하면 연압하기 좋은 온도로 조절한다.
⑤ 연압 : 지방입자가 덩어리로 뭉쳐있는 것을 짓이기는 것, 버터 조직을 부드럽

게 해 주며, 기포를 없애 주고, 소금을 수분에 완전히 녹여 분산시키며, 색소를 균일하게 혼합한다.

⑥ 가염 : 소금은 미생물의 성장을 억제하는 방부효과와 버터의 저장성을 좋게 하며, 맛을 좋게 한다.

4) 아이스크림

아이스크림은 빵, 포말크림(whipping cream), 치즈 등과 함께 기체를 응용한 식품으로 가스의 혼합 없이는 제품의 특징을 절대로 나타낼 수 없다. 이와 같이 기체가 지닌 중요한 특성은 부피를 증가시키고, 특유의 조직을 형성하는 데 있다. 아이스크림은 유제품(유지방·탈지분유), 설탕, 계란, 첨가물(안정제·유화제) 등의 원료를 교반하여 공기를 혼입하여 제조한 것이다. 유지방과 무지유 고형분을 충족시킬 수 있는 우유제품과 설탕, 향료, 색소 및 안정제 등을 혼합하여 적당량의 유지방과 고형분 함량이 되도록 조정한 배합물을 동결시킨 냉동식품으로서 동결과정에서 공기를 균일하게 혼입하여 조직을 부드럽게 만든 제품이다.

(1) 아이스크림의 규격

아이스크림은 식품위생법상 우유를 주원료로 하고, 여기에 감미료를 비롯한 각종 식품첨가물을 가하여 동결처리한 것으로, 유지방 6% 이상 및 무지고형분 10% 이상을 함유하고, 대장균수 10 mℓ당 10 이하, 세균수 1 mℓ당 100,000 이하인 것을 말한다. 아이스크림의 규격은 다음과 같다.

① Ice cream : 유지방 10%↑, 유고형분 20%↑, 바닐라
② Ice milk : 유지방 2～7%, 유고형분 12～15%, 콘 type
③ Sherbet : 유지방 2～3%, 유고형분 약간, 과일주스
④ 빙과 : 과즙, 향, 산, 감미료 첨가

(2) 아이스크림의 원료 및 성분

① 유지방 : 크림, 버터, 전유, 농축전유, 아이스크림의 풍미를 좋게 하고, 부드러운 조직, 부피를 크고 안정하게 해준다. 유지방은 3～12%이다.

② 무지유 고형성분(SNF) : 무지유 고형분은 11～14%이다. 제품의 풍미와 조직에 관여하며, 식품의 가치를 증가시켜 주는 성분이다. 작고 안정된 기포를 유지하는 데 중요하다.

③ 감미료 : 설탕을 절반가량 넣고, 그 외 물엿, 꿀, 환원당, 과당 등 일부를 혼합

한다. 조직을 개선하고 향취를 향상시키지만 거품생성을 억제하고, 냉동시간을 길게 하며, 경화를 어렵게 만든다. 설탕은 8～15%이다. 제품의 기호성을 증가시키며, 아이스크림 배합의 빙점을 저하시키고, 거품이 이는 것을 다소 억제하며, 부드러운 조직을 만들어 준다.

④ 계란 : 신선란은 거의 아이스크림 제조 원료로 사용되지 않지만 냉동난황, 난황고형분, 난분은 가끔 사용된다. 난황고형분은 거품이 이는 속도를 빠르게 해주고 거품 성질을 개선하고 조직을 부드럽게 해주며, 아이스크림이 녹을 때 좋은 모양으로 녹게 해준다. 아이스크림의 녹기 및 굳기에 영향을 주고, 부피를 좋게 하며, 영양가를 높여 주며, 입 안에서 덜 찬 느낌을 준다. 그러나 너무 진하고 풀같은 느낌을 동시에 주며, 냉동효과를 나쁘게 한다.

⑤ 안정제 : 아이스크림의 거품을 안정하게 만들고, 조직을 부드럽게 하며, 저장 중에 녹는 것을 억제해 준다. 안정제는 0.2～0.3%이다. 생산자, 상인과 소비자에 의하여 제품이 취급되는 동안 빙결정의 형성을 억제 또는 감소시키며, 부드러운 조직의 유지에 도움을 준다. 제품의 균일한 품질을 얻고, 녹는 것을 지연시키는 효과가 있다.

⑥ 유화제 : 표면장력을 저하시켜 whipping 성질을 좋게 하고, 부드러운 조직을 만드는 데 기여하며, 굳기 및 녹는 속도에 영향을 준다.

⑦ Over run(중량 30～50%) : 내용물을 섞어 돌려주면 공기 들어가는 양이 늘어난다.

(3) 아이스크림의 제조공정

아이스크림의 제조공정은 크게 배합, 동결 및 포장 공정과 경화 및 냉동저장 공정으로 분류된다.

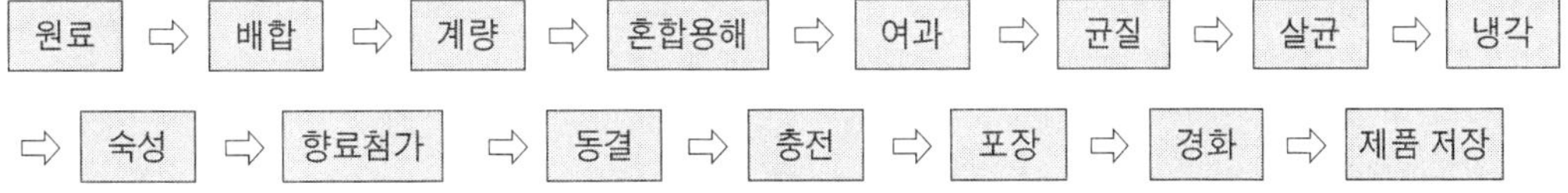

(4) 아이스크림의 품질평가

① 풍미(45%) : 첨가향이나 사용한 원료에 따라 맛이 달라진다.

② 조직(30%) : 냉각시간과 냉각온도에 따라 좌우된다. 구조 중의 얼음결정 및

다른 입자들의 크기, 모양, 배열에 의하여 좌우된다. 좋은 조직을 가진 제품은 입 안에 넣었을 때 촉감이 부드러우며, 거슬리지 않고 잘 녹아야 한다.

③ 미생물의 오염 : 위생상 품질규정 및 법적으로 일반 평균 숫자와 대장균군으로 규제된다.

④ 용융상태(5%) : 제품의 종류, 상품 유통상황, 소비자 기호 등에 따라 녹기 쉬운 것부터 어려운 것까지 그 폭이 넓다.

⑤ 색채와 포장(5%) : 제품의 색채는 균일하고 자연적이어야 하며, 포장은 품질을 보호하며, 깨끗하고 보기 좋아야 하며, 수송・저장・소비에 편리하여야 한다.

5) 발효유

발효유(fermented milk)는 균질화 혹은 균질화되지 않았거나 살균・멸균된 우유를 일정한 미생물로 발효시켜 만든 제품으로 대표적인 것이 요구르트이다. 발효유는 동지중해(지중해-페르시아만) 지역에서 페니시아 시대 이전에 유래되어 중동부 유럽지역으로 전파되었다. 원래 발효유는 유목시대부터 인간이 즐겨 먹는 식품이었는데, 사막의 유목민들이 신선한 우유를 가죽부대로 만든 용기에 넣어 사막을 횡단할 때 시간이 지난 우유가 반응고 상태에 있는 것이 기원이다. 그 당시 생유가 사막의 더운 기후에서 세균에 의하여 자연발효되어 커드가 형성되었기 때문이다. 구약성서 창세기에도 발효유에 대한 언급이 있다.

(1) 유산균 발효제품의 장점

① 우유로 만들기 때문에 영양성분과 장내에 유리한 효과(정장작용)가 있다.

② 유산균을 발효시키면 산이 나오는데, 이 산에 의하여 장내 부패균의 성장이 저해되고 병원균 성장도 억제된다.

③ 산에 의하여 담즙, 위액, 췌장액 분비가 촉진된다.

④ 산은 칼슘(Ca) 흡수에 도움을 준다.

⑤ 유해물(아민, 페놀, 인돌)을 분해 또는 합성을 저해(요구르트에 있는 균이 장내에서 살아있을 수 있느냐 없느냐를 조사해 보아야 한다)한다.

⑥ 콜레스테롤을 형성해 주는 원료를 유산균이 이용하여 혈중 콜레스테롤 저하 효과가 있다.

⑦ 비타민 합성 및 효소분비로 소화촉진 효과가 있다.

(2) 요구르트의 제조

요구르트는 가열처리한 우유에 유산균을 첨가하여 산발효를 시켜 만든 제품이다. 발효유는 유고형분 3%, 유산균수 10,000,000/㎖이며, 요구르트는 호상과 액상이 있으며, 유고형분 8% 이상, 유산균수 100,000,000/㎖이다. 유산균 음료는 요구르트가 아니고 고형분 3%, 당 18~21%, 색소, 방부제가 들어간 것도 있다. 농후 발효유는 무지유 고형분 8%, 분유로 제조된다. 요구르트의 원료는 우유와 유산균이며, 온도 유지 장치가 있어야 한다. 요구르트는 우유로 만들어야 되고, 과육과 설탕이 들어가고 첨가물(색소·방부제 등)이 들어가면 안 된다. 유산균이 살아있는 상태로 1,000,000/㎖ 이상 있어야 한다.

요구르트의 제조과정은 다음과 같다.

① 원료배합 및 표준화 → 전처리 및 균질화

② 가열살균(95℃/5분) : 유청단백질은 변성을 받지 않으면 저장 중에 유청액이 분리되는데, 액 속에 녹아있는 유청단백질이 변성되도록 온도를 높여야 한다.

③ 냉긱(45℃ 정도)

④ 유산균 혼합(1~2%) : 선택한 종균(starter) 첨가, 종균을 너무 많이 넣거나 적게 넣어 주면 배양시간이 일정치 않고, 산의 생성능력에 변화가 있기 때문에 균의 활성도에 따라 적당한 양이 좋다.

⑤ 배양(4~6시간, 43~45℃) : 배양온도가 높으면 종균이 사멸되며, 너무 낮으면 유산균이 우유를 응고시키기에 필요한 산을 생산하기 위하여 충분히 활동하지 못하게 된다. 종균의 양과 활성도에 따라 시간이 단축 또는 지연될 수도 있다.

⑥ 냉각 : 오래 두면 시어지고, 쓴맛이 날 수도 있으므로 pH 4.5~4.7 정도이면 배양을 중단하고, 12℃ 이하로 냉각한다.

⑦ 과육 및 기타 혼합

⑧ 냉장저장 : 법적 규격은 4℃에서 10일, 그러나 15일 정도 냉장고에 넣어 두어도 괜찮다.

⑨ 품질관리 : 점도, 맛(신맛이 나면 좋은데, 다른 맛이 나면 오염균에 의하여 오염 가능성이 크다), pH 4.2~4.6, 저장성(편리하고 오래 저장할 수 있는 것이 좋다), 오염이 방지된다.

6) 치 즈

치즈(cheese)는 원료유에 전처리를 하여 젖산균을 첨가하고 응유효소를 이용하여 단백질과 지방질 성분을 응고시킨 후 유청을 분리, 가압 및 성형을 거쳐 숙성시켜 만든 발효식품이다. 숙성을 통하여 소화·흡수가 용이한 상태로 변화하며, 제품의 고유한 맛과 향기를 지닌다. 치즈는 우유나 다른 동물의 젖을 유산균으로 발효시키고, 응유효소인 렌넷(rennet)을 작용시켜서 우유단백질 중의 카제인(casein)을 지방질과 함께 응고시켜 덩어리(curd)로 만든 후 유청을 제거하고 압착 성형하여 숙성 발효시킨 발효유 제품이다.

치즈는 단백질 30%, 지방질 30%, 수분 30%, 기타 칼슘, 지용성 비타민 등이 10%로 이루어져 있는데, 고가의 영양소가 위에 들어가면 효소, 아미노산, glyceride 등의 분비에 의해서만 분해가 되므로 만복감이 오래 지속되고, 소화시키는 데 시간이 필요하다.

(1) 치즈의 일반적 제조원리

원료유의 확보, 우유의 응고와 발효, 커드의 처리, 치즈의 숙성 등 네 단계로 나눌 수 있다. 이들 모든 단계는 각각 최종 제품의 품질을 좌우하는 중요한 공정들이다. 치즈의 제조에 사용되는 원료우유는 항생물질이나 농약·살균제 등이 함유되어 있으면 후에 우유발효에 사용되는 젖산균의 성장이 억제되므로 이들 화학물질의 존재 여부를 철저히 검사하여 이들 물질이 함유되지 않은 우유를 사용해야 한다. 또한 지방질 함량을 검사하여 우유성분 중 지방질량과 단백질량을 표준화해야 한다. 이러한 검사가 끝난 우유는 여과·청징하고 반드시 살균한 다음 치즈제조에 사용하여야 한다. 치즈는 원료우유의 약 10% 정도 생산되며, 그 양은 우유성분과 제법에 따라 좌우된다.

(2) 치즈의 식품으로서의 중요성

치즈는 지방질과 단백질이 우유의 10배로 농축된 고급식품이며, 원유의 효소를 이용하여 미생물 발효한 무공해·무식품첨가물인 자연식품이다. 치즈는 우리 주식에 부족한 영양소를 다량 함유(Ca)하고 있으며, 두뇌활동에 좋고, 체구성 단백질이 풍부한 영양보충 식품이다. 또한 치즈는 단백질의 완충효과(위산과다, 위궤양, 위암)와 질병치료에 효과(골다공증, 소화불량)적인 건강식품이다.

뿐만 아니라 시간을 절약하고, 요리해서 먹기 쉬운, 생활에 편리한, 후식 또는 간식으로서 사용될 수 있는 인스턴트식품이다. 등산·운동·여행에 휴대하기 쉽고,

만복감을 유지하기 쉬운 레저식품이다. 치즈는 장기간 저장 중 소비 가능한 저장식품이다.

① 자연식품
② 고급 영양성분(단백질 · 지방질 · 필수아미노산 · 필수지방산 등)이 다량 함유
③ 소화 · 흡수율이 우수한 발효식품
④ 향미와 맛을 지닌 기호식품
⑤ 우유를 농축한 저장식품
⑥ 소비 이용성이 좋은 식품(잼 · 꿀 · 샌드위치 등 여러 식품에 잘 어울린다)으로 우유성분 중 단백질과 지방질을 주성분으로 농축하고 지용성 비타민, 칼슘과 인 등의 광물질을 함유한 영양이 풍부한 식품이다.

(3) 치즈의 영양적 가치

치즈는 우유의 영양성분 중 단백질과 지방질을 주성분으로 농축하고 지용성 비타민, 칼슘과 인 등의 광물질을 함유한 영양이 풍부한 고급식품이다. 치즈는 단백질과 지방질이 풍부한 동물성 균형식품으로서 숙성 중에 일부 성분이 분해되어 소화 · 흡수되기 쉬운 형태로 되며, 고칼로리원이다. 또한 필수아미노산이 모두 함유되어 있고, 필수지방산도 다량 함유되어 있으며, 그 밖의 각종 비타민과 Ca, P 등이 풍부하여 급원으로 중요한 역할을 한다.

가) 단백질

치즈는 약 10～30%의 단백질 성분에 필수아미노산이 고르게 함유되어 있다. 경질치즈, 반경질치즈 및 무지방치즈에 다량 함유되어 육류나 계란을 능가한다. 생치즈를 제외한 모든 치즈가 발효과정을 거치는 것이 특징이며, 이로 인하여 단백질과 지방질 성분이 소화와 체내 흡수가 용이한 형태로 분해되어 있다. 단백질과 지방질은 일반적으로 소화가 어려운 성분으로 알려져 있지만, 치즈는 발효과정에서 소화되기 쉬운 형태로 분해된 상태이므로 다른 식품보다 소화가 잘 되며, 체내 흡수나 조직에 이용되는 것도 효과적이다.

나) 무기질

치즈의 중요한 무기질 성분은 칼슘과 인이다. 칼슘은 체내 골격형성에 중요하다. 칼슘 함량으로 인해서 치즈는 육류, 생선 및 달걀보다 더 영양식품으로서의 가치를 지닌다.

다) 탄수화물

치즈에는 탄수화물이 거의 없고, 유당이 젖산으로 변하여 치즈에 이행되지만 경질치즈의 경우는 일 주일 안에 분해되어 소실된다. 치즈의 열량은 단백질과 지방질 함량에 좌우되며, 유당이 없으므로 유당불내증인 사람도 치즈를 먹는데 지장이 있을 수 없는 것이다.

라) 비타민

치즈의 비타민 함량은 우유의 비타민 함량에 따라 다르지만 지방질 함량이 많을수록 비타민 A, D, E, K 및 카로틴 함량도 많아진다.

(4) 치즈의 분류

치즈는 원산지, 원료유의 종류, 제조방법, 일반적인 외관, 유동학적 성질, 화학적 조성, 미생물학적 조성 등에 의한 분류를 생각할 수 있다. 조직・수분・숙성요인・조제방법에 의해서 다음과 같이 분류할 수 있다.

가) 생치즈

Cottage cheese, Cream cheese, Quark

나) 연질치즈

① 숙성시키지 않은 것 : Cottage, Bakers, Cream, Neufchatel(미)

② Bacteria, 효모, 곰팡이로 숙성시킨 것 : Romadur, Bel paese, Cammembert, Brie, Feta, Dominati, Teleme, Neufchatel

다) 반연질치즈

라) 반경질치즈

① 주로 bacteria로 숙성시킨 것 : Brick, Munster, Tilsiter

② 표면에 생육한 bacteria로 숙성시킨 것 : Limburger, Port du salut, Trappist

③ 주로 내부의 blue mold로 숙성시킨 것 : Blue, Requefort, Stilton, Gorgonzola

마) 경질치즈

① 발효가스공이 없는 것 : Cheddar, Colby, Cheshire

② 발효가스공이 있는 것 : Swiss or Emmental, Gruyere

바) 초경질치즈

박테리아로 숙성시킨 것 : Parmesan, Romano, Asiagd, Parmesan, Sbrinz

사) Pasta filata 또는 플리스틱 커드치즈

Provolone, Mozzarella, Cacciocavallo

아) 탈지유 또는 저지방 치즈

Sapsago, Euda

자) 유청치즈

Ricotta, Mysost, Primost

차) 가공치즈

2～4가지 숙성된 자연치즈 + 융해염 + (보존료) + 색소 + 지방질 + 분유 + 물 + 열. 살균가공 치즈, 가공치즈 후드(process cheese food)

가공치즈 스프레드(process cheese spread)

(5) 치즈 제조용 유산균 스타터

치즈 제조 시 유산균 스타터는 유당에서 유산을 생성한다. 생성된 유산은 렌넷에 의한 커드 생성을 촉진한다. 커드를 수축하고 whey를 배제한다. 제조 및 숙성 중에 좋지 않은 미생물의 생육을 억제한다. 숙성 중에 효소작용의 성질 및 그 작용범위에 영향을 주어 치즈의 성질을 결정한다. 증식에 의해서 다른 유해물질을 억제시킨다. 균체 내에 효소를 생산하여 그것으로 카제인·지방 등을 분해해서 치즈를 숙성시켜 풍미를 생성한다.

유산구균 스타터는 산 생성 및 풍미 생성용으로 사용되고, 유산간균은 고온에서 가열한 특수한 공정이나 구균과는 다른 풍미를 치즈에 부여한다. 유산구균에는 *Streptococcus lactis*(산 생성), *Str. diacetilactis*(풍미 생성), *Str. cremoris*(산 생성), *Str. thermophilus*(산 및 풍미 생성), *Leuconostoc citrovorum*(풍미 생성) 등이 있다. 유산간균에는 *Lactobacillus bulgaricus*(산 및 풍미 생성), *L. helveticus*(산 및 풍미 생성), *L. lactis*(산 및 풍미 생성), *L. casei*(산 및 풍미 생성), *L. acidopHilus*(산 및 풍미생성) 등이 있다.

단일균주 스타터는 산생성과 풍미생성을 주목적으로 할 때 주로 사용된다. 장기간 보존하여도 활성이나 성질의 변화가 적고 공생(共生) 균주와 상호작용이 없고 매일 안정한 스타터를 얻을 수 있다. 그러나 bacteriophage에 감염될 때 생육불능이고, 산 생산 지연 등의 영향이 온다.

혼합균주 스타터는 산 생성을 주목적으로 *Str. lactis* 또는 *Str. cremoris*의 여러 균주, 또는 *Str. lactis* + *Str. cremoris*이 사용되며, 풍미 생성을 주목적으로 할 때는 *Str. diacetilactis*의 여러 균주를 사용한다. 또한, 산 생성과 풍미 생성을 위하여 *Str. lactis* + *Str. cremoris* + *Leu. citirovorum*, *Str. lactis* + *Str. cremoris* + *Str. diacetilactis*, *Str. lactis* + *Str. cremoris* + *Str. diacetilactis* + *Leu. citrovorum*를 사용한다. Bacteriophage에 전 균주가 동시에 침해당하지 않고 그 장해도 단시간밖에 나타나지 않는다. Leuconostoc속의 향기 생성균주를 사용하는 것이 가능하지만 그러나 장기간 보존이 어렵다. 매일 배양하여도 각 균주의 비율을 일정하게 보존하기가 어려우며, starter의 군상의 변화가 쉽게 일어난다. 기타 스타터균으로 프로피온산균이 있다.

(6) 응유효소

렌넷트(rennet)는 포유동물 중의 어린 송아지의 4번째 위에서 추출하여 조제한 응유효소로 그 주성분은 단백분해 효소의 일종인 rennin이다. 액상(rennet-extract) 분말상(rennet powder), 정제(rennet tablet)로 시판되고 있다. Rennet을 제조하려면 생후 1~2주 이내의 우유를 먹은 송아지의 4번째 위를 절단해서 깨끗이 씻고 염적해서 그늘에서 말린다. 건조한 위를 잘게 썰어서 식염수에 담가 실온에서 그대로 두면서 유출액을 얻는다. 분말은 추출액에 식염을 포화되게 하여 생긴 침전물을 모아 건조한 것이다. Rennin의 우유응고 작용의 요인은 온도, pH 또는 산도, 칼슘, 우유의 성분 등이다.

① 동물성 응유효소로서 pepsin과 trypsin이 있다. Pepsin은 돼지 위에서 추출 조제한 것으로 20세기 초 영국과 미국에서 연구되었다. Trypsin은 돼지・소의 췌장에서 추출한 것으로 단백질 분해효소이다.

② 식물성 응유효소는 papain과 ficin이 있으며, 종교적 이유로 치즈 제조 시 rennet을 사용하지 않는 인도에서는 식물성 응유효소를 사용하고 있다. Papain은 파파이아(caricapapaya) 반숙의 과실에서 얻은 단백질 분해효소로서 강력한 응유작용을 갖고 있다. Ficin은 ficus의 수목 유액 및 과즙에는 파파인과 비슷한 단백질 분해효소인 ficin이 함유되어 있다.

③ 미생물 응유효소는 곰팡이와 세균이 생산한다. 곰팡이 응유효소는 Mucor pusilus lindt와 Endothia parasitica가 있다. Mucor pusilus lindt는 흙에서 분리한 균으로 강력한 응유효소를 생산하고, Endothia parasitica의 응유효소는 미국에서 개발한 응유효소로서 여러 종류의 치즈제조에 시험되어 숙성 초기에 단맛을 낸다.

세균이 생산하는 효소는 *Bacillus subtilis*와 *B. mesentericus*의 응유효소가 있다. *Bacillus subtilis* 응유효소에 의한 커드는 부드럽고 rennet으로 만든 치즈와 비슷하나 쓴맛을 낸다. *B. mesentericus*의 응유효소로 치즈를 제조하면 숙성중 쓴맛을 낸다.

(7) 치즈의 제조공정

① 원료유 : 신선하고 양질의 우유선별. 치즈공장과 목장의 거리는 가까운 것이 보통인데, 이것은 우유 중의 미생물 증식을 막을 수 있고, 빠른 시간 내에 가공에 이용하기 위해서이다. 원료유를 수유할 때는 반드시 항생제 검사를 실시해야 한다.

② 표준화 : 치즈 성분의 함량에 맞게 조절한다.

③ 살균과 냉각

④ Starter와 rennet 첨가 : Starter의 역할은 다음과 같다. 우유 중에 함유되어 있는 유당을 젖산으로 변화시키며, 최종제품의 품질에 중요한 영향을 미친다. 또한 향미에도 영향을 줄 수 있다.

⑤ 응고와 절단

⑥ 압축과 성형 : 압착은 수직으로 해야 되는데, 이유는 유청분리가 고르지 못하고, 또한 응유의 형성이 늦어질 수도 있기 때문이다.

⑦ 가염(salting) : 압착기에서 꺼낸 생치즈는 10~12℃ 정도의 가염실에서 소금처리를 하여 하루 정도 방치한 다음 소금물에 넣는다. 치즈의 맛을 좋게 하고, 잡균의 번식을 억제한다. 표면 및 가장자리 형성을 좋게 해준다. 표면이 단단해지고 조직을 좋게 한다.

⑧ 발효와 숙성 : 미생물학적・효소화학적 및 생화학 반응이 서로 작용하는 과정이며, 온도와 습도를 일정하게 유지해야 한다.

⑨ 포장

⑩ 저장

(8) 치즈제조 과정중 자주 발생하는 문제점

치즈제조 과정중 발생하는 문제들은 치즈의 품질에 영향을 미치게 되어 판매가격에 큰 영향을 미친다. 문제점들은 다음과 같다.

① 대징균에 의한 조기 부풀음

② 후기 부풀음 : Bacteria 함유한 우유, 더러운 외양간, 사료찌꺼기

③ 틈새가 생긴 치즈 : Emmental 치즈에서는 치즈품질 등급에 영향을 미친다. 원인은 조직이 유연하지 못하기 때문이다.

④ 고르지 못한 치즈공 : 원인은 아직 밝혀지지 않았지만 치즈커드 절단과 가열처리과정을 효과적으로 잘 행함으로써 제거될 수 있다.

⑤ 악취 나는 치즈 : 불결한 사료, 비위생적인 물이 원인이다.

(9) 가공치즈의 제조공정

가공치즈(process cheese)는 1종 이상의 자연치즈에 유화염 및 기타 첨가물을 사용하여 가열, 용융, 유화시켜 성형한 치즈이다. 치즈에 용융염 등을 첨가하여 단백질이 녹을 수 있는 형태로 전환시켜 제조한다. 가공치즈의 원료로는 체다치즈를 많이 사용하고 있으나 *Gouda*, *Swiss*, *Limburger*, *Brick*, *Cammembert* 치즈도 쓰인다.

치즈 이외에도 과일・야채・고기・향료 등을 넣기도 한다. 초기에는 불량치즈 재생법으로 이용되었으며, 그 생산량도 얼마 되지 않았으나 살균되고 위생적이며 보존성이 좋다. 품종과 숙성도가 다른 치즈를 배합해서 새로운 풍미와 조직을 가진 새로운 품질의 치즈를 만들 수 있다. 품질이 균일해서 모양과 무게를 자유로이 선정할 수 있고, 버리는 부분이 없어서 이용률이 높고 경제적이다.

가) 가공치즈의 장점

① 살균처리 되어 있어 위생적이며, 보존성이 좋다.
② 기호에 맞추어 풍미와 조직을 일정하게 조절 가능하다.
③ 포장형태를 자유로이 할 수 있어 사용범위가 넓고 이용하기 편리하다.
④ 무게 손실이 적고 건조가 방지되므로 경제적이다.

나) 가공치즈의 단점

① 주로 오래 된 자연치즈를 이용한다.
② 용융염, 미원, 인산염, 색소 등의 식품첨가물이 포함된다.

③ 수입품의 경우에는 방부제가 들어 있는 것이 많다.
④ 열에 의하여 맛이 변화되는 경우가 있다.

다) 가공치즈의 종류

① 내용물의 상태

㉠ Process Cheese
㉡ Process cheese food
㉢ Process cheese spread
㉣ 치즈 조제식품 : 저지방 cheese food 또는 spread와 식물성 유지를 강화한 cheese 조제식품
㉤ 분말 cheese
㉥ Imitation cheese

② 포장형태

㉠ Carton(block type)
㉡ Portion(소포장)
㉢ Stick
㉣ Slice
㉤ Spread

라) 가공치즈의 제조공정

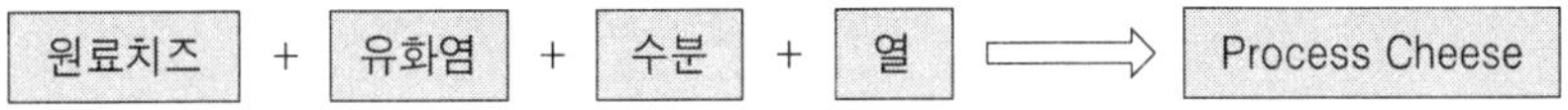

① 원료치즈 선택 : 장기간에 걸쳐서 품질이 일정한 제품을 생산하기 위하여 적어도 4～5종의 롯트(lot)가 다른 종류의 자연치즈를 혼합하여 사용하는 것이 좋다. 양질의 Cheddar, Gouda, Emmenthal 등의 자연치즈가 좋다. 풍미와 조직 등을 고려하여 Old cheese와 Young cheese를 적당히 배합한다.

② 전처리 및 배합 : 이물제거・숙성도・수분・지방질 함량・풍미 등에 따라서 배합 조정한다.

③ 절단과 분쇄 : 전처리가 끝난 원료는 적당한 크기로 잘라 chopper, roller 또는 grinder에 넣어서 분쇄한 다음 로울러 또는 치즈 마쇄기에 의해서 마쇄한다. 유화를 쉽게 하기 위해서 원료치즈를 분쇄한다.

④ 용융염과 기타 첨가물 첨가 : 용융염은 creamy한 조직을 갖게 하는 역할을 하며, Ca과 결합하는 성질이 있다.

⑤ 유화 또는 융해 : 가공치즈의 품질은 이 과정이 가장 중요하다. 이 과정에서 살균역할도 하게 된다. 유화제 및 기타 첨가물은 이 과정에서 첨가한다. 치즈에 사용하는 유기 또는 무기염류는 보통 유화제라고 불리워지고 있으나, 다른 식품에서 말하는 유화제와는 본질적으로 그 목적이 다르므로 융해염이라고 생각한다.

유화제로는 구연산염・인산염 등이 일반적으로 사용되고 있으며, 이 물질들은 칼슘이온들과 결합하는 성질을 갖고 있다. 융해염은 가공치즈 제조상 필수적인 것으로 정인산염, 축합인산염, 구연산나트륨 등을 단독 또는 배합하여 사용한다. 카제인에 결합된 Ca^{2+}를 Na^{+}와 교환시킨다. 융해염은 생산하여야 할 process cheese의 종류, 원료치즈의 종류와 지방질 함량, 원료치즈의 숙성도 원료치즈의 pH와 최종제품에 요구되는 pH, 재생치즈의 사용량, 유화제품의 기종에 따라 선택된다.

⑥ 균질화 : 치즈 spread, 치즈 food와 같이 수분이 많을 때 균질화를 위하여 부드러운 조직과 안정된 보존성을 얻기 위해서이다. 균질화의 압력은 35～70 kg/cm^{2}이다.

⑦ 충진 및 포장 : 유화가 끝나면 치즈믹스의 온도가 50℃ 이하로 내려가서 유동성을 잃기 전에 신속하게 포장하지 않으면 안 된다. 이와 같은 고온에서 신속히 포장해야 되기 때문에 충전과 포장은 자동식 또는 반자동식 충전기를 사용한다.

⑧ 냉각 : 포장이 끝난 제품은 40～50℃로서 변형되기 쉬우므로 즉시 5～10℃의 저장실에서 냉각시키는 것이 좋다. Block type process cheese는 통상 16～20시간 내에 중심온도가 20～24℃가 되도록 냉각한다. Spread type은 급냉하는 데 2～3시간 내에 중심온도가 20～24℃가 되도록 냉각시킨다.

⑨ Process cheese의 결함과 대책 : Process cheese의 결함은 원료치즈, 유화염, 제조조건, 보관방법 등이 부적절한 경우에 발생할 수 있다.

(10) 치즈의 품질 변화

① 치즈의 품질은 사용한 젖산균 스타터의 활력 및 정상발효의 성패에 따라 좌우되며, 위생적으로 잘 저장되지 않으면 각종 부패를 유발한다. 제조중의 변패는 전적으로 젖산균 스타터의 실패 또는 산 생산의 부족 때문에 다른 미생물

이 성장함으로써 일어난다. 살균되지 않은 원유를 사용하였다면 주로 *Enterobacter aerogenes*에 의한 가스생성과 함께 이상 산패가 발생하며, 유당을 발효시키는 효모도 오염량이 문제를 일으킨다.

Clostridium은 살균된 치즈 원료유나 살균되지 않은 원유에서 다 같이 문제를 일으키며, *Bacillus polymyxa* 등도 가스생성과 같은 문제를 일으킬 수 있다. 제조 도중에 *Leuconostoc* 등이 오염되어 성장하면 제조 도중에는 문제성이 보이지 않으나 숙성 중에 문제를 일으키게 된다. 커티지 치즈는 특히 제조 및 저장 중에 부패가 쉽게 일어날 수 있으며, 주로 물 또는 토양에서 오염되는 각종 미생물에 의한 단백질 분해, 가스 생산, 점질물 생산, 이상취 발생 등의 문제가 많이 생긴다.

② 치즈의 숙성 중에는 제조에 사용된 젖산균이 용균되어 유출되는 효소의 작용에 의해서 치즈는 물리적·화학적 변화를 받으면서 숙성되는 것이며, 이 과정 중에 어떠한 이상 미생물이 성장하더라도 치즈의 조직·향취 등 여러 가지 성질에 좋지 못한 영향을 미치게 된다. 숙성 중의 변패는 다음과 같다.

즉, **첫째**, 가스생성이다. 주로 lactate를 이용하는 Clostridium에 의해서 생기지만, 그 외에도 aerobacilli, proionic bacteria, hetero 젖산균 등에 의해서도 생기고, 균종에 따라 그 형태가 다르다. 스위스 치즈에는 정상적으로 가스공이 생기지만 가스공이 너무 많거나 너무 적은 경우에는 결점이 되며, 특히 치즈가 가스에 의해 균열이 생기면 좋지 않다. 이상 미생물에 의해서 가스공이 생길 때에는 일반적으로 변패취가 유발되며, 특히 혐기성 Clostridium의 경우 심하다. **둘째**, 쓴맛의 치즈이다. 산성단백질 분해를 일으키는 colliforms, micorcocci 등의 박테리아가 성장하여 유발시키며, 때로는 드물게 효모에 의해서도 일어난다. 이러한 때에는 yeast 냄새가 난다. **셋째**, 부패이다. 일반적으로 치즈에 산의 생성이 적거나 또는 생성된 산이 젖산을 이용하는 미생물에 의해서 파괴되었을 때 *Clostridium sporogenes*나 *Cl. leutoputrescens* 등이 성장하여 부패시키면서 나쁜 냄새를 낸다. **넷째**, 변색이다. 이는 미생물이 성장하여 숙성 중에 생성된 치즈성분에 또는 첨가된 색소(annato)에 작용하여 일어나는 것이며, 치즈 내의 금속이온과 금속염과 생성된 HS와 작용하여 청색·녹색·흑색 등의 색소가 생성된다. 또는 annato 색소와 생성된 sulfhydryl기와 작용하여 분홍색이 생기기도 하여 치즈에 *Lactobacillus plantarum var. rudensis*가 성장하여 쇄녹락의 균락을 만들기도 하여 여러 가지 변색을 형성할 수 있다.

③ 치즈 완제품의 변패는 완성된 치즈의 수분함량과 많은 관계가 있다. Limburger나 Brie치즈와 같이 수분함량이 많은 연질치즈는 변패가 잘 되고, Cheddar나 Swiss cheese와 같이 수분함량이 적은 경질치즈는 보존성이 높다. 치즈의 변패문제로서 가장 중요한 것은 치즈 표면이나 갈라진 틈에 곰팡이가 성장하는 것이다. 대부분의 치즈 표면은 수분이 건조되어 단단한 껍질을 만들고 있지만 아직도 수분이 상당히 있어 곰팡이가 자랄 수 있다.

곰팡이는 색을 가진 균락으로 자라면서 치즈 표면을 덮으며 이상취를 유발하게 된다. 치즈에 자라나는 곰팡이는 *Oospora*(*Geotrichum*) *lactis*, *O. rubrum*, *Cladosporium gerbaru*, *Penicillium puberulum*, *Monilia niger* 외에도 *Aspergillus*, *Mucor*, *Alternaria*, *Scopulariopsis* 등이 성장하면서 여러 가지 변패를 일으키며, 치즈 표면에 수분이 많을 때는 효모가 자라는 때도 있다. 그리고 Brevibactrium linens는 치즈 숙성에도 이용되지만, 다른 치즈에서는 변패를 일으키는 미생물로 취급된다.

④ 치즈결함에는 곰팡이의 오염, 산화에 의한 변색, 병원균에 의한 식중독, 고미(bitter)의 생성, 가스 발효균에 의한 팽창 등이다. 숙성 초기에는 대장균, 후기에는 낙산균 등이 증식하여 이상풍미를 생성한다. 그 방지책으로 질산염의 첨가, 수분함량의 조절, NaCl의 첨가 또는 NaCl 농도와 염지기간의 조절 등이 있다. Wax, paraffin plastic film로 coating하여 품질을 개선한다.

제 6 장

육류와 육제품

육류는 식품으로서 기호도가 높고 양질의 단백질을 균형 있게 다량으로 함유하고 있어 영양상 중요하다. 소·말·돼지·양 등의 가축과 닭 등의 가금류를 도살·해체하여 얻어지는 먹을 수 있는 부분을 식육(고기)이라 한다. 식육은 단백질을 많이 함유하고, 비타민과 무기질의 공급원이다.

육제품은 식육(우육·돈육·마육·면양육·산양육 등의 축육과 가금육, 가토육의 총칭)을 주원료로 하여 제조 가공한 햄·소시지·베이컨·통조림·포장육 등을 일반적으로 말한다. 육가공 제품에 이용되는 고기는 주로 포유동물과 조류의 근육이다. 우리나라에서는 주로 돈육을 주원료로 하여 생산하고 있지만, 최근에는 가금육(닭고기)과 가토육의 이용도 증가되고 있다.

1. 육류의 특성

1) 식육의 조직

동물조직은 근육조직, 지방조직과 골격조직으로 분류되며, 식육의 대상이 되는 부분은 주로 조직으로 조직 구조상 횡문근과 평활근으로 분류되며, 횡문근은 수의

표 6-1. 근육의 분류

형태상	근육조직	기능상
횡문근	골격근	수의근
	심 근	
평활근	평활근	불수의근

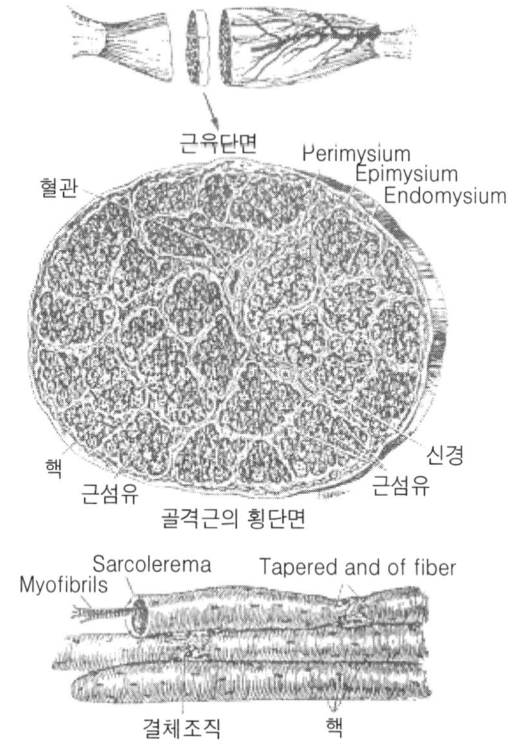

그림 6-1. 골격근섬유의 구조적 특징과 종적구조

근으로 골격근과 심근이 이에 속하고, 불수의근으로 평활근이 있다. 횡문근은 골격에 부착되어 있고, 심근은 심장을 구성하며, 평활근은 소화관·혈관·자관 등이 벽에 분포되어 서로 다른 기능과 구조를 가지고 있다. 그러나 육가공에서는 생체의 20~40% 양을 차지하는 횡문근이 대상이 되고 있다. 횡문근은 에너지원을 저장하고 있어 식품으로서도 중요한 영양분을 가지고 있다. 다수의 근섬유와 소량의 결합조직, 지방세포, 힘줄, 혈관, 신경섬유 등에 의하여 구성된 것이 근조직이다.

(1) 근섬유

한 개의 근세포에 해당하며 근육조직의 대부분을 차지하고 있다. 직경 10~100 μ, 길이 수cm~수10cm 장원통상 세포로서 주위는 근초(sarcolemma)로 얇은 세포막에 싸이며, 그 속에 규칙적으로 횡문이 있는 다수의 근원섬유(myofibril)와 소수의 핵, 내강직(sarcoplasmic reticulum) 등이 근초의 내측과 근원섬유 간에 개재하며, 이들의 간격은 근장(sarcoplasm)이 채워진다.

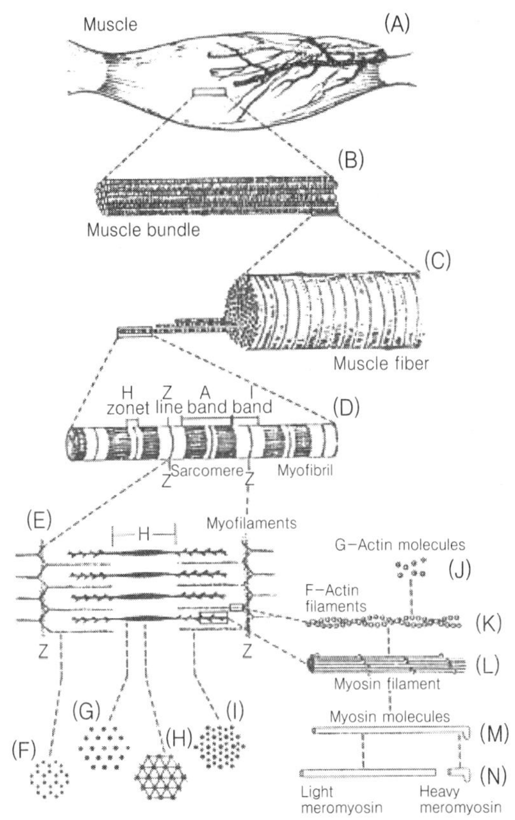

그림 6-2. 골격근의 구조(육안적 구조에서 분자구조까지)

A. 골격근
B. 근속(근섬유의 다발)
C. 근섬유(근원섬유가 모여서 이루어져 있다)
D. 근원섬유(근절과 근절의 여러 대, 선을 볼 수 있다)
E. 근절(근원섬유 내의 초원섬유의 위치를 나타내고 있다)
F-I. 근절내의 여러 위치에 있어서의 횡단면(초원섬유의 배열을 나타낸다)
J. G-액틴분자 K. F- 액틴필라멘트(G-액틴의 중합에 의하여 된다)
L. 마이오신 필라멘트(마이오신 분자의 머리와 필라멘트의 관계를 보여준다)
M. 마이오산 분자(머리부분과 꼬리부분으로 되어 있다)
N. 마이오신 분자의 HMM과 LMM(마이오신 분자의 단백질 분해효소 typsin에 의하여 나눠진다)

(2) 근원섬유

직경이 0.5~2.0 μ 의 세장한 섬유로 주기적인 횡문구조를 가지고 있으며, 근육수축의 주동적인 역할을 한다. 근섬유와 평행한 배열이다. 근섬유는 암대(dark band)인 A대와 명대(light band)인 I대가 규칙적인 주기를 가지고 있어 결과적으로 횡문을 나타내게 된다. I대 중앙에 Z선이 있고, Z～A～I～A까지 한 구절을 근절(sarocomcrc inocommcr)이라 하며, 근육수축의 단위가 된다.

(3) 근초

모든 섬유를 싸고 있는 세포막 혹은 육막으로서 내층·중간층·외층 등 세 층으로 되어 있다. 근초(sarcolemma)는 탄성이 풍부하며 2.2배까지 신장이 가능하며, Na^+, Cl^{2+}, K^+ 등에 대하여 특수한 유연성을 가지고 있다.

(4) 근장

근원섬유 간을 채우고 있는 교질용액으로 단백질·글리코겐·지질 등을 가지고 있어 근원섬유에 운동에너지를 공급하는 중요한 작용을 한다.

2) 식육의 조성과 영양적 가치

일반적으로 식육은 수분·단백질·지방·무기질을 함유하며, 당질은 극소량이 들어 있으나 생리적인 중요한 작용을 한다. 그 성분함량은 품종, 연령, 영양상태 및 근육의 부위에 따라서 차이가 크나, 일반적으로 신선육의 수분, 단백질, 지방 및 무기질의 함량비율은 70 : 20 : 9 : 1 정도이다.

(1) 수분

고기의 수분함량은 70～80%이며, 수분량이 많으면 지방함량은 적다. 또한 수분은 유리상태로 있는 유리수(free water)와 단백질과 결합되어 있는 결합수(bound water)로 구분되어 있다. 고기의 풍미를 위해서는 일정량의 수분이 필요하며, 또한 수분은 식육의 보수성에 따라서 조리시 또는 가공육의 연도(softening)와 수량(recovery mass)에 영향을 미친다.

(2) 단백질

단백질은 식육 중 약 20%가 함유되어 있으며, 그 중에서도 필수아미노산을 균형있게 많이 함유하고 있다. 이는 양과 질적인 면에서 식물성 단백질보다 우수하며, 특히 소화흡수율이 좋고, 또한 식물성 단백질에 결핍되기 쉬운 methione, tryptophan, lysine 등의 아미노산 함량이 많아서 곡류식 생활을 주로 하고 있는 우리에게 있어서 식육은 보강식품으로서도 중요하다. 근육을 구성하고 있는 단백질은 근원섬유 단백질, 근장단백질과 육기질 단백질로 구성되어 있다.

가) 근원조직 단백질

전체 근육단백질의 50%를 차지하며 근육수축에 관계한다. 이 단백질에는 A-filament를 구성하고 있는 마이오신(myosin)과 I-filament를 구성하고 있는 액틴(actin)이 있다. 마이오신은 근원섬유 A-band에서 myosin-filament를 구성하고 있으며, actin과 결합하여 actomyosin이 되어 근육의 수축작용을 하게 된다. 액틴은 구상 액틴(G-actin, globular actin)과 섬유상 액틴(F-actin fibrous actin)이 있다. G-actin은 중합 연결되어 F-actin으로 된다. 섬유상 액틴은 I-band의 thin-filament이며, myosin과 결합하여 actomyosin을 형성한다.

나) 근장단백질

근장 중에 녹아 있는 단백질로 여러 가지 효소와 색소단백질도 가지고 있다. 색소단백질의 함량은 근육의 색을 결성한다.

다) 육기질 단백질

육기질(stroma)이란 근육을 마쇄하여 중성염 용액으로 추출한 후의 잔사물을 말한다. 육기질 단백질은 근육단백질의 10%를 차지하며 근초, 모세혈관벽과 결합조직인 콜라겐(collagen), 엘라스틴(elastin)과 리티큘린(reticulin) 등의 단백질이 포함되며, 근육조직의 결합과 지대작용을 한다. 콜라겐은 물을 가해 가열하면 젤라틴(gelatin)으로 된다. 엘라스틴은 탄성섬유를 구성하며, 레티큘린은 근육세포의 주위와 모세혈관벽에 함유되어 있다.

(3) 지방질

지방은 성분 중 가장 변동이 크며, 수분량과는 상반관계에 있다. 또한 품질이나 부위에 따라 차이가 있으나 일반적으로 5～40% 범위 내에 있다. 근육 사이, 피하, 신장주위 등에 존재하는 축적지방과 근육과 장기의 세포와 조직에 들어 있는 조직지방 등의 지방함량과 성질은 동물의 연령, 종류, 영양상태 및 사료 등에 따라 차이가 있다. 동물이 비육되면 콩팥, 내장 주위와 피하, 근간 등에 지방이 축적되어 지방조직을 형성한다.

소와 양에 있어서의 지방성분은 돼지의 지방보다 stearic acid가 많고 linoleic acid가 적어 융점이 높고, 굳은 상태이다. 돼지기름의 주성분은 oleic acid, linolenic acid 등 불포화지방산이다. 닭고기의 지방은 oleic acid, linolenic acid와 palmitic acid 등이 많이 들어 있어서 불포화도가 높고 연질이다. 동물의 지방성분의 융점은 이와 같이 구성지방산의 종류와 양에 따라서 다르다.

(4) 당질

근육 중에 존재하는 당질은 0.5~1% 정도 생육 중에 함유하며, 주로 글리코겐의 형태로 되어 있다. 글리코겐은 육류의 조직 중간에 많이 함유되어 있으며, 영양적으로 별로 중요하지 않으나 육질에 영향을 주므로 그 함량에 따라 맛이 좌우된다. 글리코겐의 함량이 많으면 고기맛이 좋기 때문에 가공 시 소량 첨가되기도 한다.

(5) 비타민 및 무기질

식육 중에는 회분이 1% 정도 존재하며 중요한 것은 K, Na, Mg, Zn, Ca, Fe, Cl, S, P 등 무기성분의 공급원이다. K, P와 S 등은 많고, Ca는 적게 함유되어 있다. 비타민 A, D 등 지용성 비타민은 소량 들어 있고, 수용성 비타민 중 비타민 C는 없는 편이나 비타민 B군은 많이 함유되어 있다. 일반적으로 간은 철분과 비타민이 비교적 많이 함유되어 있으며, 돼지고기에는 비타민 B_1이 많이 포함되어 있다.

근육의 마쇄물을 뜨거운 물로 추출하여 용출되는 성분을 고기추출물라 하며, 전체 고형분의 약 2% 전후이다. 이 중 creatin은 0.1~0.5% 정도 함유되어 있으며 ATP, ADT, AMP, guaniolin, glutathion과 유리 아미노산 등 비단백태 질소화합물과 glycogen, 젖산, 호박산, 프로피온산 등의 무질소유기물이 들어 있다. 비단백태 질소화합물은 고기의 정미성분으로 알려져 있다.

3) 육류의 부패와 부패육 측정법

우수한 품질의 식육을 얻기 위해서는 원료선택 후 도살해체와 수육과정 등 모든 처리과정이 위생적이어야 하며, 또 유통과정을 거쳐 소비될 때까지 위생적으로 안전하게 취급되어야 한다. 육류 부패의 주원인은 자기소화작용과 세균의 오염으로 인해서 발생되고, 저장조건에 따라 균의 번식이 촉진되기도 하며, 또 방혈이 불량한 경우와 병든 동물로부터 생산된 고기는 부패가 빨리 온다. 육류에서 부패가 일어나면 고기의 색깔이 변하고 향미도 변해서 알칼리성의 맛을 주며, 자극성의 악취도 나타나게 된다.

육류의 단백질분해는 주로 효소에 의한 자기소화로 peptide나 pepton을 거쳐 아미노산(amino acids)으로 분해된다. 오염된 세균의 증식과정에서 분비된 효소에 의해 분해는 더욱 촉진되어 아미노산으로 분해가 일어난다. 아미노산 분해는 세균에 의해서 주로 일어나며, NH_2, NH_3, H_2S, CH_4, H_2, indole과 skatole로 분해되어 악취가 난다. 외관상의 변화는 육색이 변색되어 광택을 잃고 어두운 색을 띠게 된다. 조직은 탄력이 없어져 손으로 눌렀을 때 자국을 남기게 되며, 가압에 의하여 가스를 방출하기도 한다.

(1) 부패육 측정법

암모니아태 질소정량, 아미노태 질소정량, pH 측정, 지방의 산가 측정, methylene blue 환원력 시험법, 미생물 균수 측정법 또는 indole, phenol이나 유화수소(H_2S) 측정법 등이 있다.

2. 식육의 사후변화

동물은 죽은 후에는 호흡정지로 산소 공급이 없어 산소를 필요로 하는 생화학 반응은 정지되나 혐기성인 반응은 진행되며, 근육에 있어서도 생존시 근육과는 다른 변화를 일으킨다. 골격근은 도살 후 일정기간이 지나게 되면 굳어지는 사후강직(rigor mortis) 현상이 나타난다. 이 때 고기는 가열조리 하여도 굳고 질기며, 보수력도 없어서 가열손실도 크며, 풍미도 없어 조리용은 물론 가공용으로도 부적합하다.

이 강직 중의 고기를 계속 저장하여 시간이 지나면 해직에 이어 자기소화를 일으켜 고기는 연해지고 보수력도 증대되며, 다즙성도 있어 전반적인 풍미가 향상된다. 따라서 고기이용은 사후강직이 해제될 때까지 저장했다가 쓰는 것이 보통이며, 자기소화 될 때까지의 저장과정을 고기의 **숙성**(aging)이라고 한다.

1) 사후강직

(1) 사후강직

근육 pH의 저하에 따라 지속적인 근육의 수축으로 신전성이 없이 굳어지는 상태를 사후강직이라고 한다. 이 현상은 근섬유단백질인 actin과 myosin 근섬유 간에 불가역적이고 영구적인 상호결합이 형성되기 때문이다. 사후강직과 근육 내 에너지 대사와는 밀접한 관계를 가진다. 근육 속의 글리코겐 반응을 받아 ATP 합성에 이용된다. 또한 산소공급이 충분치 못할 때 근육 중의 글리코겐은 pyvuric acid를 거쳐 lactic acid로 된다. 이 젖산은 혈액에 의해 간으로 운반되어 포도당과 글리코겐

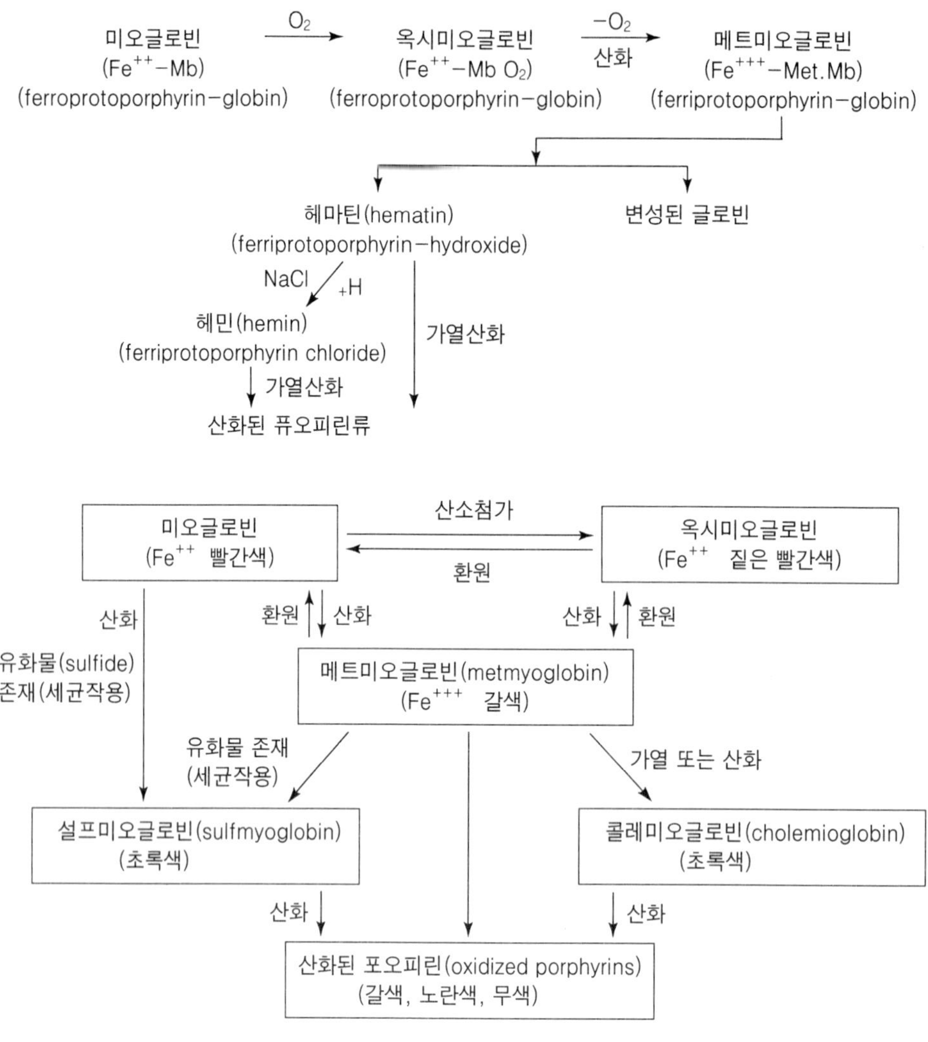

그림 6-3. 육류의 색소변화

의 재합성에 이용된다. 혐기성 조건인 경우 ATP 합성은 호기성 조건보다 비효율적으로 이용된다. 가축을 도살한 후 근육 내에서 일어나는 대사는 혈액과 산소공급의 중단으로 creatinine phosphate와 혐기성 대사에 의해 글리코겐으로부터 APT 합성이 이루어진다.

생성된 ATP는 수축된 근육을 이완시켜 주며, APT가 존재하는 동안은 근섬유 간의 상호결합이 가역적이고 이완된 상태로 유지될 수 있어 근육이 유연하고 신선성이 좋은 상태에 있게 되는데, 이것은 강직이 일어나기 전의 상태이다. 시간이 지나서 creatinine과 glycogen이 고갈되면 ATP 수준이 떨어져 근섬유 간에 불가역인 acetomyosin 결합상태가 형성되기 시작하여 유연성과 신전성이 저하하여 강직이 일어나게 된다. Creatinine과 glycogen이 없어지고 pH가 최종 pH에 도달되면 actin과 myosin 간의 불가역적 상호결합은 더욱 많아지고, 신전성도 떨어져 굳어지는데 이것은 강직이 완전히 일어난 상태이다. 한편, 근육 속의 글리코겐은 산소공급 부족시에 작용을 받아 젖산으로 되면 pH 저하가 일어나고, 이 낮은 pH(5.4)에 의해 해당계 효소의 활성이 없어져 해당작용이 정지되고, 젖산생성도 없어져 더 이상 pH가 저해되지 않아 극한산성에 도달되어 근육은 최대강직을 나타내게 된다.

사후강직의 속도는 가축의 종류, 연령, 영양상태, 도살 전의 흥분상태, 피로나 도살 후 처리에 따라 크게 변할 수 있는데, 가축별 강직이 일어나는 시간을 보면 쇠고기와 양고기의 경우는 사후 4~12시간, 돼지고기는 3~15시간 정도이며, 닭고기는 5분~1시간에 이르는 등 많은 차이가 있다.

(2) 강직의 해제

사후강직이 된 근육이 시간이 경과함에 따라 차츰 장력이 떨어지고 유연해지는 현상을 강직의 해제 또는 변성이라고 한다. 강직해제는 강직 중에 형성된 acto-mysin의 결합상태가 사후 근육 내의 pH 변화나 이온조성 변화에 의해 점차 약화되고, 근육의 장력이 감소되어 연화효과를 가져오게 된다. 또 한편 근육 내에 존재하는 단백분해효소인 cathepsin 등에 의한 자기소화의 결과로 근섬유단백질 및 결체조직이 일부 분해가 되어 강직이 해체되기도 한다.

가) 고기의 숙성

고기의 숙성기간은 품종, 근육 종류, 숙성온도에 따라 차이가 있으나, 일반적으로 쇠고기와 양고기는 4℃에서 7~14일, 16~18℃에서는 2일 정도 걸리며, 돼지고기는 24시간, 닭고기는 8~16시간이면 충분하다. 그런 숙성기간이 지나치게 길면 근육 중의 미생물로 인해 단백질분해가 일어나 풍미저하를 가져오거나 pH가 증가하는 부패단계까지 이르게 되므로 식품에 부적당하게 된다.

나) 도살 전처리의 영향

질이 좋은 고기를 얻기 위해서 도살 전처리가 필요하다. 동물의 생산지나 가축시장에서 도축장으로 운송되어온 동물은 피로상태에 있고, 때로는 불안과 흥분상태에 있으므로 휴식을 시켜 안정하도록 해야 한다. 이 휴식기간에는 물을 자유로이 먹을 수 있게 하며, 음료는 주지 않고 절식시키는 것이 보통이다. 도살 전에 먹는 음료는 도살 시까지는 소화 · 흡수되지 못하기 때문에 도살 후 산육량도 증가시키지 못하고 경제적인 손실과 관리비용만 들 뿐이다. 그러나 24시간 이상의 절식은 조직 감량으로 산육량을 저하시킨다. 또한 휴식 동안에 급수를 하는 이유는 방혈을 쉽고 안전하게 함으로써 육색도 좋고 저장성을 저하시킨다.

다) 고기의 색소

고기의 색소는 종류와 부위에 따라 차이가 있으나 신선한 고기는 선명한 적색 내지는 담홍색이다. 이 고기색의 성분은 myoglobin인 육색소와 hemoglobin인 혈색소의 색소단백질이다. 그러나 도살 후의 방혈에 의해 hemoglobin은 제거되고 극소량만 남게 되므로 고기의 색은 주로 myoglobin의 함량(80～90%)과 그 변화 상태에 따라 좌우된다.

Myoglobin은 단백질 부분인 globin과 비단백질 부분인 철분(Fe)을 가진 색소, heme이 결합된 색소단백질이다. Myoglobin은 암자색을 나타내고 있으나 공기중의 산소(O_2)와 접촉하게 되면 oxymyoglobin이 되어 선명한 자색～담적색을 나타내게 된다. 이 oxymyoglobin이 산화가 진행됨에 따라 metmyoglobin이 되어 갈색 내지는 회백색을 나타내게 된다.

소비자가 원하는 선명한 붉은색을 띠는 산화육색소(oxymyoglobin)의 형성은 환원육색소(reduced meat : 신선육 내부의 색소는 둔한 적자색인데, 이것은 공기중의 cytochrome 효소에 의해 산소가 부족상태에 있으므로 육색소는 환원된 상태도 있으며, 물 한 분자와 결합되어 있다)가 공기와 접촉하게 되면 일어나는데, 산소의 공급이 충분하고 고기표면이 건조되지 않는 한 오랜 기간 지속된다. Myoglobin 중의 heme 색소에 들어 있는 2가 철분(Fe^{2+}, 암적색)에 공기중의 산소가 쉽게 결합하여 밝은 적색을 가진 oxymyoglobin으로 변하는데, 이 때의 철분은 변화가 없이 그대로 있다. 이 변화를 산소화(oxygenation)라 한다. 그러나 고기를 장시간 공기중에 놓아두면 2가의 Fe이 3가의 Fe로 산화되어 갈색의 metmyoglobin으로 되어 고기는 갈색을 띠게 된다. 고기를 가열하면 globin이 열변성을 일으키고, heme이 산화되어 hematin으로 되어 갈색 또는 회백색으로 변색된다.

Metmyoglobin이 형성되는 것은 고기를 오래 저장하거나 고온방치에 의해 고기표면이 건조하게 되면 염류농도가 높아지기 때문이며, 한번 형성되면 특별처리를 하지 않는 한 오래 지속되기 때문에 좋지 않으며, 특히 소비자들이 좋아하지 않으므로 유통판매에서 중요한 문제가 되어 있다. 따라서 고기의 색을 oxymyoglobin 상태로 유지하기 위해서는 산소의 투과성이 좋고, 수분 투과성이 낮은 투명한 필름(예 : cellophane, PVC)으로 포장하거나 근육 pH를 5.5 정도로 하여 0℃에 가까운 온도로 냉장하여 주는 것이 좋다. 신선한 고기는 알맞은 포장재료를 사용하여 포장하고, 위생적이고 적절한 조건에서 저장하고, 취급 판매상태에 따라서 보통 3일 정도는 좋은 육색을 유지할 수 있다.

3. 원료육의 생산과 처리

원료육으로 사용되고 있는 원료육의 종류로는 대부분이 돼지고기이고 쇠고기, 양고기, 토끼고기와 닭고기의 일부가 사용되거나 그 사용 가능성이 검토되고 있다. 원료육의 생산 시 중요한 것은 원료가축의 선정이며, 이 때 주의할 사항은 건강상태, 연령, 성별, 급여사료와 비육상태 등이다. 가공에 쓰이는 원료가축은 건강한 상태에 있어야 하며, 질병에 있어 위생상 문제가 되어서는 안 되며, 공중위생상 문제가 되지 않더라고 생산된 원료육의 육질에 나쁜 영향을 미치고, 저장성도 없기 때문에 원료가축은 건강하지 않으면 안 된다. 이와 같이 위생적으로 안전한 고기를 생산하기 위하여 식육생산 전 도살검사를 하여야 하며, 모든 식육은 도축 검사관의 검사를 받아 생산되고 있다.

도축검사는 건강한지 그렇지 못한지를 확인하는 생체검사와 도살 후 도축생산물이 인체에 위생적 위해를 미치는가를 확인하는 도체검사와 장기검사가 있다. 생체검사는 보통 도살 후 2시간 이내에 도축장에 마련된 생체검사장에서 시행한다.

1) 도 살

도살은 방혈에 의하여 동물을 사망케 하는 것을 말하며, 도살 시에는 동물에 주는 고통을 최소한 줄이고 방혈이 충분히 되도록 하는 것이 필요하다. 도살을 함으로써 이용가치가 높은 식품을 얻고, 기타 생산물을 얻을 수 있는 것이다. 도살에는 여러 가지 방법이 있으나 소형동물(닭・토끼)인 경우는 목이나 동맥을 절단하여 방혈시키며, 대형동물인 경우는 가사상태로 만든 다음 안전하게 방혈 치사시키는 것이 보통이다.

도살방법에는 일반적으로 타액방혈법, 총살법, 전살법과 CO_2법 등이 있으나, 현재 널리 쓰이고 있는 것은 주로 타액방혈법이다.

2) 도 체

도살방법으로 처리된 도살체는 방혈을 충분히 하게 한 후 분할한다. 즉, 소의 경우는 다리・배 등의 순서로 박피를 하고, 지단과 두부는 절단・분해한 후 복벽을 절개하고 육장을 적출한다. 돼지인 경우는 보통 60～63℃ 정도의 물에 5분 정도 담근 후 탈모기로 털을 뽑고 내장을 적출한다. 내장의 적출이 끝나고 머리와 다리 끝을 잘라낸 나머지 도체(carcass)는 지육이라고 하는데, 보통 등뼈를 따라 반으로 나눠 반도체로 만든다. 이 지육은 냉수로 씻어 혈액 등을 없애고 청결히 하여 해체 작업을 끝낸다. 이 상태의 반도체는 아직도 30℃ 이상의 온도를 가지고 있으므로 실온 부근으로 방냉시킨 다음 0℃ 정도의 저온의 냉장실에 24～48시간 정도 저장하면 도체 중심부의 온도가 2～3℃로 된다. 이것은 다시 부분육으로 절단되거나 골발 및 분해처리를 하여 정육으로서 판매된다.

3) 고기의 연화

고기의 연화(tenderization)는 주로 쇠고기에서 필요하며, 그 방법은 기계적인 방법과 화학적인 방법이 있다. 기계적 방법에는 식육연화기의 날카로운 날이 많이 달린 한 쌍의 롤러에 의한 연화방법으로 고기조직의 일부 파괴 혹은 신장에 의해 연도를 증진한다. 화학적인 방법으로는 고온열성법, 효소처리법과 절임법 등이 있다.

(1) 고온열성법

18～20℃의 높은 온도에서 24～48시간 내에 숙성을 완료함으로써 숙성시간을 단축시키고, 근육조직의 연도를 증진시킨다. 숙성(aging)은 인공적으로 자기소화를 진행시키는 것을 말하며, 이 과정을 통해서 단백질이 분해되어 아미노산 등의 가용성 단백질이 생산되고, 따라서 풍미의 증진과 더불어 다즙성도 향상된다.

(2) 효소처리법

효소처리법에 이용되는 연화제로는 열대지방에서 자라는 귤감류식 물에서 추출한 단백질 분해효소가 쓰이고 있다. 파파야 열매나 잎에 들어 있는 파파인(papain), 파인애플에 들어 있는 브로멜린(bromelin), 또는 무화과(figs)에서 얻은 휘신(ficin)과 fungal proteolytic enzyme 등의 단백질 분해효소의 혈관 내 주입 또는 표면살포에 의해 고기의 연도를 증진시킨다.

(3) 절임법

절임법으로는 식초나 레몬즙과 조미료를 첨가해서 절임으로 인해 결체섬유 간의 수소결합을 파괴하고, 결체조직의 팽창으로 연도를 증진한다.

4) 고기의 저장법

생산된 고기는 직접 소비되거나 가공원료로서 사용되는데, 소비될 때까지 저장이 필요하다. 저장 중에 일어날 수 있는 건조에 의한 중량 감소 외에 미생물에 의한 부패와 물리화학적 작용에 의한 품질저하를 막고, 저장기간을 효과적으로 연장시키기 위해 적당한 처리를 하여 보존하여야 한다. 일반적인 보존방법으로는 냉장법과 냉동법이 있다.

(1) 냉장법

냉장법(cold storage)은 고기의 온도를 5℃ 이하로 냉각하여 0～3℃의 온도로 유지된 냉장실에서 저장하는 것을 말한다. 도살 직후 육온은 30～39℃이므로 가급적 빨리 5℃ 이하로 냉각시켜야 한다. 냉각속도는 도체의 크기, 피하지방의 두께, 비열, 냉각방법 등에 따라 좌우되는데, 보통 24～48시간 예비냉각을 거쳐 냉장하는 것이 바람직하다.

예냉시 수분증발에 의한 지나친 감량을 방지하기 위하여 상대습도를 85～95%로 유지함이 좋으며, 과다한 적재를 피하여 도체 간에 충분한 간격을 두어 냉동속도를 증가시키면 시간을 단축할 수 있다.

(2) 냉동법

냉동법(freeze storage)은 고기의 신선도를 유지하고, 기호적 특성의 변화가 적고 영양가치를 파괴시키지 않으며, 안전하게 장기간 저장할 수 있기 때문에 고기저장을 위한 가장 좋은 방법으로 알려져 있다. 그러나 냉동저장 중에도 어름결정이 형성되어 근육조직의 손상과 육색의 변화, 탈수, 산패, 단백질의 변성 등 생리화학적인 변화가 일어날 수 있다. 따라서 이러한 변화를 방지하기 위하여 냉동방법의 선택, 냉동속도, 냉동저장 조건과 해동방법을 적절히 하여야 할 필요가 있다.

냉동방법으로는 냉장고 또는 냉동고의 정치공기에 의한 공기냉각법, -10～-30℃의 금속판과 접촉시켜 냉동시키는 접촉식 냉동법, 고기를 포장하여 냉매인 소금물, 글리세롤 등의 찬 용액에 침지하거나 분무하는 부동액침지 혹은 분무법과 -30～-40℃의 찬 공기를 강제 순환시켜 냉동시키는 송풍냉동법이 있다.

냉동속도는 그림 6-4와 같이 급속냉동이 완만냉동보다 품질저하가 적다. 냉동속도가 빠를수록 미세한 빙결정이 근육세포 안팎으로 골고루 많이 형성된다. 따라서 근육세포 내의 수분 이동이 없이 결정화하기 때문에 부피변화가 적고, 근육세포의 파괴가 적어 해동 시 수분 유출이 적다.

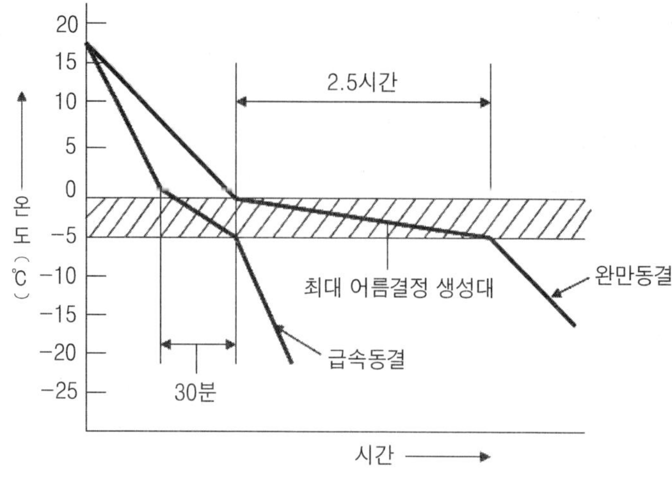

그림 6-4. 급속동결과 완만동결

또한 수분 중에 녹아 있는 염류가 미세한 얼음결정 속에 보제되므로 부분적인 농축효과가 적고, 따라서 단백질 변성이나 조직탄력성의 저하가 적게 일어난다. 반면 냉동속도가 느리면 소수의 커다란 빙결정이 근육세포 밖에 형성되어 부피증가가 일어나고, 조직이 파괴되며, 해동 시 분리육즙이 많게 된다. 또한 세포 내의 수분이동에 의한 염류의 농축효과로 단백질 변성과 조직탄력성의 저하가 크게 된다.

가) 해동법

냉동육은 해동해야 이용이 가능하며, 해동과정은 장시간 진행되므로 미생물의 번식이나 기타 물리화학적 변화가 일어날 수 있다. 해동 시에는 근육조직 중의 빙결정체가 녹아서 바로 조직 중에 흡수되어야 동결 전의 신선한 상태로 될 수 있는데, 흡수되지 못하고 'drip'으로서 유실되면 중량 감소를 일으키고 정미성분도 유실된다. 따라서 해동은 저온에서 적절히 진행시켜야 고기의 품질을 유지할 수 있다.

해동방법은 동결육의 분리 수분량을 적게 하기 위하여 6~8℃, 상대습도 90~95%의 해동실에서 서서히 해동시키는 공기순환 해동, 폴리에틸렌 포장지에 싼 채로 빙수나 냉수에 침수해동과 고주파를 이용하는 방법 등이 있다. 해동된 고기는 신선육과 같이 취급하여 냉장하여야 하며, 가능하면 빨리 조리하여 급식하여야 한다.

냉동과 해동이 반복될수록 품질이 저하되므로 해동된 고기는 가급적 다시 동결시키지 말고 소비하여야 한다.

4. 육류가공 식품의 일반적 제조공정

육제품은 사용원료와 제조방법에 따라 종류가 많으나 주요한 가공품으로는 햄, 베이컨, 소세이지, 통조림류와 건조육 등이 있다. 햄과 베이컨류는 돼지고기, 소시지는 돼지·소·양·닭고기의 특성을 이용하여 제조한 것으로서 사용원료나 제법이 다르며 그 종류도 다양하다.

1) 도체의 절단과 정형

돼지의 경우 도체를 두 쪽으로 절단한 반도체를 식혀서 가공대 위에 놓고 머리를 절단하여 떼어낸 다음 어깨부분을 떼어내고, 몸통과 햄부분으로 분리한다. 어깨와 몸통은 다시 위아래로, 몸통은 햄과 베이컨용으로 절단한다. 이들 각 부분육은 가공 목적에 따라 피와 지방층은 벗겨내고 정형한다. 몸통에서 베이컨 부분을 잘라낸 것에서 등뼈와 기름을 떼어낸 나머지 부분을 로인(loin)이라 하며 락스햄 제조에 사용한다. 잔육은 지방이 많은 것과 없는 것 등으로 분류하여 소시지나 프레스햄 제조에 사용한다.

부분육 중에서 햄 제조용은 내부에 남아 있는 피를 뺀다. 피 빼기는 원료고기에 간액을 바르고, 그 위에 돌을 얹어 놓아 압력을 가해 낮은 온도에서 2~3일 정도 놓아두면 피를 제거할 수 있다.

2) 염 지

염지(curing)를 하는 목적은 고기의 방부성을 높이고, 가열처리 등에 의해서도 수분이 용출되어 제품이 굳어지지 않게 하는 성질인 보수성과 소시지 제조에서 세절 및 혼화된 고기가 가열에 의해 탄력 있는 덩이를 형성하는 결착성의 증진과 고기 특유의 발색과 풍미를 갖게 하여 육제품의 품질을 높이는 데 있다.

염지방법에는 건염법(dry curing)과 습염법(wet curing)이 있는데, 건염법은 혼합조제한 염지제를 직접 고기의 표면에 바르고 문질러서 고기의 수분에 의해 용해되어 조직 속에 침투되게 하는 것이며, 프레스햄이나 소시지 제조에 쓰이고 있다. 습염법은 염지제를 물에 녹여 피클액으로 만들어 여기에 고기를 담가 염지하는 방법으로 pickling이나 tank-curing이라고도 하며, 햄과 베이컨제조에 이용되고 있다. 피클액에 사용되는 염지제는 물에 소금, 초산염, 설탕과 여러 가지 향신료를 녹여서 만든다. 그 외에 주사법, tumbling 또는 massaging법이 있다.

3) 충 전

배합된 원료육을 제품과 크기의 종류에 따라 casing에 넣는 공정으로 충전기(stuffer)를 이용한다. 충전기는 제품에 따라 다르며, 로인햄이나 본레스햄은 loin filler 및 press tie기를 이용하며, 프레스 햄류는 진공 stuffer를, 비엔나소시지와 후랑크푸르트소시지는 frank-a-matic이나 auto winker 기계를, 천연장을 이용할 때는 winker나 진공 stuffer를, 어육혼합소시지 또는 불통기성 film을 사용할 때는 자동충전 결찰기를 이용한다.

4) 훈 연

충전된 육을 훈연기에 넣고 연기 및 스팀으로 살균하는 공정을 말한다. 훈연의 목적은 훈연재를 태울 때 발생하는 연기성분을 제품에 침투시켜 보존성을 향상시키며, 연기성분에 의하여 훈연제품 특유의 색과 풍미를 증진시키고, 육색의 고정이 촉진되며, 지방의 산화를 방지 및 저장성을 향상시키는 데 있다.

훈연에 사용되는 나무는 수지의 함량이 적어 향기가 좋으며, 방부성 물질의 발생량이 많은 참나무 · 밤나무 · 도토리나무 등 여러 종류의 굳은 질 나무가 쓰이며, 옥수수 속이나 왕겨 등도 사용되고 있다.

연기성분으로 중요한 것은 페놀류, 알코올류와 유기산 등이 있다. 페놀류는 제품의 지방산화를 방지하는 항산화성이 있는 방육성 물질로 중요하며, 독특한 훈향을 주기도 한다. Methyl alcohol은 제품의 발색을 촉진하며, 풍미와 향기를 부여한다. 훈연방법으로는 훈연온도에 따라 냉훈법, 온훈법과 열훈법 등이 있다.

① 냉훈법 : 낮은 온도인 10～30℃ 정도에서 3～5일간 훈연하며, 주로 regular ham, bacon과 건조소시지에 쓰이며, 저온으로 장시간 훈연하므로 중량 감소가 크고, 노력도 많이 소모되나 저장성이 있는 장점이 있다.

② 온훈법 : 보통 30～50℃에서 12～24시간부터 1～3일 정도 훈연하며, boiled ham이나 roseham 등에 쓰인다. 보존성이 적으나 독특한 풍미를 준다.

③ 열훈법 : 60～65℃의 온도에서 3～6시간 처리하며, 일반 햄은 6～10시간, 베이컨은 4～6시간 걸린다.

5) 세절 및 혼합

햄과 베이컨 제조에는 이 과정이 필요 없으나 소시지 제조에서는 그 과정이 품질을 좌우하는 중요한 공정이며, 품질과 형태도 다양하게 제조할 수 있다. 이 과정에서는 원료를 미세하게 절단하는 세절작용과 세절된 원료육에 향신료와 조미료 등의 첨가물을 균일하게 혼합·동합하는 혼합작용의 두 가지 작용을 하게 된다. 세절에 사용되는 기계는 만육기(meat grinder)로 사용되며, 혼합과정은 원료육을 미세하게 세절하고 점착성을 갖게 하고, 기타 다른 원료를 첨가하여 혼합처리하는 과정이다.

6) 가 열

육제품의 가열목적은 고기를 결착 응고시켜 제품형태를 고정하고, 고기 특유의 맛을 주며, 발색된 염지육색을 고정시킨다. 또한 가열함으로써 바로 식용할 수 있는 ready to eat형 등의 간편식품으로 만들 수 있다. 이 가열공정은 고기 중의 단백질이 열 응고가 발생하는 온도의 범위에서 가능한 낮은 온도에서 짧은 시간에 처리하는 것이 좋다.

보통 고기의 중심온도가 63℃가 된 후 약 30분 동안 가열처리를 하는데, 보통의 병원균들은 이 열처리로 사멸이 된다. 그러나 너무 높은 온도에서는 제품의 모양이 불량해지고, 소제지 등은 파열이 되기도 한다. 따라서 고온처리하면 보존성이 좋고 안전하지만 제품의 품질에 영향을 주므로 보통 70～80℃의 온도로 가열처리를 하게 된다.

5. 육류 가공품

1) 육가공 식품 재료의 종류

(1) 원료육

식육 가공의 기본원료는 돈육과 우육이며, 기타 법적으로 인정되고 있는 원료는 마톤(면양육), 산양육, 마육, 가토육, 가금육, 어육, 고래육 등이다.

(2) 부원료

결착재료로 전분·소맥분·식물성 단백(분리대두단백과 소맥단백)·난백·유단백(카제인) 등이다.

(3) 향신료

White pepper, black pepper, ginger, cinnamon, laurel, allspice, clove, mace, nutmeg, paprika, caraway, celery, cardamon, marjoram, sage, garlic, onion 등

(4) 식품첨가물

① 발색제 : 아초산 나트륨, 초산 칼륨

② 합성 착색료 : 식용(적색 3호, 황색 5호)

③ 합성 보존료 : 솔빈산, 솔빈산 칼륨

④ 산화 방지제 : 에리솔빈산 나트륨

⑤ 항산화제 : L-아스콜빈산, L-아스콜빈산 나트륨

⑥ pH 조정제 : 구연산, 글루코노델타락톤, 훼놀산

⑦ 결착보강제 : 포리인산 나트륨, 피로인산 나트륨, 메타인산 나트륨, 산성 피로인산 나트륨

⑧ 유화안정제 : 카제인 나트륨, 분리대두단백

⑨ 조미료 : 식염, 설탕, L-글루타민산 나트륨, 5′-이노신산 나트륨 등

(5) 케이싱

육제품을 제조할 때 제품으로 사용할 육(肉)을 충전하는 단계에서 내포장재이다.

① 천연 케이싱 : 돼지, 소, 양의 창자를 사용한다. 보존기간이 짧으나 외관이 좋다. 그대로 먹을 수 있고, 통기성이 있어 훈연에 유리하다.

② 가공천연 케이싱 : 표피부위, 내장 등을 가공하여 사용한다. 천연 케이싱보다 강도가 높고, 일정규격의 제품 생산이 가능하다.

③ 인조 케이싱 : Cellulose는 투과성이 있어 훈연에 유리하지만 보존기간이 짧다. Plastic film이나 가열시 수축되는 것을 사용한다.

2) 육가공 식품의 분류

햄, 소시지 및 베이컨은 육가공 제품의 대표적인 것으로 다음과 같이 분류가 된다.

(1) 햄(ham)과 베이컨의 제조공정

돼지의 지육을 절단하여 골발정형 등 처리하여 대퇴부를 가공한 것이 햄이고, 복부육을 가공한 것이 베이컨이다. 햄에는 뼈가 붙어 있는 골부햄(regular ham)과 뼈를 발라낸 뼈뺀 햄, 로인햄과 숄다햄 등이 있다. 우리나라에서 생산되는 햄은 주로 press ham이며, 이것은 일반적인 햄과 같이 대형육을 쓰지 않고 20～50 g 정도의

소형육을 원료로 만든 제품이다. 일반 햄과 소제지의 중간 정도의 성질을 갖는 제품이라 할 수 있으며, 소형 육편을 염지하고 결착시켜 일정한 성형기에 다져놓고 가열함으로써 제조된다.

① 본인햄(bone in ham 또는 regular ham) : 돈육의 햄 부위를 껍질과 뼈가 있는 그대로 또는 껍질을 제거하여 가공한 것으로서 long cut ham과 short cut ham이 있다.

② 본레스햄(boneless ham) : 돈육의 햄 부위에서 뼈 및 껍질을 제거하여 가공한 것

③ 로인햄(loin ham) : 돈육의 등심부위를 가공한 것

④ 숄더햄(shoulder ham) : 돈육의 어깨부위를 가공한 것

⑤ 안심햄(tenderloin ham) : 돈육의 안심부위를 가공한 것을 말한다.

⑥ 프레스햄(pressed ham) : 식육의 육괴를 염지한 것 또는 이에 결착제, 조미료 및 향신료 등을 첨가한 후 훈연하거나 열처리한 것이다. 햄과 소시지를 혼합한 형태이다.

⑦ 혼합햄 : 프레스햄과 제법은 동일하지만 수분 75% 이하, 조지방 35% 이하로서 육 함량이 75% 이상, 전분은 8% 이하이다.

가) 프레스햄의 제조공정

프레스햄의 제조공정을 요약하면 다음과 같다.

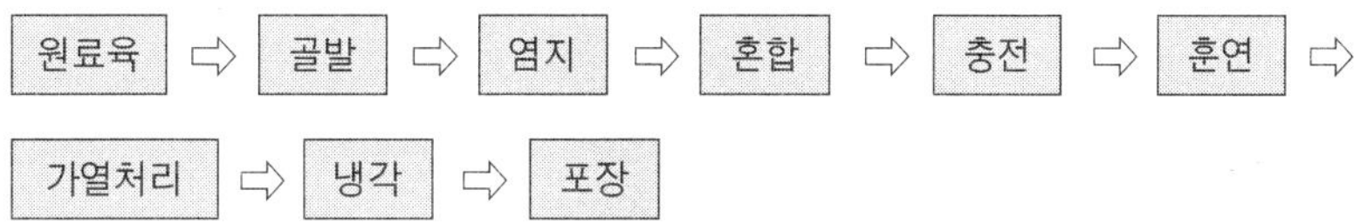

프레스햄 제조용 원료육은 신선하여야 하며, 지방함량이 적을수록 결착력(binding ability)은 크며, 동물의 종류·연령·근육의 부위 등에 따라 차이가 있다. 원료육은 수육 외에도 가금육·어육 등이 쓰이고 있으며, 어육이 50% 이상인 경우는 혼합프레스햄이라 하여 구별하고 있다.

염지는 뒷다리살 부분을 3～4 cm 정방형으로 절단하여 소금, 설탕, 조미료와 발색제를 혼합한 염지제에 혼합하여 2～4일간 0～5℃ 부근에서 염지한다. 이 저장기간에는 고기가 노출되어 건조되는 것을 방지하기 위하여 비닐 등으로 덮어 주어야 한다. 염지된 고기와 향신료, 조미료 등을 혼합하는데, 이 과정은 염지할 때와 같이

하기도 한다. 또한 결착력을 증진시키기 위하여 일부 큰 염지육은 만육기로 세절하여 섞기도 한다. 증량제로는 전분(starch)이나 glutein, soybean protein 등 식물성 단백질을 2~3%를 혼합하여 육혼화기를 사용하여 공기가 혼입되지 않고 공간이 없도록 리테이너(retainer)를 써서 충전하게 된다. 훈연을 처음에 40~50℃에서 45~60분간 건조한 다음 65℃에서 5~6시간하는데, 도중에 온도차가 없도록 주의해야 한다.

가열은 70~75℃에서 탕침하여 고기의 크기에 따라 2~3시간 하는데, 훈연에 앞서 실시하기도 한다. 이 온도에서는 풍미를 증진시키기에 알맞거나 100℃ 이상 되면 제품의 지방이 유리되어서 용출되므로 주의해야 한다. 보통 고기 내부의 온도가 63℃에서 30분간 처리하는 것이 좋다. 가열 후에는 냉수에 담가 중심부의 온도가 10℃ 이하가 되도록 냉각한다. 냉각이 끝난 후에는 리테이너를 풀어내고 포장하여 제품으로서 냉장한다.

(2) 베이컨류

돼지의 복부육 등에 염지제 및 향신료 등을 첨가한 후 훈연하거나 열처리한 것으로 수분 60% 이하, 조지방 45% 이하의 것을 말하며, 원료육 부위에 따라 다음과 같이 분류한다.

① 베이컨(bacon) : 돼지의 복부육(삼겹살) 가공

② 로스베이컨(Kassler 또는 conadian bacon) : 돼지의 중간부위(등심과 복부육) 가공

③ 숄더베이컨(shoulder bacon) : 어깨 부위를 베이컨식으로 가공

(3) 소시지

햄과 베이컨 제조과정에서 생기는 잔육과 머리나 기타 피와 내장 등을 원료로 쓰며, 돼지고기 이외의 다른 가축고기(소·돼지·닭)도 사용되며, 조미료와 향신료 등을 넣고 혼합 및 마쇄하여 창자나 셀로판 등의 케이싱에 넣어서 만든다.

소시지는 종류가 많으며, 지역에 따라서 제품도 특이하다. 대부분의 소시지는 저장성이 낮은 domestic sausage이며, press sausage는 전혀 열처리가 안 된 것이며, 가열조리하여 소비하게 되어 있다. 이 중 boiled sausage는 내장·혈액 등을 주원료로 가열처리하여 제조된다. 건조소시지는 수분함량이 35% 이하, 반건조 소시지는 수분함량이 55% 이하가 되도록 제조한 것으로 보존성이 domestic sausage보다 크다. 건조방법은 훈연에 의하거나, 그대로 건조하거나, 저온에서 특수한 장치를 쓰기

도 하나, 보통 가열처리는 없다. Domestic sausage의 제조방법은 다음과 같다.

소시지의 원료육은 결착력을 좋게 하기 위하여 신선하여야 하며, 살코기와 지방 함량의 비율이 적당하여야 한다.

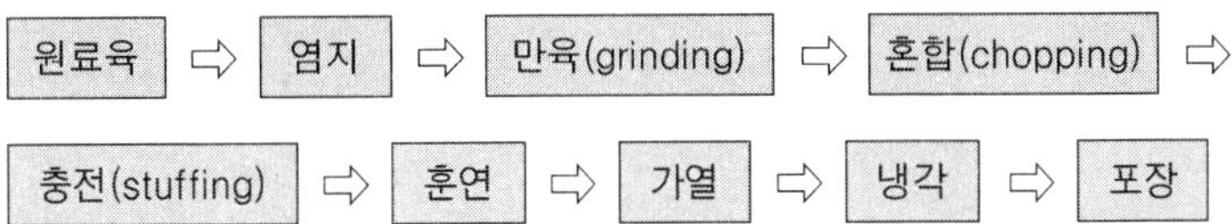

염지는 원료고기에 소금과 기타 첨가물을 섞어 3~5℃의 낮은 온도에서 간을 먹이며, 지방은 따로 소금을 뿌려 간을 먹인다. 간먹이가 끝나면 고기와 지방은 chopper로 갈아 절기에 넣고, 조미료를 섞어 세절하여 마지막에 지방을 섞어 준다. Chopper로 세절 연합할 때는 온도가 상승할 수 있으므로 얼음이나 냉수를 넣어 온도를 조절해 주어야 한다.

혼합과정이 끝나면 충전기로 창자 또는 케이싱에 충전을 한다. 훈연은 훈연실에서 서로 닿지 않게 걸어놓고 40~50℃에서 표면이 건소하게 건조처리 한 다음 50~60℃에서 훈연한다. 훈연한 소시지는 70℃의 물에 넣어 45분 정도 가열하거나 소시지의 크기에 따라 일정시간 익힌 다음 냉수에 넣어 냉각하여 제품으로 사용한다.

제 7 장

난류와 난제품

계란은 우유와 같이 단일식품으로서 영양적 가치가 크기 때문에 우리의 식생활에서 그 이용률은 점점 증가하고 있다. 계란의 영양적 가치는 높이 평가되고 있을 뿐만 아니라 그 가공품에 따라 기호성도 좋은 것으로 나타나고 있다. 특히 우리나라와 같이 곡류를 주식으로 하는 식생활에서는 단백질이 많은 식품이 부족하기 때문에 계란은 중요한 단백질 식량자원이 되고 있다.

현재 우리나라 계란의 대부분은 식란으로서 직접 소비되고 있으며, 계란의 열 응고성, 계란흰자의 포성과 계란노른자의 색깔과 우수한 유화작용 때문에 제과나 제빵 등 여러 종류의 가공식품의 원료로 이용되어 그 소비는 점점 증대되고 있다.

우리나라 계란의 소비량은 다른 여러 나라에 비하면 우리나라의 계란 소비수준은 낮은 편이다. 따라서 계란의 증산과 아울러 저장시설도 증설하여 계절에 따른 계란 가격의 변동을 최소화하여 수요공급을 원활히 할 필요가 있으며, 새로운 식란처리장(egg plant)의 설치로 선란과 포장처리를 잘 하고, 그 가공품을 생산하여 계란의 상품적 가치를 증대할 필요가 있다.

1. 계란의 구조

계란의 구조는 그림 7-1과 같이 난각·난백·난황 세 부분으로 크게 구분된다. 그 구성비율은 대체로 난각(egg shell) 10%, 난백(egg albumin) 60%와 난황(egg yolk) 30%의 비율로 되어 있다. 난백에 싸여있는 난황은 고형분이 50%이며, 지방 32%, 단백질 16%, 탄수화물 0.7%, 회분이 1.7% 들어 있다. 난백의 주성분은 단백질로 11% 정도 함유되어 있고, 나머지 88% 정도가 수분이며, 지방은 거의 없고, 탄수화물과 회분이 미량 들어 있다.

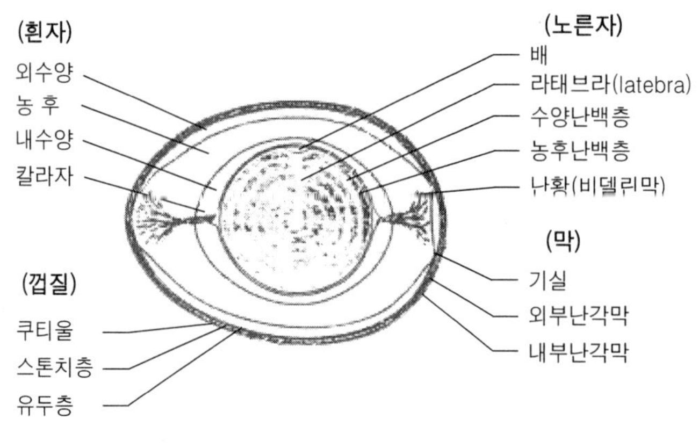

그림 7-1. 계란의 구조

일반적으로 이상란이란 구형・방추형・원통형 등의 기형란, 계란의 무게가 20 g 미만인 왜소란, 또는 80g 이상의 거대란, 난각이 아주 없거나 얇은 난 등을 말한다. 또 2개 이상의 난황을 함유하고 있는 난, 난황이 없고 난백만이 있는 난, 혈액이나 계분 등의 이물질을 함유하고 있는 난도 이상란에 포함된다.

1) 난 각

난각(egg shell)은 난각막과 같이 난의 내용물을 수용하고 있으며, 전체 난 무게의 9～12%를 차지하고 있다. 난각은 유기물의 해면상 세포간질에 무기물이 침착한 해선상층 유두절과 유두핵으로 되어 있는 유두층으로 구성되어 있다. 해면상층에는 수많은 기공(pore)이 존재하는데, 그 크기는 9×10～22～29 ㎛이다. 난각의 두께는 270～370 ㎛(평균 300 ㎛)로서 98%의 무기물과 2%의 유기물로 되어 있다.

2) 난각막

난각막(shell membrane)의 두께는 약 70 ㎛으로서 외막과 내막의 두 부분으로 되어 있으며, 난의 두꺼운 쪽 끝부분에서 산란 직후 냉각되어 외막과 내막이 분리되어 기공(air cell)을 만든다. 내・외 난각막은 각각 20 및 50 ㎛의 두께로서 섬유구조로 되어 있다. 내난각막은 외난각막보다 가늘고 긴 섬유로 되어 있다.

3) 난 백

난백(egg white)은 외수양난백, 농후난백, 내수양난백의 3층으로 나눌 수 있으며,

난황의 양 끝으로부터 끈과 같은 모양의 chalazae가 농후난백 안으로 뻗어 있다. 난백의 총 중량은 난 전체 무게의 약 56～59%이다. 난의 가느다란 쪽으로 뻗어 있는 chalazae는 2개의 끈이 왼쪽 꼬임, 두꺼운 쪽으로는 1개가 오른쪽 꼬임으로 꼬여져 있다. 이 꼬임은 난 생장과정에서 긴 축을 중심으로 일정방향으로 회전한 결과로 생성된 것이다. 농후난백은 난의 가느다란 쪽이나 두꺼운 쪽에서 직접 난각막에 접해 있으며, chalazae의 한쪽 끝은 난황막과 밀착되어 있다. 산란 직후의 농후난백, 외수양난백, 내수양난백의 전 난백 중의 비율은 각각 50～60, 25, 15～25%이다.

4) 난 황

난황(egg yolk)은 난황막에 싸여 있으며, 무게는 난 전휴중량의 약 30～33%이다. 난황막의 중량은 난황 1개당 20～50 mg, 두께는 약 10 ㎛로서 이 막은 얇고 미세한 원섬유격자와 두꺼운 망상섬유 등으로 되어 있다. 난황의 상부 표면의 중심에는 직경 2～3 mm의 배반이 있다. 신선한 계란의 난황 pH는 6.2～6.5이며, 동결온도는 -0.55℃ 부근이며, 동결에 의해 gel화되어 점조성이 높아진다. 65℃에서 가열하면 점조도가 굳어지고, 70℃ 이상이 되면 유동성이 없어지며, 98～100℃에서 12분 정도 가열하면 난황이 완전히 굳어진다.

2. 계란의 성분

계란의 난각 · 난백 · 난황의 비율 및 성분 조성은 닭의 품종, 계통, 연결, 사료 산란시기 등에 따라 변하며 비타민, 미량의 무기질 등 함유량이 적은 것일수록 변화가 현저하다.

1) 난각 성분

무기성분은 대부분 탄산염의 결정으로 되어 있으며, 그 조성은 대개 탄산칼슘($CaCO_3$) 96.4%, 탄산마그네슘($MgCO_3$) 15%, 인산칼슘($CaPO_3$) 0.2%이다. 유기물의 주성분은 당단백질 및 다당류와 단백질의 복합체이다. 당류로는 galactosamine, glucosamine, mannose, fructose, galactose, sial acid가 존재한다.

2) 난각막 성분

난각막의 주성분은 단백질과 당질이다. 단백질을 구성하는 아미노산 중에는 cys-tine이 많고, 난각과 접해 있는 부분에는 다당류를 함유한 당단백질로 되어 있다.

당류로서는 hexosamine 및 미량의 mannose가 함유되어 있다.

3) 난백 성분

(1) 난백질

난백 고형물의 90% 이상은 단백질로 되어 있으며, 그 종류는 많으나 아직 이것들의 분리정제 및 확인은 완료되지 못한 상태이다.

① 오브알부민(ovalbumin) : 분자량 46,000, 등전점 4.6～4.8로서 난백단백질의 54%를 차지하고 있다. 열 응고성이 있는 난백의 주요한 단백질로서 소량의 탄수화물을 함유하며, 특별한 생화학적 작용은 없지만 아미노산의 조성, 소화율에서 본 영양가치는 크다.

② 콘알부민(conalbumin) : 분자량 76,00, 등전점 5.8～6.0으로 난백단백질의 12～13%를 차지하고 있다. 철(Fe), 아연(Zn), 알미늄(Al) 등의 금속이온과 결합하며, 이들 금속이온과 결합함으로써 열안정성이 커진다. 혈청 중의 단백질인 transferrin과 동일한 단백질이다.

③ 라이소자임(lysozyme) : 분자량 14,300, 등전점 10.5로서 난백단백질의 3.3～3.5%를 차지하고 있다. 특정한 세균의 세포막 중의 다당류를 분해함으로써 세포막을 파괴하는 용균작용을 가지고 있다. pH 3～5에서는 결정화하는 단백질이며, 항균성은 난백을 63℃에서 10분간 가열함으로써 없어진다.

④ 오보글로불린(ovoglobulin) : 난백단백질의 8.0～8.9%를 차지하며, G1, G2 및 G3-globulin의 세 성분으로 분리된다. G1은 라이소자임으로 알려지고 있다. 특히 기포성이 커서 extracellular framing agent로 알려져 있다.

⑤ 오보뮤코이드(ovomucoid) : 난백단백질의 11%를 차지하며, 대표적인 당단백질이다. 열에 의하여 응고되지 않으며, 일반적인 단백질 침전제에 의하여 침전되지 않고, 트립신(trypsin)의 작용을 저해하는 특이성이 있으나 80℃ 정도의 가열로 트립신의 저해능력은 없어진다.

⑥ 오보뮤신(ovomucin) : 난백단백질 중의 1.5～2.9%를 차지하는 불용성 단백질이며, 15～20%의 탄수화물을 함유하는 대표적인 당단백질이다. 난백 중에서 오보뮤신은 주로 라이소자임(lysozyme)과의 상호작용에 의하여 콜로이드상으로 분산되어 있는데, 이것이 난백의 섬유구조의 주요한 골격을 형성한다. 난백의 수양화(점성이 약해져서 물처럼 퍼지는 것)은 오보뮤신의 gel 상의 부분이 sol 상으로 변성하기 때문이다. 오보뮤신은 influenza virus에 의한 적혈구

응집반응을 저지하는 작용이 있다.

⑦ 오보인히비터(ovoinhibitor) : 난백단백질의 0.1～1.5%를 차지하며, 평균 분자량은 49,000으로서 3～5종류의 단백질로 되어 있다. Trysin, chymotrypsin 및 세균이나 곰팡이 유래의 단백질 분해효소의 작용을 저해한다. 이와 같은 저해작용은 70℃의 가열로 상실된다. 난백 중에는 ovoinhibitor와는 달리 trypsin, chymotrypsin을 저해하지 않고 파파인, 피틴을 저해하는 단백질이 미량 함유되어 있는데 분자량은 12,700이다.

⑧ 아비딘(avidin) : 분자량이 68,300으로서 난백단백질 중의 0.05%를 차지하고 있다. Biotin과 결합하는 성질이 있다. 이 성질에 의하여 미생물 등이 biotin의 흡수를 방해하는 성질이 있다.

⑨ 오보글리코프로테인(ovoglycprotein) : 난백단백질 중에 0.5～1.0%를 차지하고 있으며, 분자량은 24,000으로 알려져 있지만 단일성분이 아니고 난백 중의 ovomucoid와 유사한 당단백질을 함유하고 있다. 이 중에는 분자량 27,000, 등전점 4.8의 단일 단백질이 함유되어 있는데, 이것은 극히 미량으로서 항원 항체반응을 일으키는 것으로 알려져 있다.

⑩ 플라보프로테인(flavoprotein) 또는 아포프로테인(apoprotein) : 난백단백질의 0.8%를 차지하고 있으며, 단일성분이 아니다. 평균 분자량은 32,000으로서 ovomucoid와 유사한 단백질이다. 이것은 리보플라빈과 특이적으로 결합하며, 결합한 리보플라빈은 자외선에 대하여 안정하다.

⑪ 오보마크로글로불린(ovomacroglobulin) : 난백단백질 중의 0.5%를 차지하고 있으며, 분자량은 90,000으로서 고분자물질이라는 것 이외에 특이한 생화학적 성상 등에 관해서는 알려져 있지 않다.

(2) 지질

신선란의 난백의 지질함량은 0.010～0.015%이지만, 산란 후 시간의 경과와 더불어 난황막을 통과하여 난황의 지질이 난백으로 이행하여 그 함량이 0.05% 정도까지 증가한다. 지질 중의 중성지질은 극성지질의 약 6～7배로서 주성분은 유리지방산, 콜레스테롤, 왁스이며, 극성지질의 주성분은 sphingomyelin, cerebroside이다.

(3) 탄수화물

단백질과 결합해 있는 당질 이외에 난백 중에는 단당, 올리고당 등이 함유되어 있다. 이들 당류는 대부분이 유리되어 있지만 약하게 결합되어 있는 것도 있다. 난백 중의 투석성 환원당은 0.2～0.5%로서 glucose가 가장 많고, hexose 이외에 pentose도 함유되어 있다. 단백질과 결합되어 있으며, 전난분 등의 저장 중에 변색이나 변질의 원인이 된다.

(4) 무기질

무기질 성분으로 난백 중에 있는 것은 S, p, Na, CL, MG 등의 많은 종류가 미량성분으로 들어 있다. 비교적 많이 들어 있는 S의 대부분은 methionine, cysteine 등 함황단백질에 들어 있으며, P은 인지질이나 인단백으로서 들어 있다.

(5) 비타민

난백 중에는 지용성 비타민인 A, D, E, K 등은 없고, 수용성 비타민류가 들어 있으나 비타민 C는 들어 있지 않다. 신선한 난백이 담황녹색을 나타내는 것은 리보플라빈에 의한 것이다.

4) 난황 및 난황막 성분

(1) 난황막

난황막(vitelline membrane)의 주성분은 뮤신(mucin), 케라틴(keratin)과 콜라겐(collagen), 라이소자임 등의 단백질과 지질 및 당지질도 들어 있다. 표층은 gel류의 섬유상 구조로 되어 있고, 내층은 주로 콜라겐으로 되어 있다.

(2) 난황

난황은 고형분이 약 50%로 높으며, 그 중에서는 지질이 32%로 많고, 단백질 16%, 무기질 2%와 탄수화물 1% 등으로 되어 있다.

① 지질 : 난황 고형분의 60% 이상을 차지하는데, 이것의 대부분은 단백질과 결합되어 있다. 약 30%는 인지질이며, 주로 레시틴(lecithin)은 58% 함유되어 있고, 세파린(cephalin)은 42% 함유되어 있다.

② 단백질 : 난황 속에 있는 단백질은 인단백질이 지질과 결합되어 있는 지질단백질이며, 그 종류와 조성은 표 7-1과 같다.

③ 탄수화물 : 난황 중에 주로 포도당으로서 리베틴(livetin)에 4%, 비테린(vitellin)에 2% 함유되어 있다.

④ 무기질 : 난황 속에 함유되어 있는 무기성분은 주로 인(P)과 유황(S)이며, 기

표 7-1. 난황단백질의 종류와 조성

종 류	조성비율(고형분 중 %)	조성 성분
Lipovitellin	17～18	인지질, vitellin
Lipovitellenin	12～13	인지질, vitellenin
Livetin	4～5	수용성 당단백질
Vitellin	14～15	인 1%
Vitellenin	8～9	인 0.25～0.3%
Phosvitin	6	인 10.0%

타 Ca, Cl, Na, Mg, Fe 등이 있다.

⑤ 비타민 : 난황 중에 지용성 비타민인 A, D, E, K 등이 많이 들어 있으며, 수용성 비타민도 난백보다 많이 들어 있으나 비타민 C는 함유되어 있지 않다.

⑥ 색소 : 색소(pigment)는 사료의 색소로부터 진행되어 오며, 주로 xanthophyl에 속하는 carotenoid로서 약 2.6 mg%가 들어 있다. 그 중 63～76%는 루테인(lutein)이고, 15～32%는 제아크산틴(zeaxznthin), 3～10%는 크리프토크산틴(cryptoxanthin), 2～4%는 β-carotene으로 되어 있다. 이들 색소는 지용성 색소이다.

3. 계란의 저장 중 변질

계란은 산란 직후에는 선도가 높으나 시간이 지나고 저장온도가 높은 경우에는 선도가 낮아지며, 품질이 나빠져서 나중에는 부패되고 만다. 계란은 보통 산란 후 1～2주 동안에 소비되나 경우에 따라서는 수개월의 장기저장도 필요하게 된다. 따라서 저장 중에 일어나는 품질 변화를 방지하기 위하여 저장 중에 발생하는 변화를 알아서 품질유지를 위한 효과적인 대책을 세워야 할 것이다. 저장 중의 변화는 외관적인 변화와 미생물학적 변화로 나눌 수 있다.

1) 외관적인 변화

(1) 난백의 점성 저하

저장 중의 점성 저하는 흰자위의 당단백질이며, 높은 당도를 유지하는 오보무신(ovomucin)의 변화에 의한 것으로 저장온도가 높을수록 빨리 진행된다. 이로 인해

흰자위 단백질 상호의 관계가 변화하기 때문에 흰자 속에 녹아 있던 CO_2의 발산에 의해 pH가 상승하기 때문이다.

(2) 난황계수의 감소

난황의 높이를 그 직경으로 나눈 값을 난황계수라 하며, 그 감소 원인은 난황막의 박약화에 의한다. 저장 중에 계란흰자의 수분은 난황막을 통하여 난황으로 이행됨으로써 처음에는 팽창되나 나중에는 약화됨으로써 난황의 높이는 낮아지고, 직경은 커지게 된다. 저장온도가 높으면 이 수분이행도 더욱 빨리 진행되어 결국에는 난황막이 파열됨으로써 난백과 난황은 혼합되어진다.

(3) 난중 감소

저장 중에 계란 내용물 속의 수분이 저장온도가 높을수록 난각과 난각막의 세공을 통해 증발되는 것이다. 수분증발에 따라 기실의 크기도 그만큼 커지나 비중은 작아진다.

2) 미생물학적 감소

계란의 미생물 오염은 산란 직후부터 시작되는데, 이 같은 미생물의 침입과 번식을 막아내기 위해 계란은 자연적인 구조와 물질을 가지고 있다. 난각 표면에는 뮤신(mucin) 단백질의 엷은 막인 큐티클(cuticle)이 있어 난각의 세공을 막게 되고, 또 난각과 난각막도 있어 효과적으로 미생물의 침입을 막을 수 있다.

또한 난백에는 라이소자임, 아비딘과 콘알부민 등 세균증식 억제물질이 있어 신선란은 당분간 세균의 증식을 방지하게 되어 있다. 따라서 신선란에서는 미생물 번식이 억제되고 있으나 시간이 경과되어 인위적으로 큐티클이 파괴되거나, 난각 표면이 습해 있을 경우에는 오염균이 세공을 통해서 계란 내부에 들어가게 되어 변화를 일으키게 된다.

4. 계란의 저장방법

계란은 봄에 많이 생산되고, 겨울에는 적으므로 연중 균일한 공급을 위해서는 저장수단을 통하여 그 수급을 원활히 조절해 주어야 한다. 그 저장법으로는 냉장법, 건조법, 가스저장법, 난각표면 살균처리법 및 표면도표법 등이 쓰이고 있다.

1) 냉장법

계란이 얼지 않도록 저온으로 저장하는 방법인데, 냉장용 계란으로는 오염이나 균열이 없는 것을 골라서 냉장실에 넣고 서서히 온도를 내려 0.5～3℃의 범위에서 저장하며, 상대습도는 75～80%로 유지한다. 저장 중 온도의 변화가 크면 계란의 품질이 나빠지므로 저장 중이나 유통과정에서는 온도의 변화에 주의를 요한다. 저장 시 주위의 공기가 청결하지 못하면 냄새를 흡수하여 품질을 저하시키므로 풍미가 많은 식품은 같은 실내에 두지 않아야 한다.

2) 냉동법

냉동법은 저장이 간단하고 운반도 편리한 방법이다. 냉동용 달걀은 껍데기를 제거하고, 필요에 따라서 흰자와 노른자를 분리해서 적당한 용기에 넣어 냉동하는데, 오염된 것은 제거하고 15～16℃로 예열하여 검란한다.

합격품은 물로 씻고 건조한 후 껍질을 제거한다. 필요에 따라서는 흰자와 노른자를 분리해서 냉동한다. 전난냉동을 할 때는 교반기로 잘 혼합한 후 체로 걸러서 껍질부스러기나 노른자위막 등을 제거하고 금속용기에 넣은 후 -40℃ 정도로 급속냉동을 하며, 저장온도는 -12℃ 정도가 적당하다.

3) 건조법

분말의 수분함량을 5% 이하로 하기 위해서 건조기에서 건조하여 분말화한다. 난백만을 건조시킬 때에는 그대로 하면 저장 중에 변색되고 용해성이 감소되므로 세균을 이용하여 흰자위에 접종하여 23～29℃로 흰자 속의 당분을 발효시켜 소비하고, 침전물이 있으면 이를 제거하고 건조시켜야 한다.

4) 가스저장법

계란은 저장 중에 온도가 상승함에 따라 내부의 CO_2가 기공을 통하여 외부로 발산되면 난백의 pH가 상승하여 진한 흰자위의 점도가 떨어지는데, 이를 막기 위해 CO_2를 넣은 방안에서 저장한다. 이 방법은 계란을 밀폐된 용기에 넣고 용기의 용도에 대해 60%의 CO_2를 넣으면 되는데, 수분의 증발을 막을 뿐 아니라 미생물의 오염도 막을 수 있다.

5) 난각 표면의 살균처리법

탕침처리법(thermo stabilization)이 쓰이고 있으며, 58～61℃의 물에 30분간 담

가 처리하는 방법으로 난각의 표면과 계란 내부에 침입된 미생물에 대해서도 살균 효과가 있다. 이 처리온도에서 흰자의 포립성은 손상되지 않는다.

6) 표면도포법

난각에 무취의 광물유 vaseline, paraffin이나 식용유지 등을 분무형상으로 뿜어 계란 표면의 기공을 밀폐함으로써 난 내부의 CO_2나 수분증발을 방지하여 계란의 무게 감소를 막아 주는 동시에 미생물의 유입을 방지할 수가 있다.

5. 계란의 검사방법

계란을 식품으로 이용하기 위해서는 신선도와 청결도의 유지가 중요하다. 계란의 품질판정은 할란 후의 방법으로 나눌 수가 있다. 할란 전의 방법으로는 투시검란법, 난형조사, 난의 무게 측정과 비중 등을 알아보는 것이 있다. 할란 후의 방법으로는 할란하여 계란 내용물을 유리 평판상에 쏟아 놓고 난황계수나 호우단위(Haugh unit)와 포립성 측정(whipping degree) 등을 알아보는 것이다.

1) 투시검사법

투광검사기(candler)를 사용하여 기공의 크기, 기형란, 난각의 선상파손, 난백의 점도에 따른 난황의 이동성과 기타 이물질을 조사하는 것이다. 신선한 계란은 흰자위가 밝고 기공이 작으나, 오래 된 것은 흐리고 기공이 크며, 부패된 계란은 불투명하게 보인다.

2) 난형조사

난형계수로 표시되며, 정상란의 장경에 대한 단경의 비는 3/4 정도이다.

3) 무란의 무게 측정

계란의 무게를 잴 수 있는 저울로써 무게를 하나씩 측정하나, 포장된 경우에는 그냥 조사하기도 한다. 그 중량에 따라 표 7-2와 같이 구분한다.

4) 비 중

정상적인 계란의 비중은 1.07~1.09인데, 저장조건에 따라 비중이 낮아지므로 비

표 7-2. 중량에 따른 계란의 분류

계 란	중 량	계 란	중 량
특란란	61 g 이상	소 란	42～47 g
대 란	55～60 g	경 란	42 g
중 란	48～54 g		

중이 1.02 이하인 것은 산란 후 기간이 오래 된 것을 나타내 주는 것이다.

5) 난황계수

계란을 깨어 내용물을 유리 평판상에 놓고 난황의 높이(h)와 직경(w)을 재어 h/w을 구한다. 신선란의 난황계수는 0.4 이상이다.

6) 호우단위(Haugh unit, HU)

다음 식 $HU = 100\log(h1.7w^{0.37}+7.6)$에 의하여 난의 무게(w.g로 표시)와 농후 난백의 높이(h, mm로 표시)를 측정하여 계산한다. 보통은 계산자(HU slide)나 계산판(HU scale)을 이용하기도 한다. 이 HU는 계란품질을 종합적인 수치로 표시하는 것으로서 신선란은 85 이상이다.

7) 포립성 측정

계란 흰자만을 분리하여 포립(whipping)하여 그 용적이나 높이 등을 측정하는 것이다. 스폰지 케이크나 제과시험을 해보는 방법도 있는데 케이크의 용적, 굳기나 단면조직 등을 조사하는 것이다.

6. 계란의 가공

식품으로 직접 소비되는 계란은 식란처리장에서 검란, 선란과 포장과정을 거치게 되는 것이다. 식품가공의 원료로 쓰이는 계란은 할란하여 난액으로 되어 액상 전란은 제빵·제과의 원료로, 난백은 제과용으로 소시지 제조에, 난황은 마요네즈 제조에 주로 쓰인다. 이 액상란도 할란 후 보통 20시간 정도 보존할 수 있으며, 그 외에는 동결란이나 건조란의 원료로 사용되고 있다.

액상란이 생산되는 과정은 할란공장에서 투시검란을 하고, 위생적인 난액을 얻기 위해 세란을 한 후에 할란하여 여과를 한 다음 살균과정을 거쳐 생산되고 있다. 계란은 동결하면 난황은 점조화에 의하여 점조도가 높은 gum상으로 되므로 이를 막기 위해 10% 정도의 당이나 염을 첨가하여 이를 막아 주어야 한다.

건조에 있어서는 난백 중의 당이 단백질과 결합하여 갈색화 반응을 일으키고, 또한 당은 인지질하고도 반응하여 풍미를 손상하기 쉬우므로 효모나 효소를 이용하여 제당처리를 하게 되는데, 포도당을 글리콘산으로 분해하는 효소법이 주로 사용되고 있다. 건조란의 제조는 분무제조기를 사용하여 분유제조 방법과 비슷하게 생산하고 있다. 건조란의 수분함량은 5%이하이지만 흡습성이 크기 때문에 포장하여 습기, 공기중의 산소나 광선을 막아 주어야 하기 때문에 포장을 해 주어야 한다. 또 저장기간이 길면 공기중의 산소로 인해 지방의 산화나 단백질의 변질이 일어나고, 용해도가 떨어질 수 있기 때문에 좋은 포장지를 사용하고 진공포장을 해주면 장기간 안전하게 저장할 수 있다.

1) 마요네즈

마요네즈는 계란노른자에 함유되어 있는 수분인 lecithin의 유화력을 이용하여 만든 식품으로 주원료는 식물성 기름이며, 식초 · 조미료 · 향신료 등을 넣고 혼합유화시켜 만든 emulsion type의 반고체 식품이다. 첨가되는 계란노른자는 전 함량의 10~20%이며, 살균처리를 하지 않고 사용되기 때문에 위생적으로 안전한 것을 써야 한다. 제품의 조직과 향미에 중요한 영향을 주는 성분이다.

주성분인 식물성 기름은 60% 이상을 차지하므로 제품의 품질을 좌우할 수 있기 때문에 산패되지 않은 신선한 기름을 사용해야 한다. 제조과정에서 기름의 첨가속도는 유적입자의 크기에 영향을 미치며, 유적입자가 작을수록 제품의 점도가 높고 안정성이 큰 좋은 제품이 될 수 있기 때문에 원료 성분량이 같더라도 혼합유화의 방법이나 혼합순서 등에 따라 제품품질에는 큰 차이가 생길 수 있다.

식초(vinegar)는 포도나 레몬으로 만든 것을 사용하며, 또 일반식초에 과즙이나 젖산 등을 가한 식초를 사용하기도 한다. 조미료는 소금과 설탕 외에 MSG나 succinic acid 등이 쓰이고 있다. 향신료는 겨자, 후추가 쓰이는데 미세한 분말로 만들어 사용한다.

제조방법은 난황에 조미료, 향신료와 식초의 일부를 청가하여 균일한 상태로 만든 다음 혼합기에서 교반하면서 식물성 기름과 나머지 식초를 교대로 첨가하면서 계속 교반하여 유화시킨 다음 균질기(homogenizer)를 사용하여 균질화된 제품을 만든다. 제품은 유리병이나 플라스틱 용기에 담아 사용되는데 제품 속의 식초성분 때문에 변질이나 변패가 잘 일어나지 않으므로 오랫동안 저장이 가능하다.

2) 피 단

피단(pidan)은 중국에서 처음으로 오리알을 원료로 만들기 시작한 특이한 식품이다. 요즈음에는 계란을 사용하여 만들고 있으며, 난각 외부로부터 조미료나 향신료 속의 성분을 계란 내용물에 침투시켜 만들고 있다. 제조방법은 적토, 석, 포목, 소금과 물 등의 혼합물의 반죽을 1 cm 정도의 두께로 난각 표면에 도포하여 항아리나 나무통에 넣고 밀봉하여 5～6개월간 저온에 저장한다.

계란 내용물은 강한 알칼리에 의해 응고되며, 숙성 중에 알칼리와 염분은 균일하게 분포되고 단백질과 지방은 분해되어 독특한 풍미를 띠게 된다. 제품은 색깔을 띠게 되는데, 난백은 적갈색의 반투명 젤리상태로 응고되고, 난황은 청흑색이며, 굳고 중심부는 황갈색을 갖게 된다. 피단은 강알칼리에 의한 계란의 응고성을 이용한 식품이라고 할 수 있다.

3) 계란음료

계란에 설탕, 유기산, 우유와 향과 등을 첨가하여 만든 단맛과 신맛이 있는 일종의 청량음료이다. 이 제품의 특징은 제조과정에서 가열살균 시 계란성분의 응고방지와 생란취 제거에 있다. 설탕과 유기산의 첨가로 pH가 저하되어 난성분의 열응고성을 막아 주는 동시에 풍미를 좋게 한다. 상란취는 산을 첨가한 뒤 가열함으로써 제거되며, 색소를 첨가하고 20℃ 정도로 냉각한 다음 오렌지나 바닐라향을 첨가하여 제품으로 만들고 있다.

4) 훈제란

계란을 삶아서 응고시킨 다음 껍질을 제거하거나 껍질에 구멍을 뚫어 조미액에 담가 맛을 갖게 한 후 훈연시킨 것으로 훈연방법은 냉훈법을 사용하며 3～4일간 실시한다. 사용되는 조미액은 소금물에 설탕, 후춧가루, 생강가루와 계피가루를 섞어서 끓인 다음 냉각시켜 만들고, 침지시간은 보통 24～28시간 걸린다.

5) 기타 난제품

계란의 특성을 이용한 다른 식품에는 기포성을 이용한 스폰지 케이크나 열응고성을 이용한 커스터드 등이 있다. 계란의 기포성은 계란흰자를 용기 속에 넣고 교반하면 거품이 형성되는데, 이 거품이 쉽게 꺼지지 않고 그대로 유지되고 있는 것은 공기를 내부에 포집한 난백의 얇은 피막이 공기의 접촉으로 표면변성이 일어나기 때문이다. 난백에 설탕을 첨가하여 점도를 증가시키면 기포력은 저하되나 거품의 수명은 크게 증가한다. 또한 무기염류의 첨가에 의해서도 난백의 기포성은 증가된다. 기름이 있을 때는 기포성은 저하되지만, 동결온도 이하의 온도에서는 지방이 영향은 거의 없다.

계란의 열응고성은 제과공업에서 많이 이용되고 있다. 계란은 가열하거나 산 또는 알카리가 첨가되면 응고하거나 그 유동성이 변한다. 특히 난황은 응고되기 쉬우며, 동결시키거나 고농도의 염분에 의해서 쉽게 응고된다. 이와 같은 특성은 난제품의 가공에 많이 이용되고 있다.

제 8 장

어패류와 그 가공식품

삼면이 바다인 우리나라에서 수산식품이 식생활에 차지하는 비중은 상당히 크며, 동물성 단백질의 공급원으로서도 중요한 위치에 놓여 있다. 수산물은 생산량이 일정하지 않고, 특히 선도의 유지가 어려워 식량자원으로서 제한성을 가지고 있다. 최근, 저칼로리 및 고단백 식품인 수산가공식품에 대한 소비자의 선호도가 점차 높아지고, 이에 편승하여 가공기술도 향상되어 생산량이 매년 급증하고 있다.

어패류의 식용부위는 주로 근육이나 종류에 따라 내장・뼈도 식용할 수 있다. 생선 알도 식용되고, 또한 어유는 경화유를 만들어 margarine 등의 원료로 이용된다. 그러나 복어에 들어 있는 tetrodotoxin은 운동신경과 호흡중추를 마비시키는 유독성분이다. 한편, 어류의 혈청이 용혈작용을 일으키는 유독한 것도 있다. 뱀장어를 생식하면 때로는 사망하는 수도 있으나, 56℃에서는 30분간 가온하면 독작용은 현저하게 줄어들고, 60℃에서는 완전히 없어진다. 어유의 변질로 생긴 고급 불포화 알코올 및 어류의 변패로 생긴 amine류도 중독을 일으키는 수가 있다.

1. 어패류의 성분

1) 어패류의 일반성분

어패류의 단백질 함량은 20% 내외이지만, 지방함량은 0.1～22% 정도로 어류의 종류에 따라 큰 차이를 보인다.

(1) 근육단백질

생선의 근육단백질은 세포내 단백질과 세포외 단백질로 나뉘어지고, 다시 세포내 단백질은 근섬유단백질과 근원질단백질로 구성되어 있다.

① 근섬유단백질은 근육의 운동과 사후강직에 주된 영향을 주는 미오신, 액틴, 트로포미오신 같은 단백질로 형성되어 있다.

② 근원단백질은 수용성의 구형단백질로 주로 효소단백질이다. 후자는 결합조직 단백질로 콜라겐과 엘라스틴이 대표적인데, 어육의 콜라겐 함량은 육류에 비해 적은 편이고, 엘라스틴 함량은 콜라겐 함량보다 적다.

③ 어육단백질에 포함되어 있는 아미노산은 세리, 트레오닌, 메치오닌, 시스틴, 티로신, 페닐알라닌, 트립토판, 알기닌 등이다.

(2) 지방

어류의 지방함량은 생선에 따라 그 차이가 매우 크다. 주로 실온에서 액체이고 대부분이 중성이다. 어류의 지방함량은 산란기나 계절에 따라 달라지는데, 그 함량이 높을 때가 고기맛이 좋다. 어류의 종류에 따라 지방산 조성이 다른데, 주로 포화지방산으로는 팔미트산이 많고 불포화지방산으로는 올레산이 많다. 또한 생선에는 고도불포화지방산 함량이 높아 쉽게 산화된다. 특히 어류 중의 고도불포화지방산 중 ω-3 계인 EPA(eicosapentaenoic acid)와 DHA(docosahexaenoic acid)는 프로스타그란딘(prostaglandin)이라는 생리활성물질을 생성하여 혈중 콜레스테롤 함량을 감소시키며, 혈전을 예방하는 효과가 있다.

(3) 무기질 및 기타성분

무기질은 Na, K, Mg, P이 많으며, 굴은 상당히 많은 요오드를 함유하고 있다. 연어와 지방함량이 높은 고기에는 카로틴이 들어 있으며, 참치류에는 비타민 D가 많이 들어 있다.

2) 어류의 냄새성분

① 신선한 어류에서는 특별한 냄새가 나지 않으나 그 신선도가 떨어짐에 따라 다이메틸아민(dimethylamine), 트리메틸아민(trimethylamine), 피페리딘(pipperidine 또는 δ-aminovaleric acid), 암모니아(ammonia), 기타 휘발성 염기성 질소 화합물들, 다이메틸 설파이드(dimethyl sulfide) 등의 휘발성 유황함유 화합물들이 형성되나 휘발성 아민 화합물들에 의해서 특유한 비린내를 갖게 된다.

② 생선 비린내를 전혀 갖고 있지 않은 트리메틸아민 옥사이드(trimethylamine oxide)는 일련의 복잡한 효소작용에 의해서 가장 중요한 생선 비린내 성분으

로 알려진 트리메틸아민과 다이메틸아민을 형성한다. 이들 비린내 성분들은 신선한 어류를 저장할 경우 형성되고, 저장기간이 길어지면 그 함량이 증가된다.

③ 신선한 어류에 존재하는 트리메틸아민옥사이드는 트리메틸아민 N-옥사이드 디메틸라이제의 작용에 의해서 디메틸아민과 포름알데히드로 분해되며, 이때 다른 아미노산들의 분해에 의해서 환원성 물질들이 형성되어 함께 존재할 때

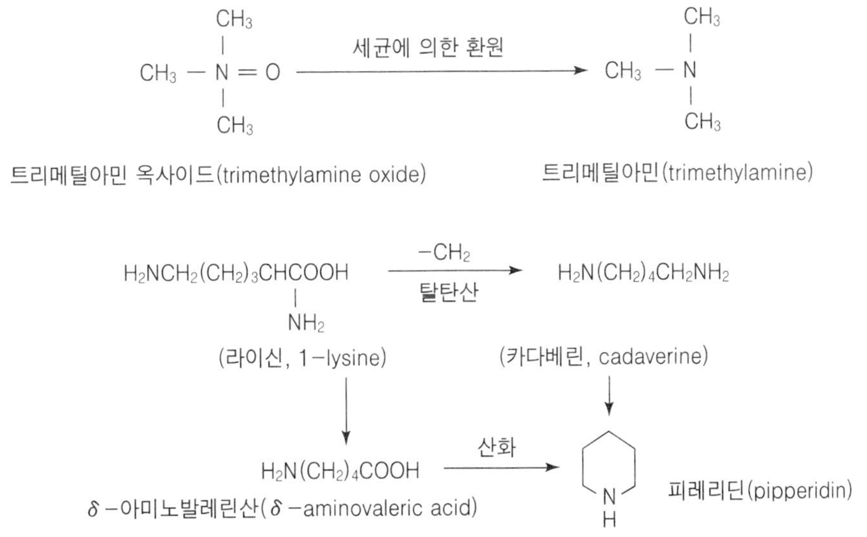

$$(CH_3)_3N=O \xrightarrow{\text{세균에 의한 환원}} (CH_3)_3N$$

트리메틸아민 옥사이드(trimethylamine oxide) 트리메틸아민(trimethylamine)

$$H_2NCH_2(CH_2)_3CH(NH_2)COOH \xrightarrow[\text{탈탄산}]{-CH_2} H_2N(CH_2)_4CH_2NH_2$$

(라이신, 1-lysine) (카다베린, cadaverine)

$$H_2N(CH_2)_4COOH \xrightarrow{\text{산화}} \text{피페리딘}$$

δ-아미노발레린산(δ-aminovaleric acid) 피레리딘(pipperidin)

그림 8-1. 어류 비린내 성분의 형성

$$(CH_3)_3N=O \xrightarrow{\text{효소에 의해서}} (CH_3)_3N$$

트리메틸아민 옥사이드(trimethylamine oxide, TMAO) 트리메틸아민(trimethylamine, TMA)

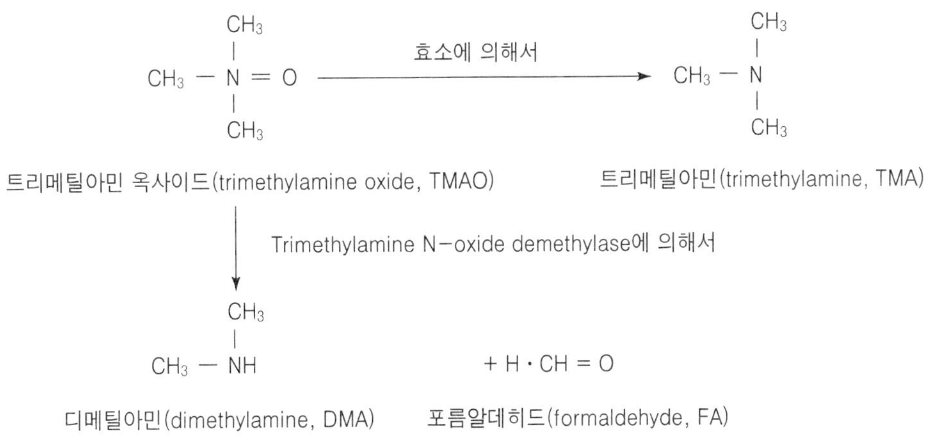

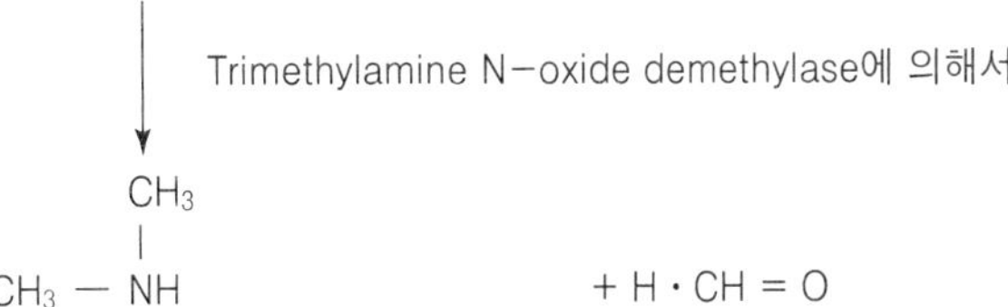

그림 8-2. 효소작용에 의한 어류 비린내 성분의 형성

는 이 반응이 크게 촉진된다.

④ 어류의 특유한 냄새 성분은 어류에 함유된 지방질 성분의 산화에 의해서 형성된 각종 카보닐 화합물, 또한 초산, 프로피온산, 부티릭산, 이소발레린산 등의 유기산들에 의해 형성된다.

3) 어류의 맛성분

어류의 감칠맛은 주로 inosinic acid와 5′-inosinic monophosphate(IMP)에 의하고, 패류의 감칠맛은 호박산에 의한다. 이 외에도 glutamic acid, glycine, alanine, histein, proline 등도 관여한다. Glutamic acid는 소금과 마찬가지로 그 자체로는 좋은 맛을 주지 못하지만, inosinic acid와 혼합하면 상승효과가 있어 맛이 증가한다.

4) 어류의 색성분

어패류의 색소는 크게 분류하여 carotenoid 등의 지용성과 수용성 색소로 분류된다. 어류의 경우 액틴과 미오신의 농도가 적색육보다 높을 뿐 아니라 어류의 액토미오신과 콜라겐은 열에 더 민감하다. 적색인 myoglobin은 공기중에서 선홍색인 oxymyoglobin이 되지만, 오래 방치하면 peroxy-myoglobin을 거쳐 암갈색의 met-myoglobin으로 변한다. 푸른색인 astaxanthin은 가열에 의하여 결합되어 있는 단백질이 변성, 분리되어 적색의 astacene이 된다. 연체어류의 껍질이나 조개껍질의 검은 색은 멜라닌(melanin)에 의한다.

대표적인 어류의 색 성분은 다음과 같다.

① Myoglobin : 가다랭이(shipjack)의 육색소, 적색
② Staxanthin, lutein : 새우, 가재 등의 푸른 색소
③ Astaxanthin : 갑각류의 붉은 색소
④ Melanin : 조개나 연체어류 껍질의 검은 색

2. 어패류의 가열 변화

1) 결합조직 단백질의 변화

결합조직 단백질인 콜라겐은 물에 녹지 않는 불용성으로 물 속에서 가열하면 변성되어 수축하고, 장기간 가열하면 수용성인 젤라틴으로 변하여 용출되기도 한다.

이러한 콜라겐의 수축온도를 열 수축온도라 하고, 이 때 국물이 식으면 용출된 젤라틴이 겔화되어 굳게 된다.

2) 근육섬유 단백질의 변성

근육섬유 단백질의 주성분인 액토미오신은 45℃에서 응고되고, 수용성 단백질인 미오겐은 50～60℃에서 응고되는 등 응고온도가 다른 단백질이 섞여 있어 어육의 열에 의한 변성은 단계적으로 일어난다. 보통 가열하면 어육은 근육의 수축으로 인한 탈수로 그 무게는 감소하게 된다. 신선한 생선일수록 탈수에 의한 무게의 감소량이 적고, 생선은 평균 15～20% 정도의 무게 감소가 발생한다. 또한 어류는 콜라겐이 소량 존재하므로 가열효과는 주로 근육단백질에 의해 일어나는 특성을 갖는다. 어류의 껍질이 벗겨질 때까지 가열하면 근육단백질의 변성이 일어나면서 콜라겐이 연화되어 섬유들이 분리되므로 생선살은 연한 상태를 유지한다.

3) 껍질의 수축과 지방의 용출

생선을 가열하면 껍질의 콜라겐 단백질이 수축하여 껍질이 수축하거나 살이 굽어지는 현상을 쉽게 볼 수 있다. 껍질의 수축온도는 37～58℃ 정도이고, 이 때 껍질이 수축하면 지방이 용해하여 외부로 녹아나게 되는데, 지방함량이 높을수록 이 현상은 더 심해진다.

4) 열응착성

생선을 가열할 때 석쇠나 프라이팬에 붙는 현상을 열응착성이라고 한다. 열응착성은 50℃ 정도부터 시작되어 온도가 높아질수록 강해지는데, 미오겐 단백질 사슬이 구부러져 구형을 이루고 있던 것들이 가열에 의해 발생한 에너지로 결합들이 끊어지고, 펩티드 사슬이 흩어짐으로써 생성된 활성기가 금속면에 닿아 금속과 반응을 일으킴으로써 나타난다.

3. 어패류의 선도 판정법

어패류도 축육과 같이 죽은 후에 사후경직이 일어나고, 일정한 시간이 경과하면 해직되며, 변질과 부패현상이 축육보다 빨리 진행된다. 일반적으로 경직기에서 해직까지는 선도가 좋고, 연화가 진행됨에 따라 선도가 떨어진다.

1) 관능적인 방법

관능적인 검사법은 그 결과가 객관적이지 않고 수치화하기가 힘들다는 단점이 있으나 그 방법이 신속 정확하며, 기기로는 판별하기 힘든 이미·이취 등의 미미한 변화를 판별할 수 있는 장점이 있다. 어패류이 관능검사는 색·냄새·경도 등을 고려하여 종합적으로 판별한다.

① 복부가 단단하여 탄력이 있는 것(사후경직 중인 어류)
② 피부에 광택이 있는 것(민물로 수세한 해양어류는 변색이 빠르다)
③ 눈이 투명하고 외부로 튀어나온 것
④ 아가미는 선홍색으로 단단하고, 악취를 내지 않는 것

2) 물리적 방법

어패류의 물리적인 변화를 측정하여 판정하는 방법을 물리적 판정법이라 한다. 이 방법은 간단한 측정으로 어패류의 선도를 알 수 있지만, 어종과 개체에 따라 차이가 있는 결점이 있다.

① 어육의 탄력 측정
② 전도율의 측정
③ 어류 압착액의 점도 측정
④ 안구 수정체의 혼탁도 측정

3) 세균학적 방법

어패류의 근육 1 g당 세균수를 측정하는 방법으로 부패의 정도를 정확히 판별할 수 있으나 검사의 시간이 많이 걸리고, 실험자의 높은 숙련도를 요구하여 일반적인 선도 판정기준으로 사용되기는 힘들다. 보통 근육은 1 g 중 세균수가 10^3 이하인 것이 선선하다.

4) pH 측정법

어패류는 사후에 젖산 등에 의하여 pH 값이 떨어져서 최저에 도달한 후 부패가 진행됨에 따라 여러 효소작용으로 인하여 아미노태, 암모니아태 질소가 증가하여 pH가 점점 높아진다. 이를 pH 시험지나 pH meter를 이용하여 측정하는데, pH 시험지의 경우 측정오차가 크고, 착색된 어육제품의 경우에는 측정이 힘든 단점이 있다.

5) ATP 분해물 측정법

어패류가 원래 가지고 있던 효소작용과 사후경직 후 해직됨에 따라 미생물이 작용하면 adenosine triphosphate(ATP)가 ADT → AMP →IMP(inosinic monophosphate) → inosinic acid(HxR) → hypoxanthin의 순으로 분해된다. ATP의 분해로서 생성된 inosinic acid와 hypoxanthin의 비율을 K값이라 하며, 이는 생선의 신선도와 일치한다.

6) 휘발성 아민 및 암모니아 측정법

생선이 부패하면 발생하는 암모니아 휘발성 아민 등을 측정하여 선도를 판정하는 방법이다. 염산과 에탄올, 에테르의 혼합시약(Ebel)의 기체와 어육을 반응시켜 기체가 혼탁해지면 초기부패가 일어난 것으로 판정한다.

4. 어패류의 냉동저장

어패류의 신선도 저하는 대단히 빠르다. 어획 직후부터 선도관리를 잘 할 필요가 있다. 사후경직의 시간을 길게 하고, 선도를 오래 유지하려고 할 때는 생선을 잡은 후 고통을 주지 않고 곧 죽인 후 바로 저온으로 유지하는 것이 바람직하다. 어패류의 저장에는 빙장·냉동 등의 저온저장이 필요하고, 수송 및 판매에 있어서도 cold chain system에 의하는 것이 좋다.

1) 냉 동

각 해산물의 특징에 따라 그 냉동법이 다르다. 큰 고기의 경우 소비형태에 따라 선 가공을 하여 냉동하고 조개 등은 내용물만을 모아 냉동을 한다. 냉동 시 수분의 응결로 인한 crystallization에 의하여 육질의 손상이 생기므로 18℃ 이하로 급속냉동을 한다.

2) 냉동 후의 처리

냉동 pan에 담아 냉동한 생선들을 뽑아내는 작업은 10～20℃ 물 속에 잠시 담갔다가 꺼내어 충격을 주면 pan에서 냉동식품이 떨어진다. 그러나 저온에서 냉동하더라도 표면이 건조하고, 내부가 빙결정되어 있으면 생선은 기계적·교질학적 손상을 받아 식품가치가 저하될 뿐 아니라 amino-carbonyl 반응, myoglobin의 met-myoglobin으로 변화, 지방질의 산화, 변색, phenolase로 인한 melanin의 생성 등으로 변화된다. 이 변화를 **냉동변색**(freeing burn)이라 한다.

이 변색을 방지하기 위하여 빙의를 입힌다. 빙의를 입힐 때는 필요에 다라 담수와 해수에 항산화제 등을 용해하여 -15℃ 이하에 냉동식품을 잠시 담갔다가 꺼내어 냉동하면 얼음의 피막(2～7 mm)이 형성되어 식품에 밀착된다. 이 조작을 glazing이라 한다. 근래에는 항산화제 대신 용수에 ascorbic acid를 용해하여 사용하는 경우가 많고, 피막의 접착 강도를 높이기 위하여 gelatin과 carboxyl methyl cellulose를 첨가하는 경우도 있다.

3) 유 통

냉동식품은 cold chain system에 의하여 냉동공장에서 판매점이나 가공공장으로 운반, 저장된다. 공장에서 판매점에 운반될 때에는 업무용 냉장 콘테이너에 의한다. 콘테이너는 소형인 reaching형($3m^3$ 이하)과 대형인 walking형($3m^3$ 이상)이 있다. 냉동차의 냉동 콘테이너의 동력은 차의 엔진을 사용하든가 별도로 마련된 것도 있고, 단시간·단거리 유통에는 액화질소, dry ice를 이용하는 경우도 있다.

4) 해 동

냉동식품의 얼음을 녹이는 것을 해동이라 한다. 적은 양의 냉동식품은 냉동상태로 조리 가열하여도 무방하지만, 많은 양의 식품을 해동하려고 할 때에는 drip이 생겨 정미성분이 유출되므로 이것을 방지하여야 한다. 해동에는 물에 담아 해동하는 방법(완만 해동법)과 가열하여 해동하는 방법(급속 해동법)이 있다. 가정에서는 비닐봉지에 밀봉하여 수돗물에 담아 해동하는 방법이 좋다.

5. 어패류 가공식품

1) 연제품

연제품이란 생선묵과 같이 생선에 전분, 조미료, 증량제(전분) 등을 넣어 잘 으깨서 일정한 형을 만들어 찌거나 굽거나 튀기거나 해서 gel화한 것을 말한다. 일반 어육을 가열하면 다량의 액즙이 분리되고, 육은 경화되어 탄력 있는 gel로 되지 않는다. 그러나 어육에 미리 약 3%의 식염을 넣어 갈면 점조성을 갖는 paste로 되어 가열해도 액즙의 분리가 일어나지 않고 탄력을 갖는 연제품을 만들 수 있다.

(1) 연제품의 원료어

제품은 원료 생선의 신선도가 좋을수록 gel화가 잘 되므로 신선하고 빛깔과 맛이 좋아야 한다. 생선묵은 빛깔이 흰조기·광어·오징어 등이 좋고, 기름기가 많은 것은 좋지 않다. 연제품에 사용되는 원료어는 탄력이 강하고, 맛이 좋은 제품을 만들 수 있는 것이 좋다. 연제품의 원료어는 100여 종류 이상이지만, 생선의 값·맛·육색·탄력 등을 고려할 때 만족할 만한 단일 어종은 매우 한정되어 있어서 여러 가지 어육을 배합하여 연제품을 만들고 있다.

(2) 연제품의 부원료

연제품 제조에는 기본적으로 어육에 식염만을 넣어도 되지만, 품질향상과 제조원가를 조정하기 위하여 여러 가지 부원료를 사용한다. 부원료로는 증량제 또는 탄력 보강제로서 전분 및 식물성 단백질이 있고, 탄력 보강제로서 축합인산염 및 브롬산칼륨, 풍미 개량제로서 설탕 및 화학조미료 등이 있고, 광택제 또는 색조 개량제로서 난백 및 색소, 저장성을 개선하기 위한 방부제 등이 있다.

가) 전분

연제품 제조에는 일부 고급품을 제외하고는 탄력보강 및 증량제로서 어육량에 대하여 3～25%의 전분을 혼합한다. 전분은 주로 밀가루, 감자전분, 고구마전분, 옥수수전분 등을 사용하며, 이 때 전분량의 2～3배의 물을 넣어야 하므로 증량효과도 있다.

나) 식물성 단백질

대두단백질 등 식물성 단백질이 연제품의 증량제 혹은 탄력 보강제로서 사용된다. 식물성 단백질을 첨가하면 영양적인 면에서는 바람직하지만, 탄력 보강이나 증량효과는 전분보다 떨어지고, 첨가량이 많아지면 풍미가 떨어지는 결점이 있다.

다) 탄력 보강제

어육단백질에 직접 작용하여 연제품의 탄력을 강화시키는 화학물질을 작용기작 면에서 볼 때 actomyosin의 용해성을 증진시키는 용해성 증진제와 망상구조 강화제로 나눌 수 있다.

① 축합인산염 : Actomyosin의 용해성이 상당히 증진

② 염화칼슘과 브롬산칼륨 : Actomyosin의 망상구조를 증강

③ 알칼리 첨가 : pH를 6.5～7.0으로 조정, actomyosin의 용해성이 증진

라) 조미료

연제품에는 설탕, 글루타민산소다, 핵산계 조미료, 아미노산계 복합조미료 등이 사용된다.

(3) 연제품의 제조원리

연제품이 단단하게 되는 것은 단백질 분자가 망상조직(network)으로 되기 때문이다. 이 망상조직을 구성하는 단백질은 생선단백질의 대부분(60～70%)을 차지하며 myosin계 단백질이다. Myosin은 물에 녹지 않고 묽은 소금물에 용해되는 성질이 있으므로 생선고기를 소금과 으깨면 끈끈한 풀 모양이 된다. 이것을 일정한 형으로 하여 가열하면 단백질 분자가 반응하여 튼튼한 망상구조를 만들어 탄력이 있는 jelly 모양의 연제품으로 gel화된다.

갈아낸 생선의 어육에 actomyosin 용액을 가하여 가열하면 가늘고 긴 모양을 갖는 actomyosin 분자의 운동이 활발하여 상호간 서로 엉키고, 열에 의한 변성이 일어나 분자표면에 나타나는 반응기에 의하여 가교결합(cross linkage)이 형성되어 전체적인 망상구조를 이루어 탄력을 갖는 연제품이 된다. 그리고 이 때 식염에 의하여 단백질의 보수성이 높아져 물 분자는 단백질에 강하게 수화되어 망상구조 속에 포함된다.

(4) 연제품의 제조법

수산연제품의 종류는 다양하지만 기본적인 제조공정은 거의 비슷하다. 제조공정은 위생적으로 관리해야 하지만 제품의 품질상 가열공정까지 육온을 가능한 15℃ 이하로 유지하고, 각 공정을 조심스럽게 처리해야 한다. 또한 식염농도와 pH를 알맞게 조절하면 제품의 품질을 향상시킬 수 있다. 연제품 생산공장에서는 채육, 고기갈이, 제품공정을 별도의 장소에서 하지 않고 conveyor 등에서 연속작업을 하는 것이 바람직하다. 첨가하는 당의 양은 5%, poly인산염 0.25%, 소금 2.5%, 부원료로서 결착제・증량제・조미료・전분 등을 사용한다.

(5) 제조공정

원료를 선별하여 세척과 표백을 한 후 탈수공정을 거치고, 이를 갈아내고 성형을 한다. 그 후 열처리를 하여 gel화시키고 세균을 사멸한다.

연제품의 공정에서 고기갈기는 가장 중요한 공정으로 다음 3단계로 나눌 수 있

다. 1단계는 어육만을 넣고 10∼15분 정도 갈아서 어육조직을 파괴시켜 단백질이 용해되기 쉬운 상태로 만든다. 2단계에서 약 3%의 식염을 가하여 20∼30분 정도 거칠게 갈아 어육단백질을 용출시켜 육에 함유된 수분으로 식염을 용해시키면 actomyosin이 용출되고, 계속해서 갈면 점조성을 갖는 paste 상태로 된다. 3단계에서는 부원료인 조미료・탄력보강제・광택제・증량제 등을 혼합하여 15∼20분간 혼합하여 마무리 작업을 한다.

가) 튀김어묵

어육을 기름에 튀겨 가열한 제품으로 탄력이 약한 원료를 사용해도 급속한 가열로 인하여 탄력성이 강한 제품으로 만들 수 있다. 튀김어묵을 만들 때 당근・양파・다시마 등을 세절하여 첨가한 것과 참깨・고추・마늘 등을 첨가한 것 등이 있다. 또한 여러 가지 형태로 성형하여 소비자의 기호에 알맞게 만들 수 있어서 생산량도 상당히 증가하고 있다. 성형은 주로 자동성형기를 널리 사용해서 여러 가지 형태로 만든다. 가열온도가 높으면 짧은 시간 내에 표면을 태우지 않고 튀기기 위하여 막대기 모양 또는 얇은 판자모양으로 성형한다. 어묵인 대형일 경우는 미리 증자하여 가열한 것을 표면 색깔이 튀김색을 띨 정도로 튀긴다.

튀김은 기름온도를 160∼200℃로 일정하게 유지시킬 수 있도록 자동온도조절장치가 부착된 연속식 가열기에서 튀긴다. 튀김을 끝낸 제품은 여분의 기름을 원심분리기나 금속제 conveyor를 사용해서 제거한 다음 냉각시킨다.

나) 생선소시지

생선소시지와 생선묵의 차이점은 흰살 생선을 원료로 사용하지 않고 다랑어와 고래 같은 붉은살 생선을 사용하여 일반 소시지와 같이 제조하는 것이다. 가격이 싸고 염화 vinylidine, 염화 vinyl, nylon tube에 casing하여 살균온도를 높고 길게 하므로 저장성을 증가시킨다.

① 원료어 : 생선소시지에 사용되는 원료어는 붉은살 어류인 다랭이가 가장 좋다. 새치류, 상어류, 전갱이 등도 이용된다. 붉은살 어류로서는 탄력이 강한 제품을 만들기 힘들지만, 어육소시지는 어묵과 같은 강한 탄력보다는 농후한 맛을 중요시하므로 원료어로서 좋다. 제품 조성의 예는 다음과 같다. 다랑어 50%, 고래고기 33%, lard 10%, 조미료 및 기타 향신료 7%이다.

② 제조공정 : 원료인 냉동 다랑어는 해동하여 껍질과 피를 제거하고, 6 cm 정도의 토막으로 절단하며, 고래고기는 냉동된 그대로 machine으로 적당히 절단

한 뒤 slicer로 1 cm 두께로 절단하여 물로 피를 빼고 소금, $NaNO_3$, ascorbic acid의 소듐염으로 살색을 고정시킨다. 제품의 결착성, 빛깔, 보수성을 좋게 하기 위하여 전분, 인산염을 첨가한다. 으깨기를 마친 것은 정량충전기로 염화 vinyl, 염화 vinyldine, nylon에 casing하여 packing machine에 넣어 casing의 양 끝을 알루미늄 ring으로 결속시킨 다음 연속식 살균기에 의하여 90℃에서 50분간 살균하고 냉각시킨다.

표 8-1. 어류 건제품의 종류와 특징

종 류	원료어	특 징
소건품	오징어, 명태, 상어지느러미	원료어를 가공처리하지 않고 자연적으로 말리는 제품으로 크기가 작은 생선을 원료어로 사용한다. 크기가 큰 원료어는 건조 중 부패가 일어날 수 있으므로 적합하지 않다.
염건품	굴비, 간대구포	염건품은 어패류를 염지한 후 건조한 것. 가염의 목적은 짠맛을 부여하며, 맛을 향상시키기 위한 것과 침지하여 육에 함유된 수분의 일부를 감소시키고, 동시에 식염의 방부력으로 건조할 때나 제조 후에 세균에 의한 변질을 방지하기 위한 것이 있다. 전자는 원료어를 식염수에 침지하는 물간을 이용하고, 후자는 원료어에 식염을 뿌리는 마른간을 이용한다.
자건품	마른멸치, 굴, 해삼, 전복	자건품은 어패류를 그대로 또는 염지한 것을 삶은 후 건조한 것. 자건품의 제조는 원료어패류를 건조 전에 삶아 자기소화효소를 파괴하고, 부착되어 있는 세균을 사멸하여 부패의 발생을 가능한 한 억제한다. 육단백질을 열응고시켜 수분의 일부를 제거하여 건조가 잘 되도록 한 방법이다.
훈건품	청어, 연어, 고등어	냉훈법 : 10~30℃ 정도의 온도에서 1~3주간 훈연하므로 시간이 오래 걸리지만, 제품의 수분함량이 35~40% 이하로 감소되어 저장성은 높지만 풍미가 떨어진다. 온훈법 : 50~80℃의 온도에서 2~12시간 정도의 짧은 시간 훈연하므로 제품의 수분이 50% 정도 함유되어 냉훈품에 비하여 보존성이 떨어지지만, 제품에 독특한 풍미를 부여한다.
동건품	동태, 한천	원료를 겨울동안 자연이나 냉동고에서 동결한 후 10℃ 정도의 곳에서 방치하는 공정을 여러 번 반복하여 얼음의 승화와 탈수에 의해 건조한 것이다.
배건품	복어, 붕장어, 가자미	한 번 구워서 건조시킨 것. 이러한 건어물도 보존 중 공기중의 산소에 의하여 지방질이 산화되어 불쾌한 냄새가 나거나 떫은맛이 생기고, 빛깔이 변하기도 한다.

다) 염장어

염장은 소금을 첨가하여 탈수시키거나 이것을 발효시켜 풍미를 부여할 수 있는 저장법으로 소금을 직접 뿌리는 건염법과 소금물에 침지하는 습염법이 있다. 염장어는 고등어 · 청어 · 조기 · 연어 · 송어 등에 이용된다. 소금량은 보통 원료의 20～30% 정도로 염장한다. 소금량의 10～15%를 아가미에, 17～25%를 복부에 뿌려 퇴적하여 냉장한다.

라) 어류 건제품

어류 건제품은 건조 전 처리방법과 건조법에 따라 다음과 같이 분류된다. 어패류의 소건품(plain dried products), 염건품 및 자건품은 대부분 천일건조한 것이지만, 최근에는 건조기를 사용하여 만든 것이 증가하고 있다. 또한 이러한 건제품은 대부분 소규모의 공장에서 만들어지고 있다.

제 9 장

곡류와 그 가공식품

우리의 주식에서 곡류가 차지하는 비율은 매우 높다. 또한 건강에 대한 관심이 높아지면서 쌀을 비롯한 보리, 밀과 같은 맥류, 옥수수 이외에도 여러 잡곡류가 식생활에서 차지하는 비중이 점차 증가하고 있으며, 새로운 형태의 곡류제품이 등장하면서 이에 대한 연구가 활발히 진행되고 있다.

1. 전분의 특성

전분(starch)은 대표적인 식물의 저장 탄수화물로 대부분의 전분은 아밀로오스(amylose)와 아밀로펙틴(amylopectin)으로 구성된다. 일반적으로 세포 내의 세포질에 존재하는 색소체 속에서 형성되며, 그 속의 입자의 형태로서 존재한다. 조리과정 중에 매우 안정적이나 열에너지의 공급에 의해서 호화-노화의 과정이 발생되며, 물에는 전혀 녹지 않으며 다만 현탁액으로 존재한다.

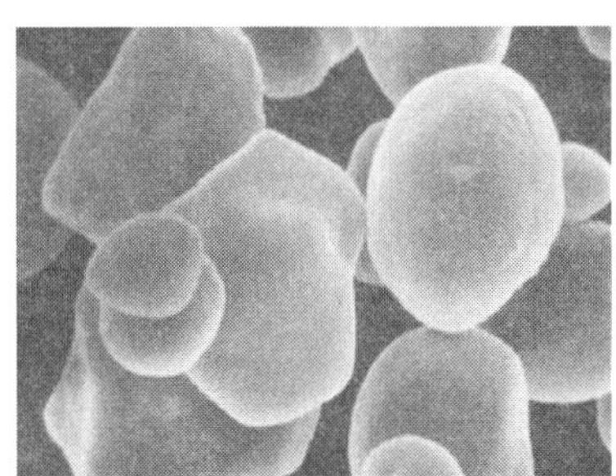

호화되지 않은 옥수수 전분

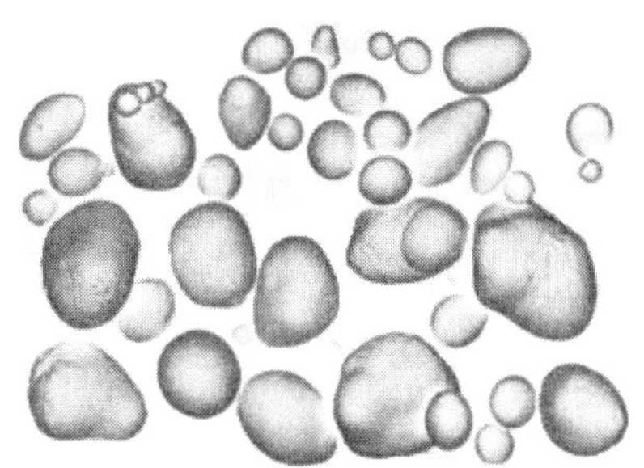

호화되지 않은 감자 전분

그림 9-1. 호화되지 않은 전분입자

1) 전분의 입자 및 구조

전분은 10~17%의 수분을 함유하고 있으면서 식물체 내에서 대부분 전분입자 형태로 존재하는데, 전분분자들 상호간의 수소결합(hydrogen bond)을 통해서 강하게 결합되어 미셀(micelles)을 형성하며, 그 형태를 일정하게 유지한다. 전분은 직선상으로 된 아밀로오스(25%)와 직선상 외에 분지형태를 갖는 아밀로펙틴(75%)으로 구성된다.

Amylose

Amylopectin

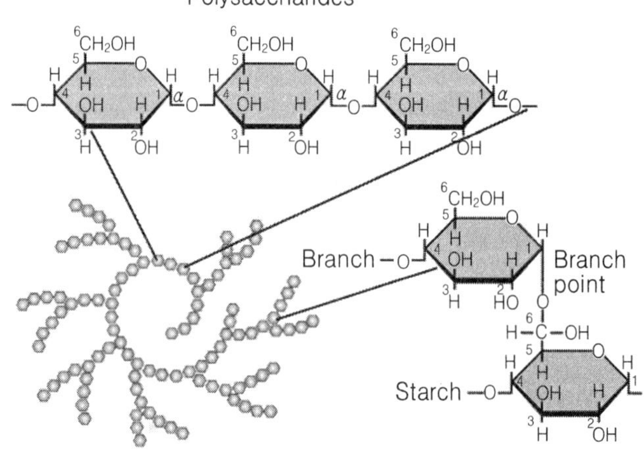

그림 9-2. 전분의 아밀로오스와 아밀로펙틴의 구조

2) 아밀로오스

아밀로오스는 포도당(α-D-glucose)이 가지, 즉 분기 없이 α-1,4 결합으로 연결된 α-나선형(helix) 구조를 가진 직쇄상의 중합체이다.

3) 아밀로펙틴

아밀로펙틴은 아밀로오스와 달리 가지를 많이 가지고 있는 분자구조로 아밀로오스 직쇄상 α-1,4 결합을 가지며, 가지는 α-1,6 결합으로 형성된 구조이다.

2. 전분의 호화, 노화 및 호정화

1) 전분의 호화

전분을 물과 함께 가열하면 생전분은 호화되어 점도나 투명도가 증가한다. 호화된 교질용액을 냉각시키면 냉각속도와 감소되는 열에너지 함량에 따라 겔화되거나 노화되어 생전분과는 다른 형태로 되고, 용액에 함유된 물의 양이나 전분의 배열상태가 달라짐으로써 소화효소의 침투 정도에 영향을 미친다.

(1) 제 1단계

전분입자들은 찬물 속에 존재할 때는 일부 물 분자가 흡수되어 수화현상이 일어나나, 전분입자들의 외관상의 모양에는 별 변화가 없다. 그러나 가열 초기온도가 점차로 상승되면 전분입자들은 25~30% 정도의 수분을 흡수하며, 이 때 반응은 가역적으로 발생된다.

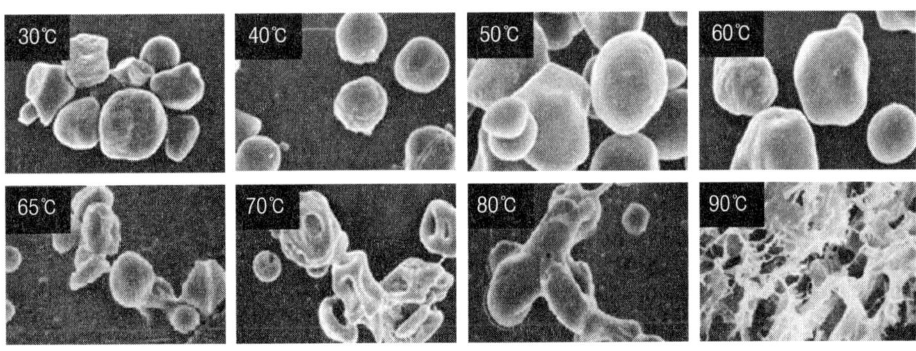

그림 9-3. 옥수수 전분의 호화과정

(2) 제 2단계

온도 상승에 따라 입자들의 물 흡수량은 증가하고 전분입자들은 팽윤이 급속하게 일어난다. 그러나 팽윤된 입자들은 그 형태를 그대로 유지하나, 이 흡수과정은 비가역적으로 발생된다

(3) 제 3단계

수분이 최대로 흡수되면 전분입자들은 계속적으로 붕괴되고, 어느 정도 투명한 교질상태의 용액이 형성되고 점도가 감소된다.

가) 겔화에 영향을 미치는 요인

① 전분의 종류 : 전분입자의 구조에 따라 다르다.
② 수분, 온도 : 수분이 많을수록, 온도가 높을수록 gelatinization이 더 잘된다.
③ pH : 알칼리성이 gelatinization이 더 잘 된다.

2) 전분의 노화

호화된 전분을 냉장온도 이하로 방치하면 냉각되어 단단해진 전분분자들이 자연발생적으로 침전하여 불용성의 덩어리를 형성하는 과정을 말한다.

① 현탁액의 색은 유백색으로 변하며 흐려지고,

표 9-1. 식품 속에서의 전분의 여러 기능들

기능에 의한 분류	식품의 종류
농화제	소스, 스프, 그래비(gravies)
젤 형성제	푸딩, 고무드롭스
안정제	청량음료, 시럽 살라드 드레싱
결착제	가공 육류제품
수분유지제	과제류
피막제, 살포용 분말	빵, 과자류
조형제	젤리, 과자류
희석제, 유동촉진제	베이킹 파우더

② 점도는 서서히 감소되며
③ 효소의 작용도 점차로 억제된다.

(1) 노화에 영향을 미치는 요인

① 전분의 종류 : 전분입자의 구조에 따라 다르다.
② Amylose의 농도 : Amylose의 함량이 높을수록 노화가 더 잘 일어난다.
③ 전분의 농도 : 전분의 농도가 높을수록 노화가 더 잘 일어난다.
④ 수분 : 30~60%의 수분에서 노화가 더 잘 일어난다.
⑤ 온도 : 온도가 낮을수록 노화가 더 잘 일어난다.
⑥ pH : 산성의 경우 노화가 더 잘 일어난다.

※ 빵의 스테일링

빵류나 기타 밀가루로 만든 과자류를 방치해 두면 빵이나 과자류의 껍질부분은 내부에서의 수분의 확산에 의해서 느긋느긋하여지는 반면에 빵의 속 부분은 그 조직이 점차로 딱딱해지며, 더 오랜 시간 방치할 경우 전반적인 탈수 또는 건조현상, 그 속의 유지의 산패, 단백질의 변성, 빵 조직의 탄력성 상실 등의 여러 변화가 일어나며, 이들 식품의 풍미는 급속도로 저하된다. 이와 같은 품질의 저하를 스테일링(staling)이라고 한다. 이는 주로 빵 속의 호화된 전분 분자들 사이의 수소결합에 의한 노화현상에 의해 일어나지만, 그 외에 여러 변화가 모두 관계되므로 전분의 노화와는 구별된다. 이런 현상을 방지하기 위해서는 60℃ 이상 또는 냉동온도에 보관하거나 빵 반죽에 2~4% 정도의 당류 및 시럽을 첨가하는 것이 좋다.

3. 곡류 가공식품

곡류의 주성분은 전분질로 맛이 담백하여 주식으로 적합하기 때문에 널리 이용되는데, 우리나라에서는 쌀이 주식인 밥을 짓는 주재료가 된다. 곡류는 쌀과 잡곡으로 나뉘는데, 잡곡에는 밀·보리·귀리·호밀·옥수수·조·수수·메밀 등이 포함된다. 최근 성인병 예방과 기능성 측면에서 이들 잡곡의 이용이 증가되고 있으며, 새로운 품종의 개발도 함께 이루어지고 있다.

1) 곡류의 1차 가공

(1) 쌀

벼(*Oryzae sativa*)를 베어 건조시킨 후, 탈곡하여 나락의 왕겨 층을 벗겨 낸 것이 현미이다. 벼 낟알의 비율은 현미 80%, 왕겨 20%로서, 현미는 가장 바깥층에 과피가 있고, 그 내부에 종피, 호분층, 배유 및 배아로 구성되어 있다. 호분층과 배아에는 단백질·지방질·비타민이 많고, 배유에는 전분이 많다. 현미를 도정하여 배아·호분층·종피·과피를 제거한 것을 백미라고 하며, 제거된 것을 쌀겨(rice bran)라고 한다. 배아가 쌀겨 속에 섞여 들어가지 않게 도정한 것을 배아미라 한다.

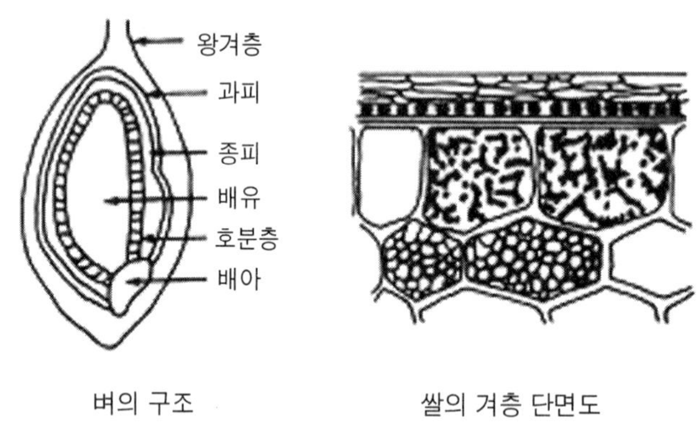

그림 9-4. 벼의 구조와 쌀의 겨층 단면도

표 9-2. 도정률에 따른 쌀의 종류

종 류	특 성	도정률(%)	도감률(%)	소화율(%)
현 미	나락에서 왕겨층만 제거한 것	100	0	95.3
5분도미	겨층의 50%를 제거한 것	96	4	97.2
7분도미	겨층의 70%를 제거한 것	94	6	97.7
백 미	현미를 도정하여 배아, 호분층, 종피, 과피 등을 없애고 배유만 남은 것	92	8	98.4
배아미	배아가 떨어지지 않도록 도정한 것			
주조미	술의 제조에 이용되며, 미량의 쌀겨도 없도록 배유만 남게 한 것	75 이하		

가) 도정과 정맥

곡물 중에서 쌀과 보리는 그 조직의 특성에 따라 1차 가공으로 도정을 하게 된다. 현미와 보리는 과피·종피·호분층·배유로 구성되어 있다. 바깥쪽에 겉껍질이 붙어 있는데, 바깥에서 호분층까지의 등겨층을 벗기는 조작을 도정 또는 정백이라고 한다. 배아에는 단백질·지방·비타민 B_1이 많이 들어 있어 식용미로 도정할 때는 영양적으로 중요한 호분층과 배아가 제거되므로 도정의 정도는 영양분과 소화율에 영향을 준다.

도정도는 등겨 층의 벗겨진 정도를 말한다. 현미를 정백하면 겨와 배아 등이 제거되므로 현미보다 중량과 부피가 줄게 되는데, 여기서 줄어든 양의 현미 중량에 대한 백분율을 도감비율이라 한다. 현미에서 얻은 백미와의 중량 백분율을 정백비율이라 한다.

(2) 밀

밀과 보리도 벼와 비슷한 구조를 가지고 있다. 보리는 주로 식량으로 쓰이나 맥아로도 사용되기 때문에 쌀이나 밀과는 달리 발아 비율이 문제가 되며, 95% 이상 되는 것이 좋다. 보리에는 곡립에 부피가 밀착되어 쉽게 떨어지지 않는 겉보리와 부피가 잘 떨어지는 쌀보리로 나눈다. 밀은 배아 2.5%, 배유 80%, 껍질 16%로 되어 있다. 무기질은 과피와 종피 등 껍질에 많고, 안으로 갈수록 적다. 배아 속의 비타민 함량은 쌀, 보리에 비하여 영양적으로 유리하다.

가) 밀의 제분 및 제분율

① 제분 : 가수처리한 밀 입자를 일련의 롤러 밀을 이용하여 배유만을 분리한 후 체와 공기흡입기를 이용하여 적당한 크기를 가진 밀가루를 얻는 과정을 말한다.

② 제분율 : 원료소맥 중량과 제분에 의해 생산된 밀가루 중량의 비율을 말한다. 시중에서 구하는 다목적용 밀가루는 제분율이 72%로 원료 밀로부터 28%가 제거된 것을 의미한다.

나) 밀의 글루텐 단백질

글루텐(gluten)은 밀가루를 반죽함으로 형성되는 단백질 복합물로 밀가루에 들어 있는 단백질의 약 90%가 함유되어 있다. 밀가루에 물이 가해지면 먼저 글루테닌이 팽윤되면서 글리아딘, 메소닌과 일부 수용성 단백질을 흡수하며, 글루텐이란 새로운

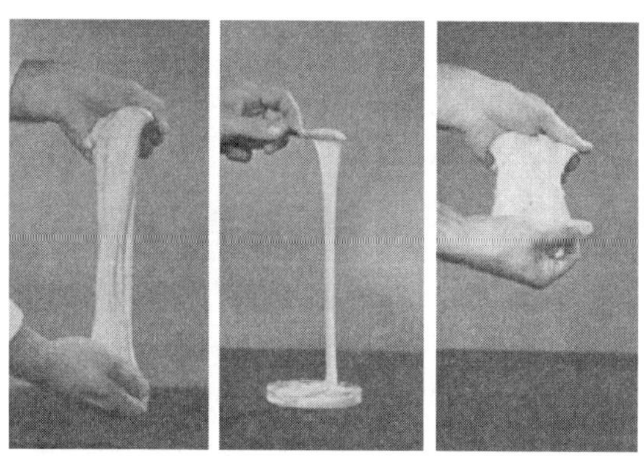

그림 9-5. 글루텐(왼쪽), 글리아딘(가운데), 글루테닌(오른쪽)의 형성

표 9-3. 밀가루의 성질과 용도

종 류	글루텐 함량		특 성	용 도
	습부량	건부량		
강력분	40% 이상	13% 이상	점탄성이 크고, 단백질 함량이 높으며, 경질 소맥을 원료로 한다.	빵 마카로니
중력분	35% 내외	10~13%	중간 질의 밀을 제분한 것이다	면류
박력분	30% 이하	10 % 이하	촉감이 부드럽고, 연질 소맥을 원료로 한다.	과자 튀김

물질을 형성한다. 이는 밀가루가 가지는 특이한 기능으로서 형성된 글루텐은 점탄성을 가지고 있어 제빵과 제면시 밀가루에 신장성과 끈기를 부여하므로 밀가루 품질을 결정하는 가장 중요한 요소가 된다. 이 때 점성은 글리아딘으로부터 탄성은 글루테닌 단백질로부터 얻어진다. 젖은 글루텐 성분은 건조중량의 약 3배의 물을 흡수한다.

글루텐의 함량에 따라 밀가루는 강력분·중력분·박력분으로 분류된다. 강력분은 경질 밀을 제분하여 만들었기 때문에 글루텐의 함량이 13% 이상 되어 주로 빵·마카로니를 만드는 데 사용된다. 중력분은 점탄성, 단백질이 중간 정도의 중질 밀에서 얻은 밀가루로서 글루텐 함량이 11~13% 함유되어 주로 면류 제품에 이용되고, 박력분은 연질 밀에서 얻은 밀가루로서 글루텐 함량이 10%이므로 과자, 튀김용, 케익 만드는 데 사용된다.

2) 곡류의 2차 가공

(1) 제빵

빵(bread)이란 밀가루와 부재료를 첨가 혼합하고 이겨서 만든 반죽을 탄산가스를 내는 팽창제로 부풀게 하여 구워서 만든 것으로 팽창제로 효모를 사용한 것을 발효빵(식빵), 화학약품을 팽창제로 사용한 것을 무발효빵(비스킷)이라 한다. 빵의 분류는 원료에 따라 밀가루빵·흑빵, 제조법에 따라 미국빵·프랑스빵, 모양에 따라 감형·산형·코페·로울빵, 굽는 방법에 따라 팬빵·직소빵 등으로 다양하다.

가) 빵의 종류

빵은 빵류와 케잌류로 나눈다. 종류 소개에 앞서 우리는 빵과 케이크의 다른 점을 인식할 필요가 있다. 빵은 양질의 강력분을 주성분으로 효모를 투입하여 발효과정을 통한 망상조직을 만들어 씹히는 식감을 주로 하여 먹는 제품이다. 케이크는 박력분을 주성분으로 계란단백질의 기포성과 함기성을 이용하여 공기를 포입시켜 스펀지 조직을 얻어 부드러운 식감을 주로 하여 먹는 제품이다. 물론 근래에 케이크의 스펀지 조직형성을 보완하기 위하여 baking powder를 쓰는 경우가 보편화되어 있지만, 케이크는 발효과정이 없는 제품이라고 할 수 있다.

나) 빵의 분류

① 원료에 의한 분류 : 밀가루빵, 흑빵
② 형태에 의한 분류 : Pull-man bread, open-top bread
③ 특징에 의한 분류 : White bread, whole wheat bread, german bread
④ 제조방식에 의한 분류
  ㉠ 미국식 빵 : 단백질이 많은 밀가루를 사용하고, 조미료를 넣어 제조한 빵
  ㉡ 프랑스식 빵 : 단백질이 적은 밀가루를 사용하고, 조미료를 쓰지 않은 빵
⑤ 굽는 방법에 의한 분류
  ㉠ Pan bread : Pan에 반죽을 일정하게 넣고 굽는 빵
  ㉡ Hearth bread : 반죽을 pan에 넣지 않고 굽는 빵

다) 빵의 원료

① 물 : 수분함량은 빵의 물성과 안정성, 품질을 결정하는 중요한 요인이다.

② 밀가루 : 밀가루는 구워진 제품의 기초골격을 형성하는 기본 재료로 제빵 생산과정에서 가장 중요한 재료이다. 밀가루 성분 중 가장 중요한 것은 단백질

의 함량과 질이다. 밀가루의 제빵 적성은 글루텐의 질과 양으로 결정된다. 제빵용 밀가루는 단백질 함량 11～13%의 강력분이 좋다. 밀가루는 제분 후 글루텐의 탄성이 약하지만, 30～40일 뒤부터 강해지므로 제분공장에서는 밀가루를 일정기간 동안 저장하여 글루텐의 탄성을 높이는데, 저장 중 일어나는 형상을 **노화**라 한다. 제빵용 밀가루는 또한 흡수력이 큰 것이 좋다. 글루텐이 많고 어느 정도 밀가루 알맹이가 굵은 것이 흡수력이 크다.

한편, 글루텐의 글루테닌은 밀가루의 가공특성을 결정하는 성분으로 반죽시간 및 반죽형성 기간과 깊은 관계를 가지고 특히 탄성에 관계하며, 글리아딘은 빵의 부피와 신장성을 나타낸다. 밀가루 단백질을 형성하는 아미노산 중 -SH기를 가진 아미노산(시스테인)은 반죽에 걸리는 시간과 발효 및 반죽의 물리적 성질과 관계가 깊다고 한다. 일반적으로 cystein, cystine, glutathione 등이 많으면 반죽이 단단해지고 탄성이 크며, 이산화탄소를 많이 보유할 수 있으므로 제빵 적성이 좋다고 한다. 글루코오스도 효모의 영양성분으로 중요한 작용을 한다. 일반적으로 빵을 만들 때 효모만으로 팽창이 충분하지 못하면 밀가루의 질을 개량하여야 한다.

③ 효모 : 현재 우리나라에서 시판되고 있는 것은 주로 건조효모이다. 대규모 과자점에서는 압착효모를 사용한다. 효모(*Saccaromyces cerevisiae*)는 반죽 안에 들어 있는 글루코오스를 발효시킴으로써 발생되는 CO_2로 반죽을 부풀어 오르게 하여 빵을 다공질로 만들어 부피감을 부여하며, 특유한 풍미와 향기를 만들어 준다.

④ 이스트 식품 : 효모의 발효를 왕성하게 하여 잘 부풀어 오르게 하려면 무기염류를 넣어 주면 된다. 무기염류와 같은 효모의 영양물질을 이스트 식품(yeast food)이라 한다. 이스트 식품은 효모의 사용량을 절약할 수 있고, 빵의 체적과 촉감 등을 개량할 수 있으므로 dough conditioner라고 한다. 이스트 식품에는 NH_4Cl, $CaSO_4$, $(NH_4)_2SO_4$ 등이 포함되어 있으며, 글루텐 성질 개량제 $KBrO_3$/ $CaCl_2$와 물 조정제 칼슘염이 포함되어 있다. 엿기름의 즙액도 이스트 식품의 효과가 있다. 이는 엿기름이 가지고 있는 성분이 효모에 좋은 영양이 되고 α-amylase는 빵의 체적의 증진·촉감 및 빛깔을 좋게 하기 때문이다.

⑤ 베이킹 파우더 : 효모 이외에 빵을 팽창시키는 데 사용하는 약제를 베이킹 파우더라 한다. 베이킹 파우더에는 중조, 탄산암모늄 등과 같이 가열하면 이산화탄소, 암모니아를 발생시키는 약제와 주석산 혹은 그 산성염, 인산의 산성염, 명반 등에 각각 중조를 배합시킨 것이 있다. 중조를 가열하면 물과 CO_2가

※ 밀가루의 개량을 위한 첨가제

- 과붕산소오다($NaBO_2 \cdot H_2O_2$) : Protease로 인해서 약해진 글루텐의 힘을 보충시킬 수 있다.
- 브롬산칼륨($KBrO_3$) : 글루텐의 팽창력을 높이고, 탄성이 작은 밀가루의 탄성을 높일 수 있으며, 밀가루의 protease 작용을 중지시킴으로써 반죽의 이산화탄소 보유력을 한층 증가시킬 수 있다.
- 과황산암모늄($(NH_4)_2S_2O_8$) : 위와 같이 글루텐의 탄력을 높일 수 있다.

※ 효모의 발효에 영향을 주는 인자

- 온도의 영향 : 온도에 따라 효모발효가 좌우된다. 즉 30℃일 때 최적 100이라 하면 18℃에서는 59, 47℃에서는 78로 각각 저하된다.
- 설탕농도의 영향 : 밀가루에 첨가하는 당은 삼투압이 변함으로써 발효에 변화를 일으키며, 설탕농도가 높으면 발효가 억제된다.

발생하며, 그 수용액은 알칼리성을 나타낸다. 베이킹 파우더는 두 가지 약제가 혼합되어 있어서 물을 흡수하면 사용 전에 이산화탄소를 발생하므로 건조상태로 보관하여야 한다. 또한 베이킹 파우더를 뜨거운 물에 넣어 반죽을 하면 빵을 찌기 전에 이산화탄소 및 암모니아 가스가 발생하여 빵이 잘 부풀지 않으므로 냉수로 반죽하여야 한다.

⑥ 설탕 : 설탕은 빵에 단맛을 줄 뿐만 아니라 효모의 중요한 탄수화물 공급원이 되어 발효를 돕는다. 또한 발효 후에는 빵껍질의 색깔과 향기에 관여한다. 갈색화 반응에 의해 포도당과 맥아당은 금빛 갈색, 과당은 붉은 계통의 갈색, 유당은 진한 갈색을 생성한다. 남은 설탕은 빵의 보존기간을 연장시키며, 빵의 부패를 막고 빵을 부드럽게 하는 효과가 있다.

⑦ 소금 : 소금은 빵의 맛을 좋게 함과 동시에 설탕의 단맛을 강하게 하고 반죽에 점성과 탄력성을 증가시킨다. 밀가루에 소금을 많이 넣으면 삼투작용으로 효모의 발효를 방해하지만, 소량을 첨가하면 반죽 안에서 오히려 발효를 촉진시킨다. 소금의 사용량은 밀가루에 대하여 1～2%이면 적당하다.

⑧ 지방 : 빵을 만들 때 butter, margarine, lard, shortening oil 등을 반죽에 넣으

면 빵이 연해지고 부드러워지며, 향기, 영양 및 맛이 좋아진다.

⑨ 우유 : 우유는 수분 흡수능력 때문에 품질을 개량할 수 있는 기능이 있다. 분유를 1% 정도 증가시키면 수분 흡수율이 1% 정도 증가하여 완성된 제품의 무게에 좋은 영향을 미치게 된다.

⑩ 계란 : 빵의 영양가를 높이고 빛깔・향기・맛을 좋게 할 뿐 아니라 빵의 조직을 연하게 한다. 계란은 팽창제 역할도 하는데, 난백은 난백단백질 막에 의해서 작은 기포들을 생성하며, 이것들이 굽는 과정에서 생기는 열에 의하여 팽창하여 원하는 부피를 얻게 된다. 계란은 완전식품에 가까울 정도로 영양성분이 좋고, 또한 계란 성분의 기능이 우수하다.

(2) 제면

밀가루・전분 등에 물과 소금을 넣어 반죽한 다음 얇게 빼어 가늘게 만드는 과정을 말한다. 면류를 제조하는 데 쓰이는 밀가루는 중력분이 적당하다. 면류에 첨가하는 소금은 밀가루의 글루텐을 파괴하는 protease의 작용을 억제하는 효과가 있으나, 품질이 나쁜 소금은 조해성이 강한 $MgCl_2$, $MgSO_4$ 등을 함유하고 있어서 국수의 질을 저하시킨다. 또한 면류를 제조할 때 반고체의 식용유를 넣는 것은 면이 급속히 건조되는 것을 방지하고, 서로 붙지 않기 위해서이다.

가) 건조 밀국수 제조

밀국수는 밀가루 글루텐의 점성을 이용한 것이다. 국수를 만들어 말리지 않은 생면과 말린 건면이 있다. 중력분에 소금・물이 원료이며, 무기질이 적게 들어 있는 상품일수록 제품의 빛깔이 희다.

※ 면의 종류

① 국수 : 밀가루 + 소금 + 물

② 메밀국수 : 메밀가루 + 소금 + 계란

③ 당면 : 녹말(글루텐이 없어 반죽 후 실모양의 가락으로 뽑아 끓는 물에 삶아서 동결시켜 천천히 녹인 다음 수분을 제거하고 건조시킨다)

④ 마카로니 : 강력분 + 세몰리나 + 물

⑤ 라면 : 국수를 증숙 후 기름에 튀긴 유탕면

건조 밀국수의 제조방법은 다음과 같다. ① 원료를 혼합하여 반죽을 한 뒤 면대기에 넣어 면대를 만든다. ② 만들어진 면대를 절도가 있는 절출기에 넣어 절단한다. 절출기로 국수를 가늘게 만들려면 좋은 밀가루를 택하여야 한다. ③ 절단한 국수는 2 m 길이로 잘라서 건조시킨다. 건조는 보통 옥외 건조장에서 하는데, 갑자기 건조시키면 case hardening이 생겨 부러지기 쉽다. 그러므로 20～25%까지 건조시킨 뒤 그늘에 모아서 건조를 중지시켜 국수의 수분분포를 고르게 하고, 또 다시 수분이 15% 정도로 될 때가지 건조시키는 것이 좋다.

나) 마카로니 제조

마카로니(macaroni)는 이태리의 제품이었으나, 근대 공업적으로는 미국에서 더욱 발달되고 있다. 수압식 압착기를 사용하여 제조하는 공장이 많이 설치되어 그 생산량과 동시에 소비량도 많아졌다. 마카로니는 조미료를 많이 흡착할 수 있어서 국수보다 더욱 맛이 좋다. 마카로니의 종류에는 macaroni elbow, sphaghetti, sphaghetti elbow, shell, alphabet 및 number 등 여러 가지가 있다.

마카로니의 제법은 원료를 혼합하여 50～60분간 반죽해서 면을 만들고, 면을 압출기에 넣어 관상의 마카로니를 빼내어 적당한 길이로 잘라서 건조시킨다. 갑자기 건조시키면 금이 생기게 되므로 통풍을 때때로 중단시키면서 약 24시간 건조시킨다.

다) 당면 제조

당면은 동면이라고 한다. 시판되고 있는 것은 고구마 전분으로 만든다. 고구마 전분은 글루텐과 같은 끈끈한 성분이 없으므로 묽은 반죽을 하여 선상으로 끓는 물에 넣어 삶은 다음 동결시킨다. 동결방법에는 천연동결법과 인공동결법이 있다. 동결한 국수는 서서히 녹여서 물을 뺀 다음 통풍이 잘 되는 곳에서 건조시킨다.

라) 인스턴트라면 제조

라면은 면을 기름에 튀김으로써 전분이 호화되는 동시에 탈수되므로 알파 전분이 고정된다. 따라서 더운물을 가하거나 잠시 동안 끓임으로써 바로 식용 가능한 것이다. 밀가루를 주원료로 해서 물, 식염 및 면질 개량제를 섞어 면을 만들어 증열에 알파화시킨 다음 그대로 건조하거나 기름에 튀겨 조미료를 첨부하여 간편하게 조리해서 먹을 수 있게 한 것이다. 면의 원료로는 중력분을 많이 이용하며, 유열처리용 유지로는 라드와 팜유 등을 사용하고, 튀기는 과정에서 유지의 함유로 산패가 일어날 수 있다. 산패를 방지하기 위해 항산화제로 토코페롤이나 BHA 등을 사용한다.

※ 라면을 먹고 자면 얼굴이 붓는 이유?

저녁에 라면을 먹고 자면 아침에 얼굴이 붓는다는 여성들의 이야기가 있다. 라면 때문에 얼굴이 붓는다고 생각하기 쉽지만 사실은 그렇지 않다. 라면을 저녁 무렵에 먹게 되면 스프의 맵고 짠맛을 없애기 위해 그만큼의 물을 많이 섭취하게 되고, 수면시간 동안 이를 몸 밖으로 배출시키지 못하기 때문에 얼굴이 붓는 것이다.

라면의 제법은 다음과 같다. ① 원료를 혼합하여 반죽한 후 반죽을 2개의 제면 roller로 압연시켜 면대를 제조한다. ② 면대의 두께는 1mm 정도로 조절한다. 절출 roller에 면대를 통과시키면서 일정한 면의 굵기로 선절한다. ③ 만들어진 면을 장방형의 상자 안에 100～105℃의 증기를 불어넣어 2～5분 정도 컨베이어를 통과시킨다. 이는 면을 호화시키는 공정, 즉 전분의 알파화 공정이다. ④ 증열한 면을 성형기로 성형하여 1인분씩 튀김용 망상 용기에 담는다. 튀기지 않을 경우에는 성형 후 90～100℃의 열풍으로 45～60분간 건조시킨다. ⑤ 망상 용기에 담긴 면을 140～160℃ 기름 속으로 2～3분 정도 통과시킨다. 수분이 5% 정도로 탈수되도록 하고, 알파화된 면의 전분이 그대로 고정되도록 한다. 맛, 사용유지의 신선도, 사용 시 품질관리, 제품의 저장성에 유의해야 한다. ⑥ 튀김이 끝나면 면의 질 저하를 막기 위하여 냉풍으로 강제 냉각한 뒤 포장하여 상품화 한다.

제 10 장

과채류와 가공식품

과실류와 채소류는 식물성 식품으로서 많은 공통점을 가지고 있다. 채소와 과일은 비타민과 무기질의 중요한 공급원인 식물성 식품이다. 최근에는 이들 식물성 식품 중의 생리활성물질이 발견되고 있으며, 기능성 측면이 부각되면서 건강식품으로서의 섭취 중요성이 알려지면서 다양한 식물성 식품의 연구 개발이 진행되고 있다. 따라서 과채류의 여러 가지 특성을 이해함으로써 생산에서 소비까지의 적절한 취급은 물론 가공이용에 활용할 필요가 있다. 이들 식품의 특성을 요약하면 다음과 같다.

① 영양적 특성 : · 수분함량이 높고, 단백질과 지방질 함량이 낮은 알칼리성 식품이다.
· 여러 가지 비타민이 함유되어 있고, 섬유질 · 펙틴질 · 리그닌 등이 다량 함유되어 있다.

② 식품적 특성 : · 유기산과 당분이 적당한 비율로 함유되어 있다.
· 경기변동에 영향을 받지 않고 수요와 공급에 따라 가격이 결정되며, 대부분 부식용 식품으로서의 역할을 한다.

③ 상품적 특성 : · 형태 · 크기 · 숙도와 성분 등이 달라 규격화하기가 어렵다.
· 수분함량이 높으므로 수확 후 변질이 쉽게 일어난다.
· 과채류의 생리에 맞는 적절한 취급이 요구된다.

④ 생산적 특성 : · 지역, 생산 시기에 따라 품질이 달라진다.
· 가격변동이 심하고, 소비자의 소비기간이 짧다.
· 선도유지를 위하여 운송 및 저장방법이 중요하다.

⑤ 생물적 특성 : · 수확 후에도 하나의 생물체로서 호흡, 증산, 생장, 후숙과

휴면 등의 생리활성이 지속된다.
· 유통과정에서 품질저하가 쉽게 일어난다.

이러한 이유로 과채류는 **생체식품**이라고 불리운다.

1. 과채류의 생리적 특성

1) 호 흡

수확 후에도 과채류는 생존을 위하여 호흡을 계속하게 되며, 이는 광합성 작용에 의하여 축적된 탄수화물 등이 영양분으로 이용된다. 호기적 호흡에서는 포도당에서 탄산가스와 물로 완전히 산화가 일어나는데 비하여, 혐기적 호흡과정에서는 에탄올이 생성된다. 수확 후 호흡에 미치는 환경적 요인은 여러 가지가 있다. 온도가 높을수록 호흡량이 커지므로 저온에서 저장하는 것이 좋으나, 열대성 청과물은 냉해가 쉽게 일어나므로 각 과일에 따른 저장온도를 설정하여 유지하는 것이 좋다.

2) 증 산

과채류의 증산작용은 수확 후 저장 시에 발생하는 과채류의 수분손실을 말한다. 증산작용으로 인하여 과채류는 약 5%의 중량 감소를 가져오고, 표면의 광택이 소실되어 상품가치의 저하를 초래하게 된다. 미숙한 과채류는 알맞은 수확기에 수확한 과채류에 비하여 증산량이 크며, 온도가 높을수록 증산작용이 커진다. 저장온도가 높으면 단위용적 내에 함유되는 수증기의 함량이 증가하며, 수증기의 분자운동이 활발해짐으로써 수분이 조직 내에서 쉽게 이탈하게 된다.

3) 생 장

과실류는 생장이 완료되었을 때에 식품적으로 최고의 가치가 있으나, 채소류는 생장 및 비대의 초기단계에 식품적인 가치를 가지게 된다. 따라서 수확한 채소류의 생장이 계속되면 조직의 경화가 일어나고, 색택이 저하되며, 풍미가 나빠지게 된다. 저장이나 유통과정에서 5℃ 이하로 보존하게 되면 생장작용을 억제할 수 있다. 최근에는 소비자들이 선도가 좋은 채소류를 선호하는 경향이 있어서 cold chain에 의한 유통이 많아지고 있는 실정이다. 통조림 제조 등 가공원료로 사용되는 과채류는 수확 직후 가열처리하여 효소를 파괴시킴으로써 생물적인 변화를 정지시킬 수 있다.

4) 후 숙

수확 후에도 과채류는 조직이 연화되거나 향기가 발생하고, 색택이 변화되는 등의 생리적 현상이 일어나는데, 이를 후숙이라고 한다. 이 현상은 특히 에틸렌, 호르몬 등의 작용으로 과채류에 존재하는 효소활성이 높아지고, 호흡작용이 상승하게 된다. 또한 펙틴질의 가용화가 일어나 가스교환이 어려워지므로 혐기적 호흡이 진행되며, 이로 인하여 에탄올과 유기산의 에스터(ester)가 생성되는 것이다.

5) 휴 면

식물체는 불량한 주위환경에 놓여 있을 때 그 생명을 보존하도록 되어 있는데, 이것의 대표적인 예가 휴면이다. 휴면에는 자발적 휴면과 강제적 휴면이 있다. 자발적 휴면은 마늘・양파 등 식물체의 생활주기 중에 일정기간 휴면을 필요로 하는 것을 말하며, 강제적 휴면은 환경이 부적당할 때 일어나는 휴면을 말한다.

2. 과실류의 성분

채소와 과일은 수분함량이 높고, 비타민이나 무기질이 다른 식품에 비해 비교적 높으며, 지방질 함량은 낮다. 특히 과채류의 비타민 C의 함량은 매우 중요한 영양성분이다.

1) 당

당은 과일의 구성성분 중 수분 다음으로 많이 함유되어 있는 것은 탄수화물이다. 과일에는 여러 가지 탄수화물이 함유되어 있는데, 대표적인 것으로는 환원당인 포도당과 과당, 비환원당인 자당이 있다. 과일의 생장에 따른 당 함량의 변화도 다른데, 사과의 경우 과실발육 초기에는 환원당의 비율이 높고, 과실이 어느 정도의 크기에 달하면 환원당 대신 비환원당의 증가가 뚜렷해진다.

2) 유기산

과일에 함유되어 있는 유기산에는 주로 malic acid, citric acid, tartaric acid 등이 있으며, 그 밖에 약간의 oxalic acid, succinic acid 등이 있다. 산은 대부분 유리산으로 존재하지만, 일부는 칼슘・마그네슘・칼륨 등의 무기이온과 결합된 염의 형태나 에스테르의 형태 등으로 존재한다. 성숙기의 포도는 유리산으로 보면 말산과 타르타르산이 같은 양 함유되어 있지만, 염으로 존재하는 것은 tartaric acid가 압도적으로 많다. 발육이 왕성한 어린 과실에서 많은 양의 유기산이 생성되고, 성숙함에 따라 점차 감소되어 수확기에는 먹을 수 있을 정도로 떨어지게 된다.

3) 탄 닌

많은 과실에 있어서 성숙 중에 일어나는 큰 변화 중의 하나가 떫은맛이 없어지는 것이다. 떫은맛은 혀의 점막단백질이 응고되어 나타나는 감각으로 느끼는 맛이다. 이는 탄닌 때문인데, 성숙함에 따라 떫은맛이 없어지는 것은 탄닌 성분 그 자체가 없어지는 것이 아니라 고분자물질로 되거나 알데히드, 펙틴 등과 결합하여 물에 불용성으로 되기 때문이다.

4) 향기성분

과실의 향기를 내는 성분은 알코올류, 에스테르류, 휘발성 유기산, 카르보닐 화합물, 테르펜류, 탄화수소류 등의 수많은 물질에 의하여 결정된다. 더욱이 이와 같은 물질들은 극히 미량의 휘발성분이고, 성분의 종류에 따라 향기의 강약에 큰 차이가 있으며, 같은 성분이라도 농도에 따라 전혀 다른 풍미를 느끼게 하므로 단지 함량의 다소만으로는 향기의 강약을 결정할 수 없다.

표 10-1. 채소와 과일의 향미성분 종류

식품 성분	향미 화합물
탄수화물 단당류	유기산 : 피루브산, 아세트산, 부티르산 에스테르 : 피루베이트, 아세테이트, 헥산노에이트 알코올 : 에탄올, 부탄올, 헥산알 알데히드 : 아세트알데히드, 프로판알, 헥산알, 옥탄알 테르펜 : 리나룰, 리모넨, 시트랄, 게라니알
아미노산 알라닌	피루브산, 에탄올, 아세트알데히드
발린 루신	이소프로판알, 이소프로파놀
페닐알라닌	3-메틸부탄알, 3-메틸부탄올
시스테인/시스틴	벤즈알데히드, 페닐아세트알데히드 티아졸
지방산 리놀레산	헥산알, 헥센올, 헥센알, 데카디엔알, 프로파날
유기산	글리옥실산 글리옥살, 피루브산, 에타올
카로티노이드	베탄-이오논
티아민	티아졸

3. 채소류의 성분

채소의 향기 성분은 야채가 본래 갖고 있었던 성분이나 당류, 아미노산들, 각종 신진대사물들에서 형성된 알데히드류, 케톤류, 산류, 에스터류, 터피노이드(terpenoids) 화합물 등의 향기성분 이외에 휘발성 유황화합물 또는 유황화합물들의 분해 생성물들이다.

1) 양파와 마늘류의 향기성분

대표적인 향기성분들은 휘발성 유황화합물이며, 이들은 주로 효소들이 참여하는 반응을 거쳐 형성된다. 특히 이들의 향기성분은 최루성분들을 함유하고 있는 특징이 있다.

① 양파 : 양파는 휘발성 유황화합물이 주요 향기성분으로서 알라인(alliin)이라는 성분이 효소 알라이네이즈(alliinase)의 가수분해에 의해 형성되는 것으로 알려지고 있다. 양파의 최루성분은 프로페닐설펜산으로 (+)-S-(프로필-1-에닐)-

표 10-2. 대표적인 향신료의 향기성분

향신료명	주성분
계피	벤즈알데하이드(benzaldehyde), 쿠미닉알데하이드, 리날릴 아이소뷰티레이트(linaly isobutyrate)
생강, 세이지	볼네올(α-borneol)
고추	캡사이신(capcisin), 다이하이드로캅사이신
타임	카바크롤(cavacrol), 타이몰(thymol)
후추	차비신(chavicine)
생강	시트랄(citral), 제라니올(geraniol), 진저롤 (gingerol), 쇼가올(shogaol), 진지베롤(zingiberol)
산초나무	시트로넬랄(citronellal)
마늘	다이알릴 다이설파이드(diallyl disulfide) 다이알릴 설파이드(diallyl sulfide)
샐러리	리모넨(d-limonene), 셀리넨(d-selinen)
박하	멘솔(l-menthol), 멘손(menthone), 플레곤(pulegone)
후추	피퍼린(piperine)
양파, 마늘	프로필알릴 다이설파이드(propylallyl disulfide)

L-시스테인 설폭사이드에서 효소작용을 통해 빠르게 분해되어 형성된다.

② 마늘 : 양파와 마찬가지로 다량의 다이알릴 설파이드(diallyl sulfide), 다이알릴 다이설파이드(dially disulfide), 다이알릴 트리설파이드(diallyl trisulfide), 다이비닐 설파이드(diinyl sulfide) 등의 휘발성 유황화합물들이 검출되고 있다.

(1) 섬유질

펙틴은 세포막이나 세포와 세포 사이에 셀룰로오스, 헤미셀룰로오스 등과 함께 존재하면서 세포와 세포를 결착시켜 주는 역할을 하는 물질이다. 따라서 펙틴은 식물의 거의 모든 부분에 존재하고 있다. 과일에서는 과육보다는 껍질과 과육 주변에 더 많이 존재하고 있다. 동물에서의 천연 접착물질이 젤라틴이라면 식물의 접착성분이 바로 펙틴이다.

① 셀룰로오스
② 헤미셀룰로오스
③ 펙틴질
④ 리그닌
⑤ 검질

(2) 색소성분

과실의 성숙과정이 진행됨에 따라 색이 변하여 각 종류나 품종 고유의 빛깔로 착

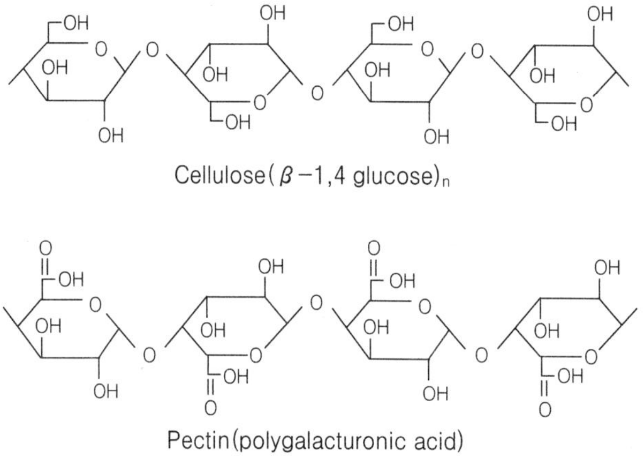

Cellulose(β-1,4 glucose)$_n$

Pectin(polygalacturonic acid)

그림 10-1. 셀룰로오스의 구조 및 펙틴질의 구조

① 클로로필의 산에 의한 가수분해 과정

Chlorophyll(초록색) —산→ 페오피틴(pheophytin) : 갈색 + Mg^{2+} —가수분해→ 페오포비드(pheophorbide) : 갈색

② 클로로필의 알칼리에 의한 가수분해 과정

Chlorophyll(초록색) —알칼리→ 클로로필라이드 : 짙은 청록색 + 파이틀(phytol)
—알칼리→ 클로로필린 : 청록색
—강알칼리→ 클로로필린의 염

③ 클로로필의 클로로필레이스(chlorophyllase)에 의한 가수분해

Chlorophyll(초록색) —클로로필레이스→ 클로로필라이드 : 청록색 + 파이틀(phytol)

④ 클로로필의 가열처리

Chlorophyll(초록색) —강한 가열 또는 장기간의 가열→ 포오피린류(porphyrins) : 갈색

⑤ 클로로필의 금속과의 반응

Chlorophyll(초록색) —Cu^{2+}, Fe^{2+}, Zn^{2+} ions→ 동 클로로필 : 선명한 청록색
철 클로로필 : 선명한 갈색
—가열→ 페오피틴(pheophytin) : 갈색 —Cu^{2+}→ 동 클로로필(copper chlorophyll)

그림 10-2. 클로로필의 변화과정

색된다. 과일의 빛깔은 향기나 미각과 함께 과실의 품질을 결정하는 중요한 요인 중의 하나이다. 과실 빛깔의 발현은 주로 유전적인 특성에 의하여 결정되지만 발육시기, 재배지의 조건이나 기상상태 등 재배관리에 의해서도 크게 좌우된다. 또한 저장이나 가공조건도 과실의 빛깔에 크게 영향을 끼치므로 유통과정에서 특유의 빛깔을 발현시키거나 유지되도록 각각의 입장에서 노력이 필요하다. 유과기에는 과피의 외층부에 엽록소가 함유되어 있어 녹색을 나타내지만, 성숙과정이 진행됨에 따라 엽록소는 점차 분해·소실되고, 안토시아닌과 카로티노이드 등의 색소가 나타나게 된다.

가) 클로로필

녹색채소의 잎이나 줄기의 색소성분은 주로 클로로필류, 즉 엽록소들에 의한다. 클로로필들은 카로티노이드에 속하는 카로틴 색소들, 잔소필 색소들(xanthophylls)과 함께 세포 내의 엽록체에 존재한다. 클로로필은 기능기에 따라 a, b, c, d 등으로 나뉘며, 보통 식물체에서는 주로 클로로필 a와 b로 존재한다. 이 때 a는 청록색, b는 황록색을 나타낸다. 순수한 클로로필은 물에 녹지 않으나 아세톤, 에에텔, 벤젠 등에는 잘 녹는다.

※ 블렌칭

통조림식품, 건조식품 등의 가공식품의 전처리로서 과실이나 야채류 속의 호흡가스를 제거해 주는 과정을 블렌칭(blenching)이라고 한다. 이 과정은 물 또는 수증기로 60℃ 이상 100℃ 사이에서 수분간 가열하는 과정으로 야채류의 녹색(클로로필)을 강화하며, 냉동이나 먹기 전 가열에서도 잘 유지된다.

나) 카로티노이드

색깔이 오렌지색, 노란색, 또는 빨간색을 가진 물에 녹지 않으나 지용성 용매에 잘 녹는 색소들을 말한다. 그 구조는 아이소프렌 구성단위가 8개 결합하여 형성된 테트라터필(tetraterpene)의 기본구조를 가지고 있고, 분자구조 내에 다량 존재하는 공액 이중결합에 의해 색깔을 내는 것으로 알려지고 있다. 이들 이중결합으로 인해 쉽게 산화되나, 산소가 없는 조건에서 고온으로 가열하여도 별 변화가 없으며 매우 안정하다.

① 노란색을 가진 대표적인 색소 : β-카로틴, 잔소필, 메틸 비키신, 크립토잔신, 루테인 등
② 빨간색을 가진 대표적인 색소 : 라이코펜, 캅잔신, 칸사잔신, 아스타잔신 등

(3) 피토케미칼

피토케미칼(phytochemical)의 phyto-'는 식물이라는 그리스 어원을 가지고 있다. 피토케미칼은 영양소가 아닌 식물성 화합물로서 질병의 예방 및 보호효과를 갖는

다. 2,000개 이상의 피토케미칼이 알려져 있고, 식물들은 이들 화합물을 스스로 생산하며, 최근 연구에 의해서 많은 피토케미칼이 질병을 예방하는 효과가 있음을 증명하였다. 잘 알려진 피토케미칼은 토마토의 라이코펜, 대두의 이소플라본과 과일의 플라보노이드이다. 이들 피토케미칼은 생명을 유지하기 위해 체내에서 요구하는 필수영양소는 아니다.

가) 피토케미칼의 작용

① 항산화제로서의 작용 : 대부분의 피토케미칼은 항산화 활성을 가지고 있어 산화손상으로부터 세포를 보호하며, 일부 암질환의 발생 위험을 줄인다. 양파, 마늘, 과일 및 당근, 과일, 채소, 차류 및 포도 등

② 호르몬 작용 : 대두에서 발견되는 isoflavones은 유사 에스트로겐으로서 폐경과 골다공증을 줄인다.

③ 효소의 자극 : 양배추에 존재하는 indoles은 효소를 자극하여 유방암의 발생을 줄인다. 또한 protease inhibitors(대두와 콩), terpenes(감귤류와 체리류)와 경쟁한다.

④ DNA 복제의 방해 : 대두 사포닌은 암세포의 증식을 방해하기 위해서 세포 DNA의 복제를 방해한다.

⑤ 항미생물 효과 : 마늘의 알리신(allicin)은 항미생물 성질을 갖는다.

표 10-3. 피토케미칼의 종류, 공급원 및 기능

피토케미칼의 종류	식품 공급원	생체 조절기능
다이아제인 또는 제네스테인	대두	에스트로겐의 수용기 위치에 작용
카테킨	녹차	항암작용
베타글루칸	귀리, 보리	심혈관질환의 억제
리코펜	토마토	전립선암과 자궁경부암의 억제 관상동맥 심장병에 대한 보호작용 항산화 작용 저밀도 지단백질의 형성 억제
이소플라본	대두	콜레스테롤 수치를 낮춤 LDL과 총 혈청지질 감소시킴

4. 과일과 채소의 가공

과실과 채소의 가공상 주의할 점은 다음과 같다.

1) 변색되지 않게 주의해야 한다

① Anthocyan : 딸기・살구・사과 등의 청색, 자색, 적색을 띠게 하는 색소로 철 구리 알루미늄 등의 금속에 의하여 변색되든가 침전되나, 가공하는 기구는 법랑을 입힌 것이 안전하다.

② Lycopene : 토마토의 적색 색소로 공기가 있는데, 오래 끓이거나 철이 닿으면 변색된다.

③ Chlorophyll : 공기중의 산소와 햇빛에 접촉하게 되면 색이 변하므로 직사광선을 피하여 그늘이나 화력을 이용하여 건조한다. 미량의 동(copper)염이 들어 있는 용액에 담그면 색이 안정해진다.

2) 향기성분의 손실을 작게 할 것

향기성분은 여러 가지 에스테르 및 알코올 등의 휘발성 물질이므로 필요이상 가열하든가 너무 오래 조작하는 것을 피하여 휘발이나 분해를 적게 함이 좋다. 특히 가열살균 시 손실이 크다.

3) 비타민류의 손실을 적게 할 것

비타민은 pH나 가열온도에 민감하므로 저온작업을 해야 한다. 특히 비타민 B_1과 C는 알칼리에 불안정하므로 pH에 주의하고, 저온에서 가공하여 손실을 막아야 한다. 가공 중 특히 비타민 C의 손실이 많으므로 주의를 요한다.

① 비타민 A와 D : 보통 정도의 가열 또는 병조림에도 손실이 적다(20% 이내). 비타민 B_1과 B_2는 수용성이므로 물로 씻든가 물에 담그면 손실이 많다(20~50% 손실).

② 비타민 C : 자연산화는 과실껍질을 벗기거나 절단 또는 파쇄한 다음 공기중에 오래 접촉시키거나 고온에서 처리하는 등의 조작을 피하여 손실을 막을 수 있다. 비타민 C는 구리 등의 금속에 의하여 산화가 잘 일어나므로 가공처리 기구는 금속재료를 피함이 좋다.

③ 비타민 E : 안정하여 가열하거나 산, 알칼리로 처리하여도 손실되지 않는다.

4) 유기산에 주의할 것

과실 속의 유기산은 구리 등의 금속과 작용하면 금속화합물을 만들어 제품의 풍미와 색깔이 나빠지고, 가공기구가 손상되기 쉽다. 따라서 가공기구는 stainless steel 또는 enamel을 입힌 재료를 쓰는 것이 좋고, 주석 또는 알루미늄도 좋다.

5. 과채류의 가공식품

1) 주 스

과실에서 즙을 짜서 제품화한 것을 말한다. 천연과실주스는 산도가 높아 pH 2.5~5.0 사이의 것이 많다. 비중은 약 1.0 내외이고, extract 성분은 보통 10~15%이며, 20% 이상은 거의 없다. 당류 이외에 고무질, 점액질, 펙틴, 단백질, 색소, 향기성분을 함유한다.

(1) 여과와 청징

투명과즙은 맑게 하여도 향기와 영양가에 영향이 없으므로 여과와 청징처리를 한다. 불충분한 경우는 보통 70~80℃로 가열하여 단백질 응고 후 여과한다. Casein, gelatin, tannin 등 침전보조제나 pectin 분해효소를 사용한다. 주스는 대부분 펙틴이나 기타 점질물을 함유하여 여과가 어렵기 때문에 부유물에 침전 보조물질을 첨가하거나 단순 혼탁원인 물질을 분쇄하여 제거해야 한다.

① 난백 이용 : 2% 난백용액을 과즙에 넣고 교반 후 75℃로 가열한 후 침전물을 여과한다.

② Casein 이용 : 20% 암모니아액에 카제인을 녹이고 가열하여 암모니아를 발산시킨 후 희석하여 사용한다.

③ Gelatin & Tannin 사용 : 과일주스에 0.1%의 탄닌을 넣고, 여기에 0.12~0.13%의 gelatin 용액을 넣어 교반 후 침전물을 제거한다.

④ 흡착제 사용 : 규조토, 산성백토, 활성백토를 사용한다.

⑤ 효소 사용 : 펙틴 분해효소인 pectinase, polygalacturonase 등의 효소를 이용한다.

(2) 살균

체로 거르거나 여과 청징한 다음 살균과정을 거친다. 주스를 착즙한 상태로 두면 미생물이 생육되어 부패가 일어나고, 효소작용이 일어나 품질이 저하되므로 가열처리해야 한다. 순간살균, 보통살균, 자외선살균 혹은 방부제를 사용한다.

가) 사과주스 제조방법

사과주스는 원료를 선별하여 씻은 후 적당한 크기로 자르고 파쇄와 착즙과정을 거친다. 그 후 비교적 큰 이물질을 제거하기 위해 청징과정을 거친 후 여과를 한다. 탈기공정을 거친 주스는 가열처리 후 병입하여 제품화한다.

① 원료 선별은 품종에 의한 선별을 하고, 완숙도 적당히 익은 것, 덜 익은 것 등을 구별하고, 병충해・곰팡이가 없는 것을 선택한다.

② 과피에 잔류된 농약을 제거하기 위하여 1% HCl로 씻은 후 물로 씻는다.

③ Brown reaction 방지로 비타민 C를 첨가한다.

④ 제조 시 사용용기는 stainless steel, 유리, 법랑, 도자기류나 목재를 사용한다.

나) 포도주스 제조방법

포도주스는 원료를 선별하여 씻은 후 꼭지를 제거하고 가열하여 색소를 추출한 뒤 착즙을 한다. 이 원액을 주석 제거공정을 거친 다음 병입하여 살균 후 제품화한다.

① 원료는 보통 campbell's early, concord를 사용한다.

② 이중솥을 사용하여 65℃ 정도로 가열하여 색소를 녹여낸다.

③ 포도과즙의 주석으로 인하여 품질 저하, 산도 저하, 색소침착 등의 영향이 있다. 자연침전법・탄산가스법・동결법・농축여과법을 이용하여 제거(일반적으로 80℃로 30~40분 살균 후 6개월간 저장 시 완전히 제거)한다.

④ 포도와 딸기 통조림은 당액의 청변을 방지하기 위하여 coating can을 사용한다.

표 10-4. 주스의 살균가공법

살균 종류	살균방법	장 점	단 점
가열살균법	70~75℃ 15~20분	미생물 사멸과 효소파괴 효과	과즙의 풍미, 색 및 신선도의 손상
순간가열살균법	85~98℃ 6~10초	과즙의 풍미와 비타민의 손실이 적음	고가의 설비가 필요

⑤ 병조림 시에는 비타민 B_2의 햇빛에 의한 분해를 막기 위하여 착색병을 사용한다.

2) 잼·젤리·마말레이드

잼, 젤리 및 마말레이드(marmalade)는 펩신(pectin)의 응고성을 이용하여 과즙과 과육에 설탕을 가하여 농축하여 펄프화시킨 것이다. 즉, 과육을 함유하는 gel들이다. Gel 현상은 당, 산의 존재 하에 펩신에 의하여 형성된다. Jelly화의 mechanism은 펙틴의 ester화 등 복잡한 화학변화에 의하며, 당·산·펩신에 의한 상호작용으로 서로 일정한 비율과 농도를 갖고 있어야 한다. 잼 제조 시 젤리의 응고도를 높이고 제품량을 늘리기 위하여 Na-arginic acid, gelatine, 한천 등을 섞어 주기도 하지만, 과량일 때는 품질에 나쁜 영향을 미친다.

① 잼 : 과실을 으깨어 설탕으로 졸인 것으로 원료과실을 씻은 후 과피와 과심을 제거하고 cutter로 썰거나 chopper로 으깬 후 익힌다. 펙틴량이 적당할 때는 가당량을 과즙과 동량으로 하고, 많을 때는 과즙량의 1/2~1/3 정도, 적을 때는 농축시키거나 펙틴을 넣어 준다.

② 젤리 : 과실을 그대로 물을 섞어 조직을 없앨 정도로 가열·압착해서 그 즙액에 설탕을 넣어 졸인 다음 응고시킨 것으로, 젤리 제조에는 gelatin이나 한천을 첨가하는 일이 많다. 한천은 0.5~1.0% 정도이면 충분하다. 젤리 제조 시 물을 가하여 가열하는데, 원료의 성분을 추출하고 펙틴이 유리되며, 미숙과의 protopectin을 분해하기도 한다.

③ 마말레이드(marmalade) : 감귤류의 껍질조각이 보이는 젤리 모양의 것으로, 원래는 귤 종류가 아닌 과실이라도 조각이 뒤섞인 젤리 모양의 것을 말한다.

※ 펙틴 겔의 형성요인

① 펙틴의 조성과 농도 : 펙틴 겔의 필요량은 상황에 따라 다르나 0.5~1% 함유가 일반적이다. 사과와 딸기 등은 많지만 포도나 복숭아 등은 펙틴을 첨가하여야 겔을 이룰 수 있다.

② 수소이온의 농도 : 펙틴 겔을 위한 최적 pH는 2.8~3.0이다.

③ 당의 농도 : 굴절당도계를 이용하여 그 과즙의 농도가 60~65% 정도이다.

원료로는 오렌지가 많이 쓰이며, 귤 종류에는 flavone 배당체인 naringine이 껍질에 많은데 쓴맛을 준다.

④ 프리저브(preserve) : 과실을 충분히 으깨지 않고 일부 조직이 그대로 있는 잼 모양의 것을 말한다. 제조과정 중 중요한 것은 젤리화 현상으로 실탕, 펙틴, 유기산이 일정한 비율일 때 일어나며, 당도 60∼65%, 펙틴 1.0∼1.5%, 산 0.3%(pH 3.0) 정도가 이상적이다.

(1) 과채류 통조림

통조림은 과채류와 같이 상품의 저장기간이 길지 않은 제품에 유용한 저장방법이다. 통조림으로 과채류를 보관할 시 외부의 충격과 세균번식을 억제하고 저장성이 높아진다. 과채류 통조림의 예로는 감귤・양송이・복숭아・배 등이 있다.

제 11 장

건강기능식품

생물공학적 기법이 발달함에 따라 식품의 기능성이 한층 강조되면서 전 세계적으로 식품산업계에서 건강기능식품 시장이 급속도로 신장되고 있다. 2003년 8월 "건강기능식품"에 관한 법률이 제정되었고, 이에 따라 건강기능식품에 대한 체계적이고 확고한 개념의 정립이 요구되어지고 있다.

식품의 기능

식품의 기능은 다음과 같이 크게 3가지로 구분할 수 있다. ① 영양기능(1차 기

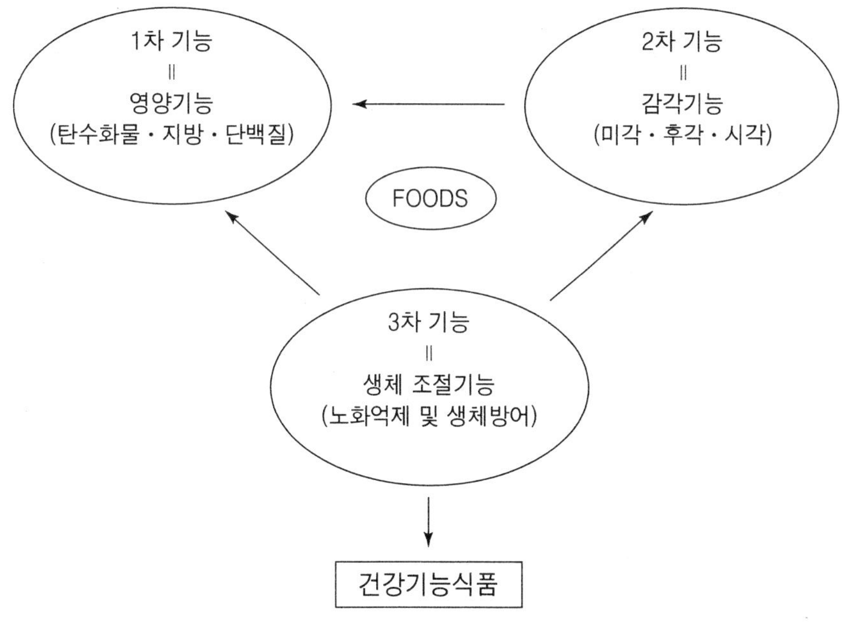

그림 11-1. 식품의 기능

능, 생명의 유지기능), ② 감각기능(2차 기능, 미각, 취각, 응답기능), ③ 생체 조절기능(3차 기능)으로 분류된다. 특히 3차 기능으로서 생체 조절기능은 기능에 따라 생체방어(면역부활, 알러지 억제), 신체리듬 조절(신경, 소화기능 조절), 노화억제(과산화지질 억제), 질병 방지 및 회복(성인병, 항종양)으로 다시 분류할 수 있는데, 이들 3차 기능을 갖는 식품이 건강기능식품에 해당한다.

1. 건강기능식품

1) 건강기능식품의 정의

"**건강기능식품**이란 식품의 품질변화 조작에 의하여 얻어진 기능성 성분을 활용하여 생체에 대하여 기대되는 효과를 충분히 발현할 수 있도록 설계된 일상적으로 섭취되는 식품"으로 정의된다.

① 우리나라 : 「식품공전」에 의하면 '건강기능식품이란 영양 또는 생리학적으로 인체에 적용하는 특정 성분의 공급을 목적으로 식품원료에 들어 있는 특정 성분을 추출·농축·혼합 등의 방법으로 제조한 식품'

② 일본 후생성 : '식품의 성분이 생체방어, 신체리듬 조절, 질병의 예방과 회복 등 생체조절 기능을 발현하도록 설계, 가공된 식품'

2) 건강기능식품의 특징

① 생체조절 기능인자는 저농도로 생리활성을 발현하기 때문에 영양소와 구별된다.

② 영양소는 부족되면 결핍증을 초래하는 성분인데 비하여, 기능성 성분은 섭취하지 않아도 결핍증상은 나타나지 않지만 섭취하면 생체기능을 높여 준다.

③ 기능성 인자들은 신경계·순환계·분비계 등의 조절, 세포분화 유도 및 면역, 생체방어 등 다양한 생리작용을 갖고 있어 체내에 흡수된 후 질병의 방지, 회복, 노화억제 등 생체조절 기능을 나타낸다.

3) 건강기능식품의 명칭

건강기능식품에 대한 용어는 명확한 정의나 분류가 세계 어느 나라에서도 공통적으로 인정되어 있지 않고 있으며, 국가마다 약간의 개념의 차이가 있다. 통용되고 있는 기능성 식품과 유사한 식품용어로는 다음과 같은 것이 사용되고 있으나, 어느

※ Designer foods

1989년 미국 국립암연구소(NCI)의 Herbert Pierson 박사에 의하여 처음으로 사용되었는데, NCI가 과일이나 채소 등에 함유된 phytochemicals의 암 예방 기능을 밝힌 후 이들 물질의 함량을 높일 수 있도록 디자인 한 식품에 붙여진 용어이다. 그러나 Designer foods에 대한 개념도 아직 정립되지 않은 상태에 있다.

것도 확실한 정의가 여러 가지로 혼용되고 있다. 대부분의 다른 용어들은 Designer foods의 명칭하에 포함된다.

① Designer foods
② Functional foods
③ Nutritional foods nutraceutics
④ Medical foods
⑤ Genetically engineered food
⑥ Pharmafoods
⑦ Therapeutic foods
⑧ Fitness foods
⑨ Vitafoods

4) 건강기능식품의 분류

기능성 식품을 기능별로 분류하면 생체리듬 조절, 생체방어, 질병예방, 질병회복, 노화억제 등 다섯 가지로 나눌 수 있다.

(1) 생체리듬 조절

① 자율신경계 조절작용 이상을 방지하거나 치료하는 식품
② 스트레스로부터 오는 교감신경과 부교감신경의 이상 작용을 시정하는 식품
③ 섭취 및 영양소 흡수기능 조절식품

(2) 생체방어 기능

알러지 억제 식품이나 면역력을 향상시키는 면역부활 식품

(3) 질병예방 기능

고혈압·당뇨병 등 주로 성인병에 효과가 있는 식품

(4) 질병회복 기능

① 주로 혈액순환에 관한 기능을 포함하는 식품

② 동맥경화를 방지하거나 혈액을 생성하는 데 도움이 되는 기능 성분을 가진 식품

(5) 노화억제 기능

과산화지질 생성억제 식품(비타민 E)

5) 건강기능식품의 조건

건강기능식품의 조건은 다음과 같다.

① 건강기능식품 제조 시 그 목적이 명확해야 한다.

기능성 식품은 목적 지향성 식품이기 때문에 어떠한 종류의 생체조절을 대상으로 하는지 또는 어떠한 질병으로부터 회복이 가능한지 하는 것을 명확하게 해야 한다.

② 건강기능식품은 목적 달성을 위한 구조가 해명된 기능성 인자를 함유해야 한다.

질병에 대한 예방·치료 등의 목적을 달성하기 위하여 필요한 기능성 인자를 함유하고, 그 기능성 인자는 구조가 해명되어 있어서 여러 가지 방법에 의하여 생산 가능해야 한다.

③ 건강기능식품은 기능성 인자의 작용 기전이 규명되어야 한다.

기능성 인자가 인체 내에 작용하는 기능에 대하여 분자 레벨에서 해명되어야 하며, 기능발현에 대하여 생화학적·생리학적·분자생물학적 이해가 가능해야 한다.

④ 건강기능식품의 기능성 인자의 구조와 결합이 규명되어야 한다.

기능성 인자가 식품 중에 유리형으로 존재하는가 결합형 또는 비공유 결합형으로 존재하는가를 물리적·화학적·생화학적 분석에 의하여 특정하게 규정해야 한다.

⑤ **건강기능식품 섭취 후 기대하는 기능이 실제로 발현되는가를 증명할 수 있어야만 한다.**

식품 중 함유되어 있는 기능성 인자의 존재량과 생체 내의 기능발현 정도와의 관계를 명확히 파악하는 것이 필요하다.

⑥ **건강기능식품은 의약품이 아닌 식품의 범주를 벗어나면 안 된다.**

기능성 식품이 되기 위해서는 그 유형이 어떻든 간에 안전성에 문제가 있어서는 안 되며, 또한 기능성 식품은 의약품의 범주에 속하지 않으며, 식품 본래의 성질과 상태에서 벗어나서는 안 된다.

6) 특수영양식품, 건강식품, 건강보조식품, 건강기능식품의 차이

(1) 특수영양식품

"영·유아, 병약자, 노약자, 비만자 또는 임신부 등 특별한 영양 관리가 필요한 특정 대상을 위한 용도에 제공할 목적으로 식품원료에 영양소를 가감시키거나 식품과 영양소를 배합하는 등의 방법으로 제조·가공된 이유식류, 식이섬유, 조제유류, 영양보충용식품, 특정용도식품 등의 식품"으로 정의한다.

(2) 건강식품

의약품은 아니면서 질병의 예방과 치료에 대해 기대를 갖고 섭취하는 일단의 식품을 흔히 건강식품(health foods)이라고 한다. 건강식품에 대한 명확한 정의는 인정되고 있지 않고, 다만 상업적 의미에서만 통용되어지고 있다.

(3) 건강보조식품

우리나라에서는 차츰 시장규모도 커지고 취급자의 자질, 허위 과대광고, 제품 생산의 문제점, 유통구조의 불건전 등등의 문제로 인하여 1987년 당시 보건사회부는 식품위생법을 개정하여 일반인이 부르는 건강식품을 "**건강보조식품**"으로 명명하였다. "건강보조식품은 건강보조의 목적으로 특정 성분을 원료로 하거나 식품원료에 들어 있는 특정 성분을 추출·농축·혼합 등의 방법으로 제조·가공한 식품"으로 정의하였다. 유형은 액상, 페이스트, 분말, 과립, 정제 또는 캅셀의 6가지로 하였다.

(4) 건강기능식품

2002년 8월 26일 제정·공포되었으나, 관련 법규(시행령, 규칙, 고시)의 미비로 인하여 미루어 오던 법안이 2004년 2월 1일 건강기능식품법으로 정식 시행되었다. 식품위생법 상의 기존 24개의 건강보조식품군과 특수영양식품, 인삼제품 등 32개 제품군을 「건강기능식품에 관한 법률」이 시행되면서 건강기능식품으로 규정하게 되었다. 이 법의 발효에 의해 적합한 기능식품의 경우 표시・광고도 가능하게 되었다.

7) 건강기능식품의 기준과 규격

(1) 고시형

과거에는 건강보조식품, 특수영양식품, 인삼제품류로 그 유형이 분류되었었으나, 현재 식의약청이 판매를 목적으로 하는 건강기능식품의 제조, 사용 및 보존 등에 과한 기준과 규격을 정하여 고시한 품목으로 32종이 여기에 해당된다.

(2) 개별 인정형

영업자가 제조 수입하고자 하는 제품이 고시형 건강기능식품에 해당되지 않는 경우 해당 원료의 안전성과 기능성에 관한 자료를 식품의약품안전청에 제출하여 검사기관으로부터 기능성 원료로서 인정받고, 그 원료로 만든 제품의 기준 규격을 인정받아야 하는 건강기능식품을 말한다. 현재 외국에는 기능식품으로 인정되고 있지만, 우리나라에서는 식품이나 의약품에도 분류되지 않고 있는 성분, 생약 또는 식품도 이 법에 따라 식약청의 인정을 받으면 개별고시형 기능성 식품으로 사용할 수 있게 된다.

① 정어리 펩타이드 SP100N
② 자일리톨
③ CJ 테이닌 등 복합추추물
④ 알로에 추출물 분말 NO932
⑤ 알로에 복합추추물 분말 N-932 INM176 참당귀주정 추출물 분말
⑥ 초록입홍합 추출 오일 복합추출물
⑦ 말토덱스트린
⑧ 유니벡스대나무잎 추출물
⑨ 목이버섯 분말 목이버섯 YJ001
⑩ 바나나주정 추출물

표 11-1. 고시형 건강기능식품의 품목군

	품목군		적용범위
1	영양보충용 식품		
2	인삼식품		인삼근으로부터 물이나 주정 또는 물과 주정을 혼합한 용매로 추출하여 가공한 인삼성분을 그대로 농축, 분말화, 제조, 가공한 것, 인삼근 건조 분말
3	홍삼식품		수삼을 증기 또는 기타의 방법으로 쪄서 익혀 말린 홍삼으로부터 물이나 주정 또는 물과 주정을 혼합한 용매로 추출여과한 가용성 성분을 그대로 농축, 분말화, 가공한 것 또는 홍삼 분말
4	정제 어유 가공 식품	① 뱀장어유가공식품	뱀장어에서 채취한 유지를 식용에 적합하도록 정제하여 가공한 식품
		② EPA 및 DHA 함유식품	등푸른 생선인 참치 · 정어리 · 고등어 등에서 채취한 기름 중에 EPA 및 DHA를 식용에 적합하도록 정제하여 가공한 식품
5	로얄제리 가공식품		일벌의 인두에서 분비되는 분비물을 수집하여 동결 건조하거나 그대로의 생로얄제리 또는 이를 주원료로 하여 섭취가 용이하도록 가공한 식품
6	효모식품		맥주 및 빵 등의 제조에 이용되는 식용효모의 균체를 주원료로 하여 풍부한 영양소를 섭취할 목적으로 가공한 식품
7	화분가공식품		화분의 유효성분을 섭취할 목적으로 화분의 껍질을 파쇄 · 추출 · 농축 · 정제 등의 공정으로 얻은 성분을 식용에 적합하도록 가공한 식품
8	스쿠알렌식품		상어 간에서 추출한 기름을 식용에 적합하도록 정제하여 얻은 스쿠알렌 또는 이를 주원료로 하여 식용에 적합하도록 가공한 식품
9	효소식품		곡류 · 과일 · 야채류의 식용미생물을 배양하여 일정기간 발효시켜 생성된 효소류 등의 섭취를 위해 가공한 식품
10	유산균식품		유산균 · 비피더스균 등의 식품위생상 안전하고 유익한 식용가능 생균을 배양하여 식용에 접합하도록 가공한 식품
11	조류식품	① 클로렐라식품	클로렐라속의 조류를 인위적으로 배양하여 가열 등의 방법으로 소화성을 높이도록 처리한 후 건조하여 식용에 적합하도록 가공한 식품
		② 스피루리나식품	스피루리나속의 조류를 인위적으로 배양하여 가열 등의 방법으로 소화성을 높이도록 처리한 후 건조하여 식용에 적합하도록 가공한 식품
12	감마리놀렌산 제품		감마리놀레산을 함유한 달맞이꽃 종자 등에서 채취한 기름을 식용에 적합하도록 가공한 식품

(계 속)

	품 목 군		적 용 범 위
13	배아 가공 식품	① 배아유식품	밀, 쌀 등의 배아에서 채취한 기름을 식용에 적합하도록 가공한 식품
		② 배아식품	밀배아, 쌀배아를 분리하여 식용에 적합하도록 가공한 식품
14	레시틴 가공식품		대두유 또는 난황유에서 분리한 인지질 함유 복합지질을 식용에 적합하도록 가공한 식품
15	옥사코사놀 식품		미강이나 소맥배아에서 추출한 유지에서 분리한 옥타코사놀 함유성분을 식용에 적합하도록 가공한 식품
16	알콕시글리세롤 식품		상어 간에서 채취한 알콕시글리세롤 함유유지를 분리하여 식용에 적합하도록 가공한 식품
17	포도씨유 제품		포도씨에서 채취한 기름을 식용에 적합하도록 가공한 식품
18	식물추출물 발효식품		채소·과일·종실·해조류 등 식용식물을 압착 또는 당류의 삼투압에 의해 얻은 추출물을 발효 또는 유산균이나 효모균 등을 접종, 발효하여 가공한 식품
19	뮤코다당·단백식품		소·돼지·양·사슴·상어·게 등의 연골조직을 분리, 정산한 후 열수추출 또는 효소분해하여 여과·농축·건조 등의 공정을 거쳐 가공한 식품
20	엽록소 함유식품		맥류의 어린 잎, 알팔파, 해조류 및 기타 식물류를 식용에 적합하도록 가공한 식품
21	버섯가공식품		영지, 운지 또는 표고 등 버섯자실체 등의 건조물을 분말로 한 것 또는 자실체나 이들의 균사체 배양물을 물 또는 에탄올의 혼합액으로 추출하여 가공한 식품
22	알로에식품		식용 알로에 품종(베라·아보레센스·사포나리아 등)의 잎을 식용에 적합하도록 가공한 식품
23	매실추출물 식품		매실의 과즙을 식용에 적합하도록 여과, 농축한 것을 주원료로 한 것으로 구연산 및 사과산 등의 유기산을 섭취할 목적으로 가공한 식품
24	자라 가공식품		식용 자라를 인공 양식하여 자라의 전부 또는 일부를 추출·분리하여 자라의 유효성분을 섭취할 목적으로 가공한 식품
25	베타카로틴 함유식품		베타카로틴을 함유하고 식물류, 조류 등에서 추출, 분리, 정제, 농축한 것으로 섭취가 용이하도록 제조, 가공한 식품
26	키토산 함유식품		갑각류(게·새우 등)의 껍질을 분쇄, 탈단백, 탈염화한 키틴을 탈아세틸화한 후 얻어진 키토산을 효소처리하여 가공한 식품
27	키토올리고당 함유식품		키토산을 효소처리하여 얻은 올리고당류로 식용에 적합하도록 처리한 식품
28	글루코사민 함유식품		키틴 또는 키토산을 가수분해하여 얻은 단당류인 글루코사민을 식용에 적합하도록 처리한 것
29	프로폴리스추출물 제품		꿀벌이 나무의 수액과 화분과 자신의 분비물을 이용하여 만든 것에서 왁스를 제거 후 얻은 프로폴리스 추출물을 가공한 식품

자료 : 식품의약품안전청 「건강기능식품의 이해」, 2001. 한국건강식품연감, 한국건강식품연구소

8) 건강기능식품의 종류

(1) 탄수화물 기능성 인자들

가) 식이섬유

식품과 결합되어 있거나 식품 안에서 발견되어지는 난소화성 다당류로 에너지를 제공하지 않는 물질로 사람에게는 셀룰로오스 분해효소가 없어 흡수되지 않는다. 식이섬유(dietary fiber)는 물에 녹는 가용성 식이섬유와 물에 녹지 않는 불용성 식이섬유가 있다. 초식동물(소·양 등)의 장에는 소화효소가 있어서 식이섬유가 분해되어 생성되는 포도당을 흡수하여 에너지로 이용한다.

① 불용성 식이섬유

㉠ 뜨거운 물에 녹지 않고 인간의 소화계에 있는 적절히 선택된 효소에 의하여 소화되지 않는 식물성 물질이다.
㉡ 분변량 증가 또는 장 통과시간을 단축시켜 소화기 기능장애(변비)에 더 효과적이다.
㉢ 셀룰로오스, 헤미셀룰로오스, 불용성 펙틴, 리그닌, 키틴, 키토산이 포함된다.

② 수용성 식이섬유

㉠ 물에 녹고 적절히 선택된 소화효소에 의하여 소화되지 않는다.
㉡ 포도당을 천천히 흡수시키고, 음식물의 위장 통과시간을 늦춘다.
㉢ 혈청 콜레스테롤을 감소시키므로 고지혈증에 효과적이다.

표 11-2 . 식이섬유소의 분류와 생리적 기능

분 류	형 태	당 류	생리적 기능	주요 급원식품
난용성 섬유소	비탄수화물 탄수화물	리그닌 셀룰로오스 헤미셀룰로오스	연구 중 분비량 증가 장 통과시간 감소	모든 식물, 밀겨 모든 식물 밀, 호밀, 쌀, 채소
가용성 섬유소	탄수화물	펙틴, 검, 뮤실리지 헤미셀룰로오스 일부	위장통과 지연 소장에서 당 흡수속도 지연, 혈청 콜레스테롤 감소	감귤류, 바나나, 사과, 보리, 귀리, 두류

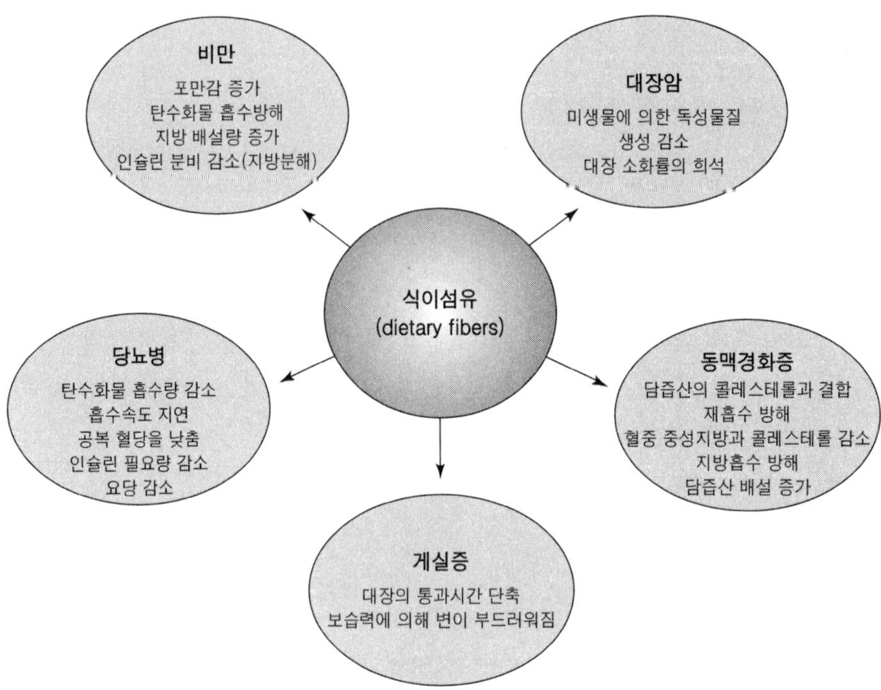

그림 11-2. 식이섬유와 건강과의 관계

㉣ 과일(사과, 바나나, 감귤류), 채소, 보리, 귀리, 강남콩, 쌀겨 등에 함유되어 있다.

㉤ 대장에서 박테리아에 의해 분해되면서 흡수된다.

㉥ 구아검, 폴리덱스트로스, 수용성 펙틴 등이 포함되어 있다.

나) 올리고당

올리고당(oligosaccharides)은 단당이 2～10개의 중합도로 구성되어 있다. 전분이 물에 녹지 않을 뿐더러 감미를 띠지 않는데 비하여 올리고당은 물에 잘 녹고, 포도당보다 감미도가 낮으므로 저감미료로 사용된다. 올리고당의 다음과 같은 특성으로 인해 기능성 식품으로 각광을 받고 있다.

① 저감미 효과와 맛의 개량 효과

② 보수성과 노화방지 효과

③ 비피더스균의 증식인자

④ 충치예방

표 11-3. 고섬유 식이의 장점과 단점

장 점	단 점
· 영양소의 소화 · 흡수 속도를 느리게 함 · 식후의 혈당량을 낮게 유지함 · 조직 내 인슐린 감성을 높임 · 혈중 콜레스테롤을 낮춤 · 콜레스테롤 합성을 저하시킴	· 장내 다량의 가스가 생성됨 · 다량의 수분 섭취가 요구됨 · 다량의 수분의 섭취를 하지 않을 경우 변이 단단해져 배변이 어려워지고, 장의 불안감을 초래하게 됨 · 무기질(칼슘 · 아연 · 철분 등)과 결합하여 흡수를 방해할 수 있고, 이용성이 저하됨

표 11-4. 올리고당의 종류와 특성

종 류	생리작용
자일로올리고당	난소화성, 비피더스균 선택 증식, 변비개선 효과, 장내 부패산물 생성 억제
이소말토올리고당	부분 소화성, 비피더스 증식활성, 변비 개선
프럭토올리고당	난소화성, 충치예방, 비피더스 증식활성, 변비개선, 지질대사 개선, 당뇨병 개선
갈락토올리고당	난소화성, 충치예방, 지질대사 개선, 비피더스균 증식(드링크, 요구르트로 이용)
Transgalacto올리고당	난소화성, Bifidus균 증식, 유산균 증식작용, 장내 flora개선, 충치예방
Lactulose	비피더스균 증식, 장내균총 개선, 비피더스균에 의한 비타민 B군 합성 및 소화흡수 촉진, 유산균의 생산 및 장관 내 pH의 산성화, 장관운동 항진, 변비예방
Palatinose	충치예방
Palatinose 올리고당	난소화성, 비피더스균 증식
Lactosucrose	난소화성, 비피더스균 증식, 장내 flora 개선
Chitin 올리고당	면역 증진작용에 의한 항종양, 감염 예방효과
대두올리고당	난소화성, 비피더스균 선택 증식, 장내 부패생성물 억제, 변비 개선

⑤ 비만 방지

⑥ 콜레스테롤 축적 방지 및 포집

① 알긴산

알긴산(alginic acid)은 감태, 모자반, 미역 등의 갈조류의 세포막을 구성하는 물질로 D-mannuronic acid와 L-glucuronic acid의 공중합체이다. 알긴산은 분자 내에 carboxy기와 수산기를 가지는 고분자 물질로서 carboxyl기는 알칼리에 의하여 중화되어 염류로 되고, 또한 알코올류와 축합하면 ester로 된다. 수산기는 유기산과 축합하면 에스터를 생성한다

㉠ 장내에서 소디움(Na)과 결합하여 변으로 배출시켜 혈압을 조절한다.
㉡ 상당량의 콜레스테롤을 변과 함께 배출시킨다.
㉢ 콜레스테롤로부터 유도되는 담즙산이 알긴산에 흡착 배출되어 콜레스테롤 수준을 저하시킨다.
㉣ 중성지방질이나 LDL콜레스테롤 함량을 효과적으로 억제한다.
㉤ HDL-콜레스테롤을 효과적으로 증가시켜 동맥경화증의 예방과 치료를 돕는다.
㉥ 장내에서 음식물 중의 발암물질과 촉진물질을 흡착·결합시켜 변으로 배출시킴으로써 정상세포의 암화를 방지한다.
㉦ 높은 점성과 수용성 식이섬유의 성질이 강하기 때문에 변비치료 효과가 있다.
㉧ 알긴산 첨가는 만복감을 그대로 유지하면서 효과적으로 체중 증가만 억제한다.
㉨ 노화를 촉진시키는 활성산소의 생성을 억제한다.
㉩ 항산화효소의 활성을 효과적으로 증가시킴으로써 노화를 억제한다.

② 키틴

키틴(chitin)은 게·새우 등 갑각류의 껍질과 오징어·조개류 등 연체동물의 골격 성분으로 수산가공업체에서 많이 발생되는 폐기물로부터 얻어진다. 게·새우 등의 껍질은 약간의 단백질·키틴·탄산칼슘으로 구성되어 있다. 이 껍질을 알칼리성 물로 처리하면 단백질이 제거되며, 다시 산성물로 처리하면 거품과 함께 탄산칼슘이 빠져 나온다. 이것을 산화제로 처리하여 색소를 제거하면 순수한 키틴을 간단하게 얻을 수 있다. 키틴은 인체에는 존재하지 않지만, 그 분해성분인 N-아세틸글루코사민은 인체 구성성분이다. 자연에는 키틴이 키토산보다 더 많이 존재한다.

③ 키토산

키틴을 강알칼리성 물로 처리하면 키토산(chitocin)으로 된다. 키토산은 키틴의 아세틸기가 제거된 것으로서 약산에 잘 녹고, 키틴보다 이용하기 쉽다. 키토산을 산·효소로 가수분해하면 N-아세틸글루코사민과 올리고키토산을 얻을 수 있다. 일본

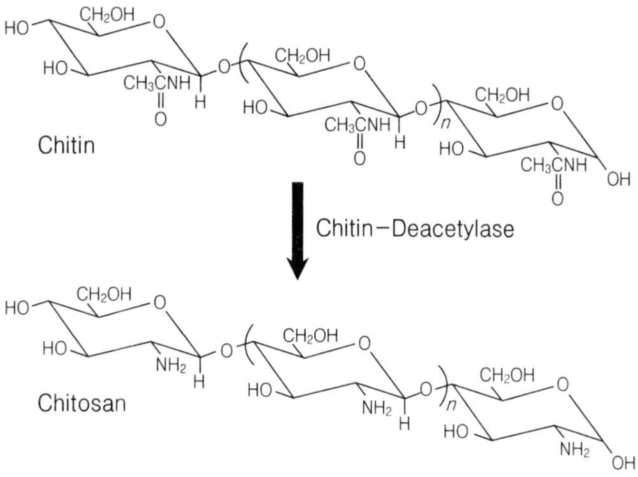

그림 11-3. 키틴과 키토산의 구조 특성

의 대기업들이 관련특허를 400여 건이나 제출해 놓고 있는 등 선진국에서는 성인병 예방 등에 탁월한 효과를 보이고 있는 건강물질의 총아로 각광받고 있다. 현재 키토산은 노화억제·면역력 강화 등 건강보조기능 뿐만 아니라 인공피부용 소재, 수술봉합용, 화장품 첨가제, 인공혈관 재료 등의 의약품과 무공해 농약 등 공업용으로까지 광범위하게 활용되고 있다. 그러나 키토산은 다른 물질과 쉽게 화학반응을 일으키기 때문에 상품화하기 어렵다.

㉠ 전해질과 복합체를 형성하여 식품 가공공정에서 생성된 산의 중화와 탈산, 탈색·여과·탈수 등 식품 가공공정에 사용된다.

㉡ 탄닌·카페인 등의 제거, 식품 착향료 제조식품 가공공장 배출수 중의 수용성 단백질 회수에 사용된다.

㉢ 음료수 정화와 주스·맥주·술 등의 청징화에 사용된다.

㉣ 키토산 분자 중의 아민(amine)기는 담즙산과 쉽게 결합하기 때문에 콜레스테롤을 흡착·배설시킨다.

㉤ 식품의 부패를 방지하고 보존성을 향상시킨다. 키토산이 곰팡이류에 대한 항균성이 강한 것은 헤모시아닌 핵 중의 구리이온과 라이소자임에 의한 영향이다.

㉥ 비피더스균을 증가시킨다.

㉦ 체내에 흡수되어 항체 생산성 증가, 대사촉진 등의 인체의 면역기능을 강화

시킨다.

다) 당알코올

저칼로리 감미료로 높은 열안정성과 갈색화 반응이 일어나지 않기 때문에 가공식품에 그 이용이 확대되고 있다. 당대사에 인슐린이 요구되지 않기 때문에 당뇨병 환자에게 유리하다.

① 이성화당

포도당에 포도당 이성질화효소(glucose isomerase)를 가하면 이성화반응이 일어나 포도당과 과당이 반반 혼합된 이성화당이 생성된다. 이성화당은 설탕보다 약 2배 정도 단맛이 높아서 현재 과즙・청량음료・제과・통조림 등에 사용되고 있다.

② 사이클로덱스트린

6～8개의 포도당 분자가 둥근 도넛모양으로 결합된 구조를 갖는다. 안쪽은 물을 싫어하는 소수성, 바깥쪽은 물을 좋아하는 친수성을 띠고 있다. 따라서 물과 친하기 어려운 물질과 섞으면 사이클로덱스트린(cyclodextrin) 고리 안쪽으로 들어가 결합하여 마치 하나의 물질처럼 작용한다. 따라서 물에 잘 녹지 않은 물질을 잘 녹게, 그리고 쉽게 산화되거나 분해되기 쉬운 물질을 안전하게, 향료 등의 휘발성 물질을 날아가지 않게 할 수 있다. 배당체는 식물계에 널리 분포되어 있고, 원료에 따라 함유된 배당체의 종류와 효과도 다르다. 대두 사포닌, 인삼 사포닌, 두충엽 배당체, 가시오갈피 배당체 등의 생체조절 기능은 잘 알려져 있다.

③ 콘드로이친

콘드로이친(chondroitin)은 동물조직 중에서 유리 또는 단백복합체 형태로 분포하는 아미노당을 함유한 점질다당류의 일종으로서 영양을 세포에 중개해 주는 역할을 한다.

(2) 지용성 기능성 인자들

가) 고도불포화지방산

고도불포화지방산(polyunsaturated fatty acid, PUFA)은 고등생물 체내에서 혈액순환계, 호르몬 분비계 및 면역계 등을 조절하기도 하며, 여러 가지 생리작용을 갖는 prostaglandin(PG)의 전구체로 작용한다. 또한 PUFA는 생체막 구성성분으로

표 11-5. 탄수화물 기능성 인자

성 분	주요 작용	함유식품 또는 원료
식이섬유	변비방지(변 부피의 증대) 혈장 콜레스테롤 저하 혈당반응 저하 비만치료 암과 성인병 예방	야채류, 해조류 두류
합성 식이섬유	변비방지 콜레스테롤 저하	포도당
올리고당	장내균총 개선 변비 개선효과 장내 부패산물의 생성억제 지방질 대사 개선효과 혈당조절 효과 충치예방 효과	모유
키틴, 키토산	혈중 콜레스테롤 저하 성인병 예방(면역기능 강화) 비피더스균 증식효과 세포 부활성	갑각류
당알코올	당뇨병 환자의 설탕대체 감미물 세포에 영양 중개	과즙·청량음료·제과·통조림

서 막의 유동성을 조절하는 이외에도 여러 가지 생리작용이 밝혀져 의약품이나 식품소재로 많이 이용되고 있고, 앞으로는 그 응용이 기대되고 있다. 특히 등푸른생선의 어유에서 추출된 eicosapentaenoic acid(EPA)와 docosahexaenoic aicd(DHA)는 혈소판 응집작용이 우수하여 의약품과 건강식품으로 국내외에서 시판되고 있으며, 급증하는 성인병 예방을 위한 기능성 식품으로 개발되어 각광을 받고 있다. 또한 홍화유나 해바라기유에서 얻은 linoleic acid(LA)는 콜레스테롤 강하작용이 밝혀졌고, 달맞이꽃유에서 얻은 γ-linoleic acid(GLA)는 지방감소 작용으로 비만 개선, 특히 항알러지 작용으로 피부병 치료로서 식품과 화장품으로 그 이용이 확대되고 있다. 그러나 PUFA를 함유한 가공식품들이 다양하게 생산되고 있지만 산화안정성 문제가 대두되고 있다.

① 리놀레산(linoleic acid)

㉠ 필수지방산으로서 피부의 보습작용을 비롯하여 혈중 콜레스테롤 저하작용 및 항암작용 등이 알려져 있다.

㉡ 혈액 중의 콜레스테롤과 결합하여 배설을 쉽게 하는 성질이 있어 콜레스테롤 침착에 의해 생기는 동맥경화증을 치료하는 데 이용된다.

㉢ 면실유, 참기름, 해바라기유에 40～60%, 올리브유에 25% 들어 있다.

② 감마리놀레산(γ-linolenic acid, GLA)

㉠ 주공급원은 달맞이꽃 기름이며, 체중 감량에 효과가 있다.

㉡ Linoleic acid보다 더 강한 혈중 콜레스테롤 저하작용이 있다.

㉢ 아토피성 피부염에 대한 항알러지 작용이 있다.

㉣ 알코올에 의한 지방간 억제효과가 있다.

㉤ 생리통 경감 등이 보고되었다.

③ 아라키돈산(arachidonic acid)

㉠ 인간에게 필수적인 영양소로서 체내에서 만들 수 없는 지용성 비타민 F 또는 필수지방산이다.

㉡ 혈액, 면역계의 조절, 피부보호 등에 관계한다.

㉢ 모유 중에 함유되어 있으며, 유아의 발육에 도움이 된다.

㉣ 계란, 간 및 생선에 함유되어 있으나 생선을 제외한 이들 식품은 동시에 다량의 콜레스테롤을 함유하고 있어서 고지혈증의 성인병 예방을 위한 아라키돈산의 공급원으로서는 부적당하다.

㉤ 생리적 기능으로는 피부의 건조피막 억제, 위벽 보호, 혈중 콜레스테롤 저하, 지방간 예방, 간장 보호, 태아의 신체 및 뇌의 발육 등이 있다.

④ 에이코사펜테논산(eicosapentaenoic acid, EPA)

㉠ 항혈전작용, 항지혈작용, 혈압 저하작용, 항염증작용, 항알러지작용이 있다.

㉡ 혈액 중 중성지방질과 콜레스테롤 함량 저하작용, 혈압저하, 혈소판 응집 억제작용이 있다.

㉢ 대장암, 전립선암의 억제작용이 있다.

㉣ 뇌졸중, 심장병, 동맥경화, 고혈압 등과 같은 혈액 순환기계 질병의 예방과 치료에 효과가 있다.

※ EPA와 DHA

EPA 연구는 그린랜드에 사는 에스키모인들에 대한 역학조사에서 육식을 많이 섭취하는 구미인들에 비하여 심근경색이나 뇌경색 등의 순환계 질환의 발병률이 아주 낮아 그 원인을 조사한 결과, 주식으로 하는 생선이나 해조류 중 EPA의 함량이 높았다는 것을 알아냈다.

⑤ 도코사헥사노익산(docosahexaenoic acid, DHA)

㉠ 고도불포화지방산의 일종으로, 몸에서 만들어지지 않아 식품으로부터 섭취해야 하는 필수영양소로 부족하게 되면 그 조직의 기능에 영향을 미친다.

㉡ 사람 몸 속의 거의 모든 부분에 DHA가 포함되어 있는데, 그 중에서도 특히 망막・뇌・심근・태반・정자 순으로 많이 존재한다.

㉢ 뇌세포막의 주요 성분으로 모세혈관막을 형성하고 보전하는 데 중요한 역할을 한다.

㉣ 식물성 기름에는 DHA나 EPA가 함유되어 있지 않으나 DHA나 EPA로 전환될 수 있는 극미량의 α-linolenic acid를 함유하고 있어 반드시 어류나 기타 바다식품을 통하여 섭취되어야 한다.

㉤ 일단 섭취된 DHA는 체내에서 다른 영양소로 바뀌는 일이 없이 그대로 흡수된다.

㉥ 학습기능 향상(기억개선, 건뇌작용)

㉦ 암 증식 억제(유방암・대장암・폐암 등)

㉧ 혈중 지질(콜레스테롤, 중성 지방질) 저하

㉨ 혈압 저하

㉩ 알러지 항염증, 항당뇨(혈당치 저하), 항부정맥, 망막 반사기능 향상(시력저하 억제) 작용 등이 있다.

㉪ 생선기름, 식물성 기름, 생선 눈 뒤에 있는 안와지방에 가장 많이 함유되어 있다.

㉫ 물고기는 플랑크톤 및 해조식물 내 천연기름 등을 섭취함으로써 LNA로부터 EPA, DHA 등을 합성하는 능력이 크기 때문에 물고기 조직 및 어유 내에 이와 같은 ϖ-3계열 지방산들이 풍부하게 축적된다.

㉬ 소와 돼지, 닭 등의 고기나 우유에는 DHA가 거의 들어 있지 않다.

나) 저칼로리 대체 유지

① 단백질계 저칼로리 대체유지

Simplesse : 미국 Nutrasweet사에 의하여 개발된 가장 대표적인 단백질계 저칼로리 대체유지로서 콜레스테롤이 함유되어 있지 않다. 우유나 달걀흰자를 가열과 전단응력하에서 변형시켜서 혀가 감지하지 못할 정도로 매우 미세하게 분말화함으로써 얻는 기름과 같은 특성을 가진 제품이다. 제품 1g 당 1～2 kcal의 열량을 가진 제품으로 아이스크림・요구르트・치즈 스프레드・크림치즈・사우어 크림 등과 같은 낙농제품이나 샐러드드레싱・마요네즈・마가린 등의 유지제품의 원료로 이용되며, 고열에서는 변성・응고되므로 튀김용으로는 적합하지 않다. 1990년 2월 FDA로부터 GRAS로 인가되었다.

② 탄수화물계 대체유지

㉠ Maltrin MO 040 : 미국 Grain Processing사가 개발한 탄수화물계 대체 유지 제품으로 부분 가수분해된 옥수수 전분으로부터 분무건조에 의하여 제조한 비감미성 탄수화물이다. 제품 1g당 4 kcal의 열량을 가지고 있다. 기름과 성상이 비슷하여 저지방 마아가린, 냉동 디저트, 샐러드 드레싱 등의 원료로 이용되고 있다.

㉡ Tapioca Dextrin(N-oil, Instant N-oil) : 조직감이 기름과 비슷한 타피오카 덱스트린으로 미국 National Starch and Chemical사에서 개발한 탄수화물계 대체유지 제품으로 1984년부터 미국에서 시판되고 있다. 20～35% 수용액으로 냉동디저트, 샐러드 드레싱, 사우어 크림 등에 이용된다. 열, 전단응력 및 산에 강하기 때문에 HTST제품에도 이용이 가능하다.

③ Paseli SA2

Avebe America사에 의하여 개발된 탄수화물계 대체유지 제품으로 감자전분으로부터 얻은 제품으로 제빵・드레싱・디저트 등에 유지대체용 원료로 사용하며, 1 g 당 3.8 kcal의 열량을 가지고 있다. 아이스크림, 쇠고기 제품, 제과의 원료로 이용 가능하다.

④ 지방질계 대체유지

Caprenin : Procter & Gamble사에서 개발한 지방계 저칼로리 유지 대체품으로 glycerol에 C10, C8, C22 지방산을 결합시킨 것으로, 약 5 kcal/g의 열량을 가진다.

표 11-6. 지방 기능성 인자들

성 분	주요 작용	함유식품 또는 원료
MCT	향료·색소 운반체 지용성 비타민과 의약품 운반체	샐러드 드레싱, 제빵, 아이스크림
Linoleic acid	피부 보습작용 혈중 콜레스테롤 저하작용 항암작용	면실유, 참기름, 올리브유
Linolenic acid	암 예방기능, 혈소판 응집억제 고혈압 저해	달맞이꽃기름, 미생물
Arachidonic acid	유아 발육 고지혈증 예방 혈액·면역계 조절 피부건조 억제·위벽보호 혈중 콜레스테롤 저하 태아의 신체와 뇌 발육	모유
EPA	혈전 및 동맥경화 방지 혈압저하	어류
DHA	뇌기능 개선 순화기계 기능 개선	어유

FDA의 승인을 얻은 제품으로 soft candy, 제과 등에 사용된다. 이 외에도 지방계 저칼로리 대체유지로 Veri-Lo, Salatrim 등이 있다.

⑤ 합성계 대체유지

Olestra : 이것은 합성계 대체 유지로 미국 P&G사에서 개발하였다. Sucrose polyester로 sucrose와 식물성 지방산의 에스터 화합물로 장에서 흡수되지 않으면서도 물리적 성질이 천연유지와 비슷하고, 열 안정성이 높기 때문에 튀김용으로도 이용되고 제빵·낙농제품의 원료로도 이용되며, 맛·풍미·조직감에 있어서 종래의 천연유지에 비하여 하등의 손색이 없다. 그러나 사람과 동물에 있어서 설사를 유발하기 때문에 FDA의 인가를 아직 받지 못한 상태이다.

(3) 단백질 기능성 인자들

식품 펩티드는 식품의 영양·맛·기능성에 영향을 미치는 중요한 성분이다. 최근 다양한 생리활성을 가진 기능성 펩티드들, 즉 호르몬·신경전달물질·인터루킨·세포성장인자·독성물질·효소저해제 등이 보고되고 있다. 이들 기능성 펩티드는 단백질 분해효소를 이용하여 생산하거나, 반대로 단백질 합성효소를 사용하여 아미노산으로부터 합성된다. 또한 유전자 조직에 의한 생산·제조도 가능하다.

기능성 펩티드는 우유단백질(우유 casein), 정어리, 참치, 크릴 등의 pepsin 가수분해물인 동물성 펩티드류와 식물성 단백질(옥수수의 γ-zein, 무화과, 대두 등)에서 유래된 식물성 펩티드류 등이 있다. 기능성 펩티드는 그 구조·활성이 다양하며, 단백질 분해효소(protease)에 의하여 분해·흡수되기 어렵다.

가) 타우린

① 유리상태로 존재하며, 함황아미노산의 일종으로 담즙 중에 타우로콜산(taurocholic acid)으로 다량 존재한다.

② 해산 어류인 오징어·문어·조개류·해조류 등에도 광범위하게 분포되어 있는 것으로 주로 해조류에서 추출되어 왔으나, 최근에는 소의 담즙에서 추출하고 있다.

③ 콜레스테롤이 혈관벽에 침착하는 것을 막아 주는 작용을 하므로 혈중 콜레스테롤 저하 및 혈압 안정작용을 가진다.

④ 모유에 다량 함유되어 있어서 타우린을 만들지 못하는 신생아의 유아분에 첨가하고 있다.

나) 카제인 포스포펩타이드(casein phosphopeptide, CPP)

칼슘 섭취량을 증가시키는 방법으로는 우유를 마시는 것이 제일 간단하다. 그러나 고령자 중에는 '**유당불내증**'이 많다. 위액분비 기능이 저하하기 시작한 고령자는 위내에서의 칼슘 용해가 우려되며, 우유 이외의 칼슘 섭취는 의외로 어렵다. 시중에는 칼슘 강화식품이 많다.

① 비교적 안정한 물질로 음료, 과자, 빵, 디저트류 등에 배합하면 아주 우수한 칼슘 흡수효과를 얻을 수 있다. 어린이용으로는 이유식에 CPP가 첨가되고 있다.

② 우유 카제인이 trypsin에 의하여 가수분해된 산물로 분자 내에 phosphoserine을 다수 함유한 peptide로 유제품 중에서 칼슘흡수가 우수한 것으로 알려져 있다.

③ 주요 기능은 pH 7～8의 중성-약알칼리성에서, 즉 소장의 중-하부의 조건하에

서 미네랄이 불용화되는 것을 저지하는 작용이 있다.

④ 칼슘이 공존하는 인산과 결합하여 불용성의 염을 형성하므로 칼슘의 흡수를 저해한다.

⑤ 미량으로도 칼슘 불용화를 충분히 저지할 수 있다.

다) 아스파탐

① 저칼로리 합성조미료이다.

② 아미노산 아스파르트산(aspartic acid)과 페닐알라닌(phenylalanin) 유도체로서 주로 화학적으로 생산된다.

③ 설탕보다 무려 200배나 강한 단맛을 갖고 있으며, 충치의 우려가 없다.

라) 글루타티온

① 글루타민산·시스테인·글리신 등 3개의 아미노산으로 구성된 트리펩티드이다.

② 환원형과 산화형 두 종류가 존재하며, -SH 기를 가진 구조를 갖고 있다.

③ 생체내 과산화수소와 과산화지질을 환원시켜 생체막에 대한 보호작용을 한다.

마) 알러지 억제 펩티드

① 우유단백질·계란단백질·대두단백질 등의 식품단백질을 단백질 분해효소로 가수분해하여 얻는다.

표 11-7. 단백질 기능성 인자들

성 분	주요 작용	함유식품 또는 원료
타우린	간 기능 개선, 담석예방	어패류
α-리놀렌산	고지혈증 개선	달맞이꽃 종자유, 모유
레시틴	콜레스테롤 저하 혈압저하	대두 및 난황
CPP(casein phosphate peptide)	칼슘흡수 촉진	우유
OPP(opoid peptide)	진통 및 신경안정	대두 및 야채

② 이들 펩티드는 소화·흡수가 잘 되기 때문에 일반식으로는 영양을 충분히 섭취할 수 없는 경우, 그리고 과다한 운동으로 단백질 섭취가 필요할 때 단백질의 유지/개선에 효과적이다.

③ 알러지 환자에게도 안전하다.

④ 최근 한국의 간장과 된장에서 분리된 종양억제 펩티드가 보고되었다.

바) 대두단백질

① 장내 콜레스테롤과 결합하여 콜레스테롤을 배설시키며, 혈중 콜레스테롤 저하 효과가 있다.

② 콜레스테롤 저하 단백질은 7S, 11S 단백질이 주성분이며, 대두단백질의 등전점 침전분획에서 얻는다.

(4) 비타민과 무기질 기능성 인자들

가) 항산화비타민

대표적인 항산화성 비타민은 β-카로틴과 토코페롤이다.

① β-카로틴

㉠ 채소류에 널리 분포되어 있으며, 특히 당근·고추·오렌지·대두 등에 그 함량이 많다.

㉡ 생체 내에서 프로비타민 A 활성이 높고, 프리라디칼 제거작용이 있기 때문에 세포의 정상화를 유지시켜 주는 작용을 한다.

㉢ 피부·점막세포의 정상화와 시각색소의 생성에 관여한다.

㉣ 암에 대한 보호작용을 한다.

㉤ 대기 중에서 쉽게 산화되어 비타민 A 전구체로서의 효과를 상실한다. β-카로틴의 산화를 억제하기 위하여 많은 항산화제들이 사용되고 있다.

② 토코페롤

㉠ 강한 항산화작용을 갖고 있다. α·β·γ·δ 4종의 동족체 가운데 α-토코페롤의 생리활성이 가장 높다.

㉡ 말초혈관의 미세순환 혈류를 촉진하고 호르몬 균형을 정상으로 유지한다.

㉢ 프리라디칼(free radical)에 의한 생체막 산화를 방지한다.

㉣ 과산화지질에 기인하는 동맥경화·성인병을 예방한다.

(5) 무기질 기능성 인자들

1990년 초반부터 일본에서는 칼슘 강화식품과 음료를 생산하기 시작하였고, 서구에서는 우유와 디저트 음식에 칼슘을 강화하고 있다. 칼슘 시트레이트 말레이드(calcium citrate malate, CCM)는 칼슘을 과즙과 같이 구연산·사과산이 일정한 비율로 혼합된 용액에 녹인 혼합물로 용해성·흡수성·정미성이 좋아 음료 등에 활용된다. 페로프로토포르피린의 형태로 되어 있는 헴철은 식품 중에 함유된 식이섬유·탄닌·파이틴 등 다양한 흡수 저해물질의 영향을 받지 않는 이점이 있다. 헴철은 철분흡수를 촉진시켜 철분 결핍을 개선한다.

(6) 기타 기능성 인자들

가) 색소 기능성 인자들

① 플라보노이드

일부 플라보노이드(flavonoids)들이 정상적인 모세혈관의 투과성을 유지하는 데 필요하다고 생각되어 한때 비타민 P라고 명명되었지만, 현재는 비타민으로 인정되지 않고 있다. 플라보노이드들은 다량의 비타민 C와 함께 존재할 때 생체 혈관의

표 11-8. 플라보노이드의 기능

	체내 기능	주요 급원
레스베라트롤	에스트로겐과 비슷한 구조를 가짐, 심장병과 암의 예방, 혈전 형성 지연, 뇌졸중 예방	적포도, 적포도주, 적포도주
안토시아닌	노인 쥐에서 단기 기억력 향상 요도 감염	딸기, 키위, 자두, 블루베리, 크랜베리
퀘세틴	알러지와 관련된 염증 감소, 뇌암과 기관지 암의 성장 저지, 오염물질과 흡연으로부터 폐보호	사과, 배, 체리, 포도, 양파, 케일, 아욱, 브로콜리, 잎상추, 마늘, 녹차, 적포도주
헤스페라딘	심장병 예방, 혈관 강화	감귤류, 오렌지, 오렌지주스 귤, 레몬, 자몽, 자몽주스, 라임, 만다린 오렌지
탄제리틴	뇌와 기관지암 예방	헤스페라딘과 동일
카테친	항암효과	녹차, 포도

지나친 투과성을 억제시켜 주는 약리작용을 나타낸다.

㉠ 혈관벽에 플라크 형성을 방지
㉡ HDL-콜레스테롤의 수준 증가
㉢ DNA 손상을 감소시켜 항암작용을 한다는 것이 알려져 있다.

② 안토시아닌

안토시아닌(antocyanine)은 제2차 세계대전 중 블루베리를 먹고 야간비행을 한 영국 공군 조종사의 증언에 의하여 야생 블루베리에서 발견되었다. 유럽・미국 등지에서는 시력 개선용 의약품으로 애용되고 있다. 시각에 관여하는 로돕신 재합성을 촉진하는 기능을 갖는다.

③ 카로티노이드

카로티노이드(carotenoids)는 오렌지색・노란색・녹황색・붉은색을 나타내는 식물색소로서 알파-카로틴, 베타-카로틴, 루테인, 라이코펜, 크립토잔틴, 칸타잔틴, 지아탄틴 등 여러 성분들이 있다.

㉠ 비타민 A로 작용
㉡ 심장병, 노졸증, 시력 감퇴, 당뇨병, 암 등의 질병을 예방
㉢ 유리 라디칼 및 과산화물의 제거를 통한 생체내 노화방지
㉣ 당뇨병 합병증 감소
㉤ 폐 기능의 향상

(7) 미량성분 기능성 인자들

가) 폴리페놀류

폴리페놀(polyphenols)은 분자 내에 페놀성 수산기를 여러 개 가진 화합물의 총칭이다. 카테친, 에피카테친, 갈로카테친, 에피갈로카테친, 에피카테친갈레이드 에피칼로카테친갈레이트 등이 주성분이다. 차에 함유된 폴리페놀류, 녹황색 채소 등의 β-carotene과 가장 최근에 밝혀진 게나 새우 등의 갑각류의 껍질에서 키틴과 키토산 등이 기능성 물질로 이용되고 있으며, 그 외에 인삼, 영지버섯에서 생리활성 기능물질로 이용한 드링크제 등이 시판되고 있다.

① 구취제거
② 혈압상승 억제
③ 혈중 콜레스테롤 상승 억제

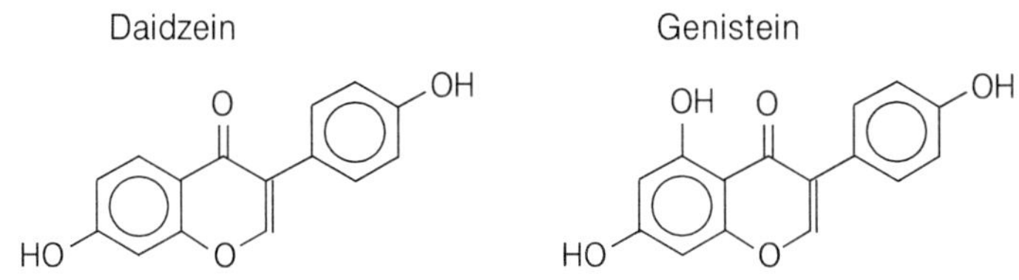

그림 11-4. 대두의 이소플라본, 다이드제인(daidzein)과 제니스테인 (genistein)의 구조

④ S. mutans의 불용성 글루칸 생성효소를 저해하여 충치 발생을 방지
⑤ 고혈압 저해작용을 갖는 것이 밝혀졌다.

나) 이소플라본

이소플라본(isoflavone)은 대두에 다량 함유되어 있는 플라보노이드계의 색소성분으로서 제니스틴(genistine), 다이드제인(daidzein), 글리시티(glycitein) 등이 있다. 이들은 여성 호르몬인 에스트로겐(estrogen)과 유사한 구조를 가지고 있어 여성 호르몬의 대체효능을 가지는 피토에스트로겐(phytoestrogen)으로 알려져 있다.

① 에스트로겐 의존성 유방암, 자궁암, 전립선암 등의 예방효과
② 대장암의 발생 감소
③ 혈중 콜레스테롤 감소
④ 골다공증의 예방효과가 있는 것으로 알려지고 있다.
⑤ 과일(망고 · 건포도 · 멜론 등), 채소(콩나물 · 감자 · 옥수수), 땅콩, 특히 대두(두부 · 된장 · 간장 · 청국장 등)에 다량 함유되어 있다.

(8) 미생물 기능성 인자들

가) 유산균과 비피더스균

인간의 장내에는 약 1 kg 가량의 세균이 살고 있으며, 서식하는 100~400종, 약 100조 개의 장내세균은 대장 내용물의 40~50%를 차지하고 있다. 장내 세균은 모두 해로운 것이 아니고 그 중에는 몸에 유익한 균도 많아서 면역기능을 촉진하여 질병을 예방하거나 발암물질을 흡수하여 암 발생을 막기도 한다.

비피도박테리아(Bifidobacteria)와 락토바실러스(*Lactobacillus*)균은 초산이나 유

산을 생산하여 장내 환경을 산성으로 유지시키고, 일부 항생물질을 생산하여 장내에서 부패균들의 생육을 억제하고 부패 산물의 생성을 저해하는 대표적인 유익균으로 보고되고 있다. 반면에 대장균 등의 장내에 독소나 부패산물을 생성시켜 노화나 질병을 유발하는 원인을 제공하기 때문에 대표적인 유해균으로 지목되고 있다.

① 비피도박테리아

Bifidobacterium속에 속하는 그램 양성간균, 편성 혐기성균으로 포도당을 발효하여 acetic acid 1.5 몰과 lactic acid 1몰을 생성한다. 보통 25～40℃에서 생장하지만, 최적온도는 37℃이다. 최적 pH는 6～7이지만, pH 5.5 이하에서는 증식이 억제된다. 사람의 경우 비피더스균은 주로 대장에 서식하는데, 출생 후 3～4일경에 장내에 출현하여, 이로 인하여 기존해 있던 *E. coli, Enterococcus, Lactobacillus, Clostridium* 등이 현격히 감소하고, 5일째에는 최우세균으로 존재한다.

▶ 비피도박테리아의 기능

㉠ 변비와 설사의 개선 : 소장 하부와 대장에서 유해세균의 증식 억제, 유당에 의한 설사의 경우 원인제거 효과, 유해균을 죽이는 물질 생산, 독성물질을 생산하지 못하게 직접 작용하거나 속도 지연, 발효에 의하여 생성된 유산과 초산은 장의 운동을 촉진시켜 변의 통과를 원활히 한다.

㉡ 면역증강 : 장 면역세포의 macrophage를 활성화하고, IgA 생산을 증가시켜 면역능력을 향상시킨다.

㉢ 간질환에 대한 효과 : 장내에서 암모니아를 생성하는 균들의 증식을 억제하므로 암모니아의 체내흡수를 억제한다.

㉣ 장내균총 정상화 효과 : 약물 복용 시 장내 유익균의 사멸로 균총변화가 일어

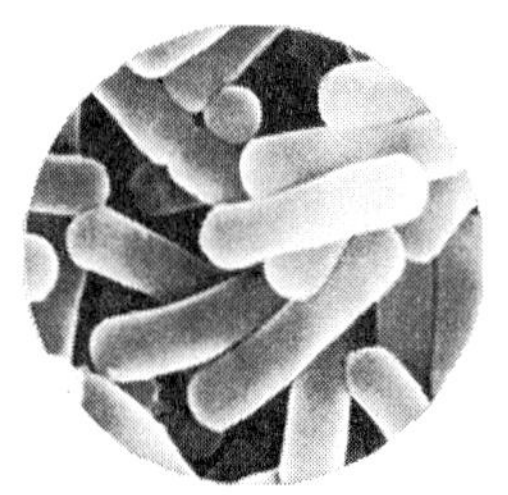

Lactobacillus acidophilus

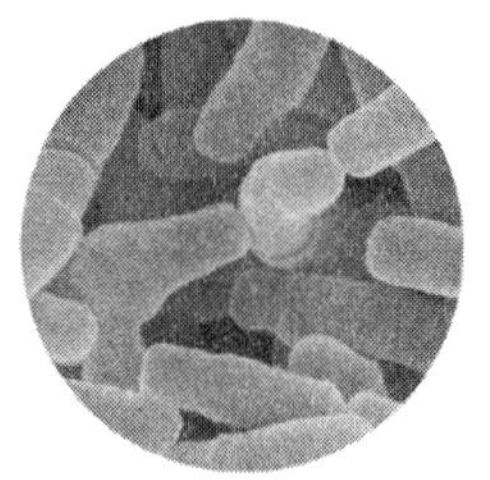

Bifidobacteria longum

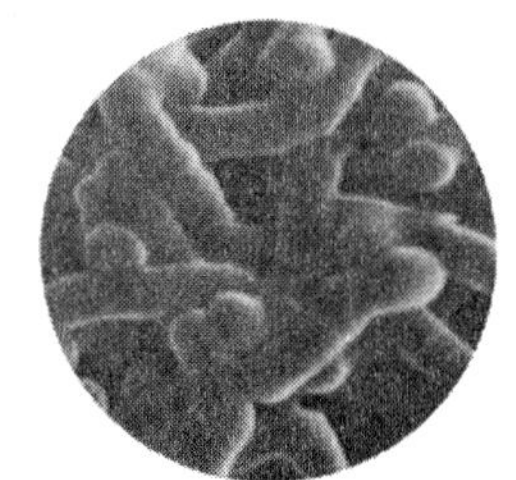

Bifidobacterium bifidum

그림 11-5. 비피도박테리아의 형태

※ 비피더스균과 소화면역

사람의 대장에는 대장 1 g당 3×10^{11} 이상의 세균이 존재하며, 균총(flora)을 형성하고 있다. 이 중 비피더스균의 점유상태가 생체건강의 중요한 factor로 작용하고 있다. 장내 균총의 구성에는 물론 개인차가 존재하지만, 일반적으로 섭취하는 식품, 감염상태, 스트레스, 기후에 따라 민감하게 변화한다. 여하튼 장내 flora의 일원으로서의 기능은 생균(viable cells), 즉 살아있는 비피더스균이어야 하며, 비피더스균의 증식과 함께 생산된 대사산물(항균성 인자, 유산, 유당분해효소 등)에 의하여 직접·간접적으로 효과를 발휘하게 된다. 현재 Bergey's manual에는 총 24종이 기재되어 있다. 포유동물의 장내에 주로 서식한다. 보통 유아에서는 *B. bifidum, B. longum, B. infantis, B. breve* 등이 발견된다. 성인에서는 *B. bifidum, B. longum, B. adolescentis, B. catenulatum, B. pseudocatenulatum, B. angulatum* 등이 검출되고, 동물의 장내에서는 *B. animalis, B. pseudolongum, B. thermophilum* 등이 검출된다. 꿀벌에서는 *B. coryneform, B. indicum, B. asteroides* 등이 검출된다.

인간의 소화관은 특징적인 면역계를 보유하고 있다. 경구적으로 섭취되는 세균, 바이러스 등 병원성 항원에 대한 방벽으로서의 중요한 역할을 하고 있다. 소화관 내에는 전체 면역세포의 약 ⅔, 특히 항체 생산의 전구세포인 B 세포 중 70~80%가 소화관 점막에 밀집하고 있다. 경구섭취 또는 장내에 존재하는 비피더스균은 소화관 내의 면역담당세포를 자극하고, 이 자극에 의하여 액체성 및 세포성의 전신면역계에 영향을 미치게 된다. 이 경우 비피더스균의 생균력에는 관계없이 균체내의 활성성분, 즉 immunopotentiator에 의하여 마크로파지, 림포사이트 등이 직접 활성화되거나 이로 인하여 생성된 항체 또는 사이토카인 등에 의한 2차적인 작용을 나타내게 된다.

나며, 비피더스균은 균총 정상화를 촉진한다.

ⓜ 혈중 콜레스테롤 저하 : 담즙산은 콜레스테롤과 지방의 소화·흡수에 주요한 역할을 담당한다. 비피더스균은 담즙산을 분해하여 콜레스테롤 흡수를 방해한다.

ⓑ 비타민 B_1·B_2·B_6·B_{12}·K·니코틴산·엽산 등을 생산한다.

ⓢ 노화를 억제 및 예방한다.

표 11-9. 기타 기능성 인자

성 분	주요 작용	함유식품 또는 원료
햄철	빈혈예방	간, 패류
김네마산	당분흡수 억제	Gymneme sylvestre
β-카로틴	비타민 A 전구체 및 항암작용 보고	당근 및 녹황색 야채
옥타코사놀	체력증강, 운동기능 향상	쌀과 소맥의 배아
파라티노스	충치예방	설탕
아스탐산	칼로리 섭취 제한	아미노산
유산균, 비피더스균	정장작용, 면역향상	요구르트

나) 건강기능식품의 문제점

건강기능식품이 소비자에게 충분히 이해되고 받아들여져서 최종적으로 그의 유통 시스템이 완성되기까지는 아직 많은 과제를 안고 있는 것도 사실이다. 그러한 과제를 요약하면 다음과 같다.

① 건강기능식품과 다른 식품(건강식품, 특수영양식품, 영양강화식품 등)과를 어떻게 명확히 구별하고, 그것을 소비자에게 충분하게 인식시키는가 하는 문제이다.

기능성 식품을 어떠한 방법으로 섭취하면 효과가 나타나는가를 명확히 하는 일도 필요하다. 과잉섭취와 식품 몇 가지만 섭취하였을 때 역효과가 나면 그 의미가 손상된다.

② 의약품과 어떻게 구별하고, 소비자에게 의약품으로 오인되지 않게 하는가 하는 문제이다.

건강기능식품이 종래의 건강식품과 다른 가장 큰 차이점은 명확한 효능 및 효과를 갖고 있으며, 그것을 강조하여 알린다는 점이다. 그러나 식품의 생리효과와 약품의 약리효과가 혼동되면 혼란이 일어난다. 이 점을 명확히 구별하여 이해하기 쉬운 표시방법을 생각하여야만 하며, 아직 형태가 의약품과 비슷하므로 어떻게 해서라도 의약품과 형태를 달리하여야 한다. 건강식품 중에는 정제나 분말 형태의 것이 있는데, 가끔 의약품 이상의 효과를 기대하는 것도 있어 혼란이 일어나고 있다. 건강기능식품에서는 이러한 혼란을 배제하여야 한다. 또한 효능 및 효과면에서 의약품처럼 즉효성이 있다고 생각하는 사람도 많은데, 그렇지는 않다는 것을 명확히 할 필요가 있다.

③ 건강기능식품의 평가방법을 정립해 주지 않으면 안 된다.

식품 중에 들어 있는 다양한 종류의 물질이 생리효과를 나타내는 것은 해명되어 있으나, 그것이 어떻게 작용하는가와 그 메커니즘은 아직 불명확한 점이 많다. 얼마 정도의 기능성 물질을 식품에 첨가하였을 때, 식품의 균형이 깨지지 않으면서 전체로서 유용성이 유지되는가를 알지 못하고 있다. 평가방법을 확립하기 위해서는 생리적인 증거와 실제 효과에 대한 자료가 충분하게 수집되고, 이것을 종합적으로 평가하여야 한다. 이것은 매우 어려운 작업으로 이것을 확실하게 해 두지 않으면 기능성 식품으로서의 표시가 불가능해질 것이다. 예를 들어 기능성 물질을 포함하고 있어도 그 양이 작아 효과가 나타나지 않는 경우도 있다. 이 경우 그것이 들어 있다는 것만으로 기능성 식품이라 할 수 없으며, 또한 그것이 액체상태의 것인가, 건조상태의 것인가에 따라서도 효능이 달라지기 때문에 평가방법도 달리 정하여야만 한다. 기능성 식품은 의약품보다 평가하기 어려운 면이 있으며, 평가방법을 매뉴얼화 할 수 있는지가 큰 문제이다.

④ 건강기능식품을 일반 상점에서 판매 취급할 수 있는가가 문제가 된다.

의약품은 의사와 약사만이 다룰 수 있다. 그렇다면 기능성 식품은 어떻게 하는 것이 좋을 것인가? 그것을 규정하는 것은 일본의 경우 영양개선법, 한국의 경우 식품위생법 시행령이므로 각각 영양사와 위생사의 자격을 갖고 있는 사람이 취급하는 것이 바람직하지만, 그 수가 적어 일반 상점에 1인씩 둔다는 것은 인원과 경비 면에서 거의 불가능하다. 그렇다면 일반 식료품점의 점원이 취급해야만 하는데, 고객에게 기능성 상품을 올바르게 설명할 수 없는 경우도 생길 수가 있다. 사용방법이 잘못 전달되면 반대로 해를 입을 수도 있다. 충분하지는 못하나 현실적인 대응으로서 시, 구, 군, 면 수준에서 강습회 등을 꾸준히 열어 소비자 및 판매자에게 기능성 식품에 대한 지식을 갖게 할 수가 있다. 판매가 적절하게 이루어질 수 있는 방법을 충분히 검토할 필요가 있다.

⑤ 관련 부처간의 의견을 조정하여 기능성 식품을 확실하게 규정하고, 그 제도가 정확히 실시되어야 한다.

일본의 경우 후생성 내의 의견조정도 매우 어려웠는데, 그 후 농림수산성이 다른 각도에서 기능성 식품을 검토하고 있다. 관련 부서간의 의견이 다를 경우 소비자는 기능성 식품에 대하여 의혹을 가질 수 있다.

제 12 장

식품위해요소 중점관리제도 (HACCP)

1. 위해요소 중점관리기준
(Hazard Analysis Critical Control Point, HACCP)

1) HACCP의 등장 배경

최근 들어 식품관련 산업의 발달과 더불어 그 관심이 고조되고 있는 것이 바로 식품위생과 식품의 안정성(safety) 문제이다. 식품과 관련된 목적 품질 중의 하나가 오염균의 배제인데, 모든 유기물에 대해 오염을 완전히 배제하는 것은 사실상 불가능하므로 식품 생산에 있어서는 가능한 범위 내에서 가장 낮은 수치를 유지하는 것이 최종 목표가 된다.

이러한 식품의 위생 관리 면에서 볼 때, 미생물학적 품질 관리의 고전적인 접근방법은 보통 원료와 최종 생산물 등의 분석에 그 중심을 두고 있었으나 많은 생산물의 경우 그 결과가 나오기까지 너무 오랜 시간이 걸렸다. 시간이 흐르면서 신속한 방법들이 개발되고 사용되기 시작하였으나 식품의 안정성을 보장할 수 있는 좀 더 새로운 접근이 요구되기 시작했다.

이러한 배경 속에서 등장한 것이 바로 위해요소 중점관리기준(Hazard Analysis Critical Control Point, HACCP) 시스템으로서 종전의 방법들과는 달리 원료의 생산지로부터 가공과정을 거쳐 소비자에게 도달되기까지 모든 단계에 적용되는 새로운 식품위생 관리시스템이다.

① 세계적으로 세균성 식중독의 다발생 및 대형화 식품 사고

② 가공식품의 등장으로 인한 대량 생산 및 대량 유통의 촉진
③ 식품제조업에 있어서의 식품의 위생적 생산 및 유통의 필요성 대두
④ 합리적이고 계획적인 자주적 위생관리의 실시 요구
⑤ 식품사고의 방지 및 식품의 안정성의 확보 요구
⑥ 제한된 인력과 예산으로 가장 효율적인 식품위생관리 방안 필요

2) HACCP의 정의

① "위해요소 중점관리기준(HACCP)은 식품의 제조·가공·포장·유통 등의 각 단계에서 중요관리점을 파악하여, 그 지점에 과학적인 관리활동을 집중시킴으로써 식품을 제조하는 업체나 또는 이를 감시·감독하는 행정기관이 제한된 자원을 투입하여 식품위생관리의 실효성을 극대화시킬 수 있는 방법"이다.

② "식품 안전성 제고를 위하여 특정 위해요소를 확인하고 관리하기 위한 예방조치를 설정 운영하는 체계(codex 1993)"이다.

③ "과학적 근거에 기초한 체계적으로 위해요소를 확인하고, 식품 안전성을 확보하기 위한 관리 조치(codex 1997)"이다.

④ "최종 제품 검사보다 위해요소 평가 및 예방조치에 중점을 두는 관리체계 구축을 위한 도구(codex 1993, 1997)"이다.

⑤ "모든 HACCP system은 시설설비 설계, 공정, 또는 기술적 발전 등의 변화를 수용할 수 있어야 한다(codex 1997)."

⑥ "식품 안전과 관련된 위해요소의 확인, 평가 및 관리를 위한 체계적인 접근방법(미국 NACMCF 1997)"이다.

표 12-1. 식품 위생의 대표적인 위해요소

대표적인 위해요소	세 부 내 용
생물학적 위해요소	대장균, 일반세균, 효모, 곰팡이, 내열성 미생물, 바이러스 등 식중독균 : 살모넬라, 비브리오, 리스테리아, 보틀리눔 등
화학적 위해요소	식물이나 해산물의 독소(natural toxins), 잔류 농약, 잔류 수의약품, 중금속 등, 다이옥신 등, 유해물질, 항균물질, 잔류용제, 첨가물, 가공보조제, 포장재, 전이물질 등
물리적 위해요소	머리카락, 금속, 돌, 유리 등 이물

⑦ "원료부터 소비단계까지 식품의 안전성 확보를 위한 효과적이고 합리적인 방법으로 문제 발생을 예방하는 것이 모든 HACCP system의 최대 과제(NACMCF 1997)"이다.

※ HA(Hazard Analysis : 위해요소 분석)란 식품의 원재료의 발육・생산・채취 단계에서 시작하여 제품의 제조・보존・유통단계를 지나 최종적으로 소비자의 손에 들어갈 때까지의 각 단계에서 발생할 우려가 있는 위해의 원인을 확정하고, 그 위해의 중요도(severity) 및 위험도(risk)를 평가하는 것을 말한다.

※ CCP(중점관리기준)란 HACCP를 적용하여 식품의 위해(危害)를 방지, 제거하거나 안전성을 확보할 수 있는 단계 및 공정을 말한다.

⑧ "식품원료의 생산 단계에서 제조・가공・보존・유통을 통하여 최종적으로 소비자가 섭취할 때까지의 모든 단계에서 발생할 우려가 있는 위해요인에 대하여 조사・분석하고, 각 위해요인에 대한 방지대책을 마련하여 계획적으로 감시・관리함으로써 제품의 안전성과 건전성을 확보할 뿐만 아니라, 양질의 식품을 확보하고자 하는 집중관리 방식"이다.

▶ 선행요건 프로그램

・HACCP plan의 기초를 제공하는 제조가공 현장에서 준수해야 하는 우수제조기준(GMP)을 포함하는 위생운영 조건이나 절차를 개발 시행하여야 한다. 시설・설비 등에 관한 우수제조 기준(GMP)

・교차오염 방지, 종업원 위생관리, 시설・설비의 청소 및 위생적 관리, 방충・방서 계획 등 표준위생관리 기준(SSOP)

・주로 기본적인 환경위생과 품질유지에 관한 사항관리 발생 가능성이 적고, 심각성이 낮은 위해요소 관리에 적용

① 영업장 관리(시설・설비) 작업장(바닥, 벽, 천장, 배수, 배관, 출입구, 통로, 창, 조명 화장실, 탈의실) 등

② 위생관리(작업환경, 개인위생, 폐기물, 세척, 소독) 동선, 공정간 오염방지, 온도, 습도, 환기공조, 방충・방서 관리

③ 제조시설 및 설비관리(냉장・냉동설비 및 용수관리) 제반시설 및 설비, 모니터링 기구, 냉장・냉동시설, 용수관리

④ 보관・운송관리, 검사관리, 원・부자재 구입, 운송, 보관, 협력업체 관리, 제품검사, 시설・설비기구 검사, 회수 프로그램 운영 등

3) HACCP의 전 단계

① HACCP 팀 구성 : 전문인력으로 구성된 HACCP 전담반을 구성한다.

② 제품설명시 : 제품의 특성, 성분, 유통 소건 등을 명시한 제품 설명서를 작성한다.

③ 용도 확인 : 제품의 소비처, 소비 대상 등의 사용용도를 확인한다.

④ 공정 흐름도 작성 : 제품생산의 최적 공정을 도표형태로 공정 흐름도를 작성한다.

⑤ 공정 흐름도 현장검증 : 위 단계의 공정 흐름도가 현장의 실제 공정과 일치하는지 여부를 확인한다.

4) HACCP의 7원칙

① 원칙 1. 위해분석(Hazard Analaysis) : 각 단계에서 발생할 수 있는 위해를 모

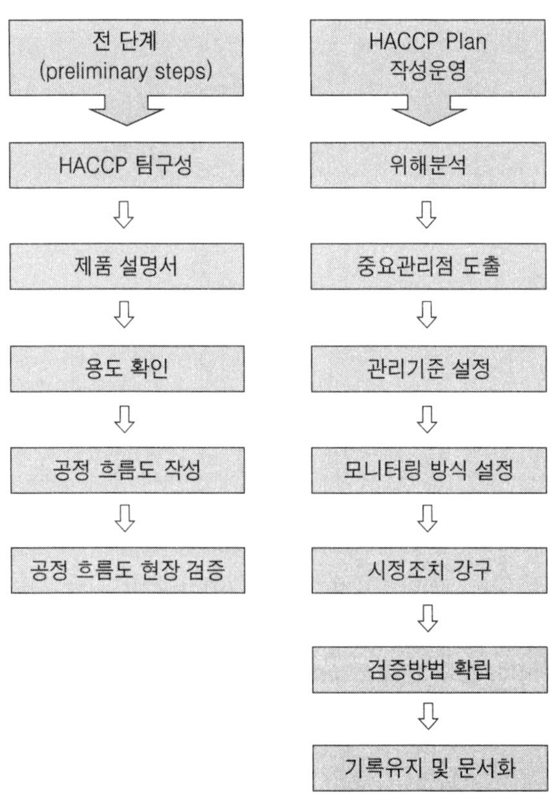

그림 12-1. HACCP의 7원칙과 12절차

두 확인한다. 소비자에게 허용할 수 없는 건강문제를 야기할 수 있는 생물학적・화학적 또는 물리적 성질. 예를 들어 허용될 수 없는 오염이라든가 독성물질의 수준, 또는 병원성균들의 성장이나 생존 등이다.

② 원칙 2. 중요 관리점(Critical Control Point) 도출 : 확인된 위해를 제거하는 데 필요한 중요관리점을 도출한다. 통제가 실행되어 위해요소(hazard)가 최소화 또는 제거될 수 있는 식품 시스템에 있어서의 어떤 지점이나 공정을 말한다.

③ 원칙 3. 관리기준(Critical Limits) 설정 : 각 중요 관리점에 대한 관리한계(기준)를 설정한다. 일반적인 원리와 일치하는 formal procedutre를 서술한 활자화된 문서를 말한다.

④ 원칙 4. 모니터링 방식(Monitoring Procedure) 설정 : 중요 관리점에 대한 관리를 누가, 언제, 어떻게 등에 대한 기준을 설정한다. 관리기준이 생산물의 안정성을 유지하도록 보장하며, 이에 대한 정확한 기록이 남겨질 수 있도록 디자인된 관찰이나 측정의 계획체계를 말한다.

⑤ 원칙 5. 시정조치(Corrective Action) 강구 : 모니터링 결과가 관리기준을 벗어날 경우 시정조치에 대한 기준을 설정한다.

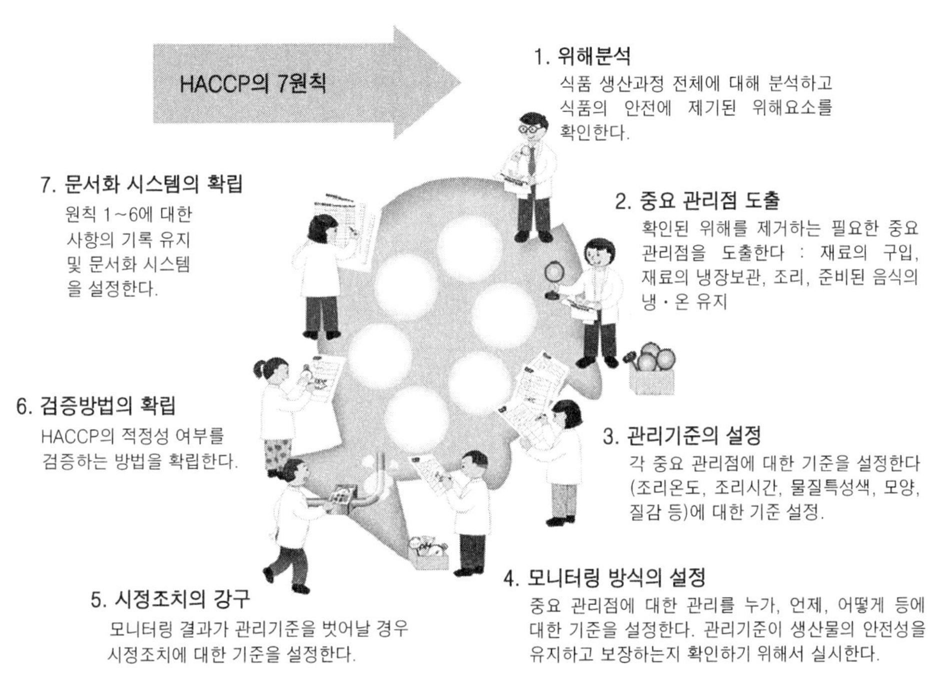

그림 12-2. HACCP의 7단계

⑥ 원칙 6. 검증방법(Verification Procedure) 확립 : HACCP의 적정성 여부를 검증하는 생물학적 · 이화학적 · 관능적 방법 등을 확립한다. HACCP 시스템이 원래의 계획과 잘 부합되는지 아닌지를 결정하는데 사용되는 방법(method), 과정(procedure), 시험(test)을 말한다.

⑦ 원칙 7. 기록유지 및 문서화 방법(Record-keeping Procedure) 확립 : 원칙 1～6에 대한 사항의 기록유지, 문서화 방법을 설정한다.

5) HACCP의 이점

① 관리의 노력을 집중할 수 있어 효율적이며
② 모니터링 방법이 주로 신속하고
③ 간단한 기술로 행하여지기 때문에 경제적이고
④ 신속한 수정조치가 가능하므로 효과적이며
⑤ 향상된 식품안전성의 성취
⑥ 실패위험의 최소화
⑦ 식품위생법의 준수
⑧ 제품폐기의 감소
⑨ 작업조건의 개선
⑩ 직원의 도덕성 향상 및 인사이동 감소
⑪ 소비자 요구를 충족시키기 위한 신뢰성 향상
⑫ 소비자의 신뢰성 재고
⑬ 사업기회의 증가
⑭ 이미지 및 명성 제고
⑮ 제품품질의 향상
⑯ 소비자 불만의 감소
⑰ 제품회수의 감소와 비용절감 등의 이점이 있다.

6) HACCP의 기본 원칙

(1) 모든 요소와 관련된 위해요소의 평가

식품제조 시 재배, 수확, 원료, 구성성분, 제조과정 및 방법, 유통과정 및 판매, 그리고 식품 조리와 소비에 이르기까지 문제가 될 수 있는 모든 위해요소들은 작업공정도나 최종 식품 생산물을 서열함으로써 각각의 식품 물질들에 대해 평가되어질

표 12-2. HACCP 의무적용 대상 업체 및 적용 품목

의무적용 대상 업체	도축(소, 돼지, 가금류) 어육가공품 중 어묵류 냉동수산식품 중 어류, 연체류, 패류, 갑각류, 조미가공품 냉동식품 중 피자류, 만두류, 면류 빙과류 비가열음료 레토르트식품
적용 품목	식육가공품 : 식육, 햄, 소시지, 분쇄가공육품 유가공품 : 우유, 발효유, 가공치즈, 자연치즈 어육가공품 : 어묵류 냉동수산식품 : 어류, 연체류, 패류, 갑각류 빙과류 일반 가공식품 중 기타 가공식품 절임식품 : 김치류, 젓갈류 단체급식 및 접객업소 두부류, 건포도, 곡류 가공품 등 전 품목으로 범위 확대 적용

한국식품환경연구원

표 12-3. NACMCF에 의해 정의된 6가지 위해요소군

	6가지 위해요소군	
NACMCF(the U. S. National Advisory Committee on the Microbiological Criteria for Foods)	A	비살균 생산균으로 구성되어 소비되었을 때 유아나 노약자, 면역력이 약한 사람들에게 문제를 일으킬 수 있는 식품
	B	미생물학적 위해요소와 관련된 민감한 구성성분을 함유한 생성물(예, 우유·날고기 등)
	C	해로운 미생물을 효과적으로 파괴할 수 있는 통제된 공정(heat pasteurization과 같은) 단계가 없는 경우
	D	생산물이 가공처리가 끝난 후 포장하기 전에 재오염의 가능성이 있는 경우
	E	생산물이 소비될 때 유통 과정상에서의 잘못이나 또는 소비자에 의한 잘못된 취급으로 인해 생산물이 위해물질로 변할 수 있는 가능성이 있는 경우(예, 냉동저장 식품의 경우 냉장고 온도의 잘못)
	F	포장 후 또는 가정에서의 요리 시 어떠한 최종 열처리 과정이 없는 경우

수 있는데, 처음 A부터 마지막 F까지의 위해요소 등급으로 나타내어진다.

다음으로 생산물들은 6가지 위해요소군 중의 하나로 표시되어진다.

① 위해요소군 A에 속하는 special category
② 5가지의 일반 위해요소군(B, C, D, E, F)에 모두 속하는 식품 생산물
③ 4가지의 일반 위해요소군에 속하는 식품 생산물
④ 3가지의 일반 위해요소군에 속하는 식품 생산물
⑤ 2가지의 일반 위해요소군에 속하는 식품 생산물
⑥ 1가지의 일반 위해요소군에 속하는 식품 생산물
⑦ 어떤 위해요소도 없는 식품 생산물

(2) 통제에 필요한 CCP(Critical Control Point)의 결정

1의 과정을 통해 확인된 위해요소들의 통제는 두 가지 형태의 CCPs로 나눌 수 있는데, CCP1은 위해요소의 통제를 보장하기 위한 것이고, CCP2는 위해요소를 최소화하기 위한 것이다. 전형적인 CCPs의 예는 다음과 같다.

① 시간-온도 관계에 따라 주어진 병원성균을 살균할 수 있는 열처리공정
② 병원성균이 번식하기 전에 냉동하는 것
③ 병원성균의 성장을 억제하도록 식품 생산물의 pH 수준을 유지하는 것
④ 종업원의 위생관리

(3) 각각의 CCP에 적합한 중요 범위의 확립

중점범위는 CCP가 미생물 위해요소를 효과적으로 통제할 수 있도록 보장해 줄 수 있는 하나 이상의 규정된 허용한도이다. 즉, 어떤 특정 범위 내에서 냉동·냉장 온도를 유지한다든지 병원성균을 효과적으로 파괴하여 오랜 기간 동안 보존할 수 있는 어떤 최소 멸균온도를 확립하는 것 등을 의미한다.

(4) CCP를 모니터링 할 수 있는 절차의 확립

CCP와 그 범위의 일정화된 테스트 또는 관찰을 의미하며, 모니터링 결과는 반드시 문서화되어야 한다. 시간, pH, 온도, 수분활성도(Aw)와 같은 물리적·화학적 변수들은 테스트되어 그 결과가 즉시 획득할 수 있기 때문에 모니터링에 많이 이용된다.

(5) CCP의 모니터링 시 편차가 확인될 시 취해질 수 있는 시정조치의 확립

목적한 바와의 편차에 의해 발생되는 위해요소는 조처에 의해 제거되어질 수 있어야 하며, 이러한 조처에 의해 CCP는 항상 통제하에 있게 된다.

(6) HACCP 계획을 문서화하는 효과적인 기록유지 시스템의 확립

HACCP 계획은 반드시 문서화되어 검열관의 요구 시 즉각 활용될 수 있어야 한다. 이러한 설치류 양식은 모든 구성성분, 가공단계, 포장, 저장, 그리고 유통에 대한 문서화된 정보를 제공할 수 있어야 한다.

(7) HACCP 시스템이 올바르게 수행되고 있는지 입증하는 필요 절차의 확립

입증은 HACCP 계획 내에서 모든 위해요소들이 확인되고 있으며, 설정된 미생물학적 기준과 잘 부합되고 있다는 것을 확증할 수 있어야 한다. 입증 조처는 HACCP 계획, CCP 기록, 편차, 무작위 시료채취 및 분석, 그리고 설치류화 된 입증 검열기록 등을 포함하는 입증 검사계획을 확립해야 한다.

7) HACCP 실행의 장애요인과 그 해결책

① 표준화된 작업기준과 기준서에 대한 저항감 : 엄격한 규칙하의 작업에 익숙하지 못할 경우 HACCP 실행에 대한 저항감이 발생할 수 있어 일상적인 업무의 일부를 변경해야 하고, 성분배합 및 각종 기준서를 세심하게 준수해야 한다.

② 자본투자의 필요 : 식품제조 시설이나 설비는 HACCP 시스템에 따라 효과적으로 사용하거나 재설계하고, 대처하며 개조해야 한다. 이들 초기의 투자는 비용절감 및 효율성 향상으로 장기간에 걸쳐 회수될 수 있다.

③ 종사자의 위생관리 : 일부 종사자들은 위생향상을 위하여 개인의 습관을 바꾸거나(예 : 머리치장, 손 씻기, 재채기 등) 또는 살모넬라 감염과 같은 식중독에 걸렸을 때 즉시 대처할 수 있도록 개인 종사자 위생의 중요성을 항상 인식시켜야 한다.

④ 훈련이 되지 않은 작업자 : 인적 요소는 HACCP의 성공여부에 핵심으로 가장 중요한 요인이 될 수 있다. 불충분한 훈련은 기준에 대하여 별로 관심의 부족을 초래할 수 있으므로 의견 교환 및 동기부여를 증대시켜야 한다.

⑤ 시간에 쫓기는 상황 : 업무시간에 시간적으로 쫓기는 상황이 발생할 경우 기준

과 규칙을 무시할 수 있으므로 적정한 생산계획과 적절한 작업 인력의 조화를 갖추어 문제를 해결하도록 한다.

⑥ 창의 혁신 및 장인정신의 제한 : 작업 및 절차를 표준화 직입이 업무사의 창의성이나 장인정신을 제한하는 것이 아니다. 효율성 제고를 위하여 HACCP는 회사의 품질보증 프로그램의 필수부분이며, 적정 제조기준(GMP)이나 ISO 9000기준과 관련될 수 있음을 인식할 수 있도록 종사자의 시간과 회사의 지원이 요구된다.

8) 식품안전성 관리제도로서의 HACCP의 적용

식품업계에서 HACCP의 적용은 경제적인 관리계획을 통한 식품안전성 확보를 위한 최상의 관리도구로 인식되고 있다. 원료 생산으로부터 가공, 제조, 유통, 소매 및 최종 조리, 소비자에게 전달되는 식품공급 체계상 모든 분야에서의 HACCP 제도의 적용은 공급되는 식품의 안전성을 높이는 데 크게 기여할 수 있다. 그러나 정부 당국이 HACCP 개념의 이익과 식품업계에서의 HACCP 적용시 정부의 역할에 대한 이해와 인식을 갖는 것이 대단히 중요하다.

HACCP 제도를 식품안정성 관리의 관리도구로서 적용하는 것은 식품관리 행정 당국과 소비자에게 많은 이익을 제공한다. 가장 중요한 이익들은 다음과 같다.

① HACCP 접근방식은 원료, 생육, 채취, 구매, 생산, 유통, 저장 등 최종제품의 소비까지의 모든 식품공급 단계에서 생물학적 · 화학적 · 물리적 위해 등 식품의 안정성과 관련된 모든 분야에 적용할 수 있는 체계적인 접근방식이다.

② HACCP 제도는 위해요인이 소비자에게 도달되는 것을 막기 위해 취하여야 하는 모든 합리적인 사전 예방조치를 설명할 과학적인 확실한 근거를 제시한다.

③ HACCP 제도는 소비되기 전에 안전하지 못한 식품을 가려내는 전통적인 검사체제에 의존하지 않고, 식품위해를 사전에 예방하는 데 중점을 둔다.

④ HACCP 제도의 적용은 정부 감시체계에 지금까지 밝혀진 방법 중 가장 효율적이고 경제적인 식품안전성 관리도구를 제공하여 준다.

⑤ HACCP에 의한 접근은 발생 가능한 모든 예상 위해를 확인하게 해준다.

⑥ HACCP에 의한 접근은 감시능력이 식품의 안전성과 관련된 식품생산 시 중요 부문에 집중될 수 있도록 해준다.

⑦ HACCP 제도는 사전예방 접근방식이므로 식품의 소비 시에 따른 공중보건

위해를 최소화할 수 있게 해준다.

⑧ HACCP 제도는 식품의 안전성에 대한 신뢰를 제공하며 식품교역, 식품영업을 증진시킨다.

제 13 장

식품안전성과 평가

1. 식품안전성의 개요

현대의 식품은 다양하게 오염되고 있으며, 그 상태는 매우 심각하다. 현대의 발전된 농업과 식품공업의 결과 농약, 식품첨가물, 방사능, 중금속 등의 오염물질을 섭취하게 되었으며, 이들은 인체에 전혀 생소한 이물질들로 생리작용 또는 약리작용을 하거나 또는 독작용을 한다. 문제는 식품오염이 인체에 어떻게 해로운지에 대한 개념이 부족한 상태에서 우리는 이러한 물질들을 인위적으로 가공식품에 첨가하고 있는 데 있다. 대다수의 사람들은 식품재료의 안전성을 중시하고 있지만 다변화된 사회에서 가공기술의 발달과 소비자의 다양한 요구에 따른 새로운 가공식품은 점차 증가될 것이고, 또한 새로운 첨가물의 등장으로 예기치 못한 독성물질 생성 등 유해요인 역시 증가될 것이다.

식품은 누구나 일생 동안 섭취해야 하므로 식품의 안전성 문제는 개인적인 문제일 뿐 아니라 국제간의 문제로까지 비화될 수 있다. 따라서 식품의 안전성 문제는 각국의 보건당국, UN을 위시한 각종 국제기구 등에서 중요한 문제로 심도 있게 다루어지고 있다.

1) 식품의 안전성

식품은 식품 원료에서부터 조리, 가공, 저장 및 유통과정 중에 그 안전성이 요구된다.

① 첫째, 식품 원료에 대한 안전성
② 둘째, 조리, 가공, 저장 및 유통에 대한 안전성
③ 셋째, 식품 취급자에 따른 안전성으로 대별된다.

2. 식품안전성의 평가

1) 독성의 정의

① 일반적으로 식품 오염의 결과는 독성(toxicity)으로 나타난다. 즉, 독성이란 생물체에 대하여 유해한 영향을 나타낼 가능성이 있는 화학물질의 특성을 말한다.

② 독성은 해로운 화학물질의 농도와 작용기간에 좌우된다.

2) 독성의 분류

① 한 물질의 독성은 그 투여기간, 작용기간 또는 발현기간에 따라 급성독성, 아급성 독성 및 만성독성으로 구분한다.

② 독성은 실험동물에 대한 시험물질의 개략적인 효과를 일컫는 일반독성과 특수한 타입의 특수독성으로 나누기도 한다.

③ 독성은 질적인 면에서 신경독성, 간독성, 발암성, 돌연변이 유발성, 최기형성 등으로 구분한다.

④ 양적인 면에서 독성의 강도에 따라 맹독성과 저독성으로 나눈다.

⑤ 작용하는 표적장기에 따라 간독성, 폐독성, 심장혈관 독성, 신장독성, 안독성으로 구분하기도 한다.

※ 독성 평가

어떤 물질이 유해한지 또는 어떤 상태에서 독으로서 작용하는지 또는 그 독작용의 특징은 무엇인지를 규명하는 것이다. 위해성 평가란 어떤 일정한 상태에서 그 유해한 영향의 가능성을 양적으로 평가하는 것을 말한다. 독성 평가와 위해성 평가는 식품 독성물질의 규제에 있어 중요하다. 시판되는 화학물질은 규제기관의 규제를 충족시키는 독성시험을 거쳐야 한다. 사실 동물실험 자료를 인간에게 적용하는 데는 대사경로, 침투, 작용방식 등의 문제가 있지만 폭로를 조절하기 쉽고, 폭로기간이 지난 후 모든 조직을 상세히 관찰할 수 있다는 이점이 있기 때문에 독성 평가에는 동물실험이 많이 사용된다.

3) 독성의 강도

독성은 양적인 문제이고 그 사용조건에 따라 달라지지만 독성의 규제뿐만 아니라 사람들에게 독성물질에 대한 개념을 명확히 해 줄 필요가 있다. 독성의 강도를 나타내는 데는 치사량, 반수치사량(LD50)의 개념이 사용되며, 체중 1 kg당 치사작용을 발휘하는 그 물질의 양(mg)으로 나타낸다(표 13-1).

표 13-1. 독성의 강도

등 급	구 분	사람에서의 치사량	예
1	무독성(practically nontoxic)	> 15 g/kg	포도당
2	저독성(slightly toxic)	5～15 g/kg	에탄올
3	보통독성(moderately toxic)	0.5～5 g/kg	소금, 황산철
4	고독성(very toxic)	50～500 mg/kg	페노바르비탈
5	극독성(extremely toxic)	5～50 mg/kg	니코틴
6	맹독성(supertoxic)	< 5 mg/kg	청산, 복어독, 파라티온

※ M.U(Mouse Unit) 사용 : 독성물질의 적당한 희석액을 20 g 정도의 흰쥐에게 복막내 주사하여 흰쥐가 15분 이내에 죽었을 때 그 희석액 속의 독성물질의 독성효과를 나타내는 단위이다.

3. 식품첨가물과 식품안전성

다양한 식품첨가물(food additives)이 식품의 기호성 증진 · 저장성 증진 · 영양가 강화 · 품질 증진 · 안정성 증가 · 폐기물 감소 · 식품제조 보조 등의 목적으로 가공식품에 사용되고 있다. 일반적으로 식품제조 및 가공공정을 돕기 위하여 또는 식품의 저장이나 품질 향상을 위하여 식품에 의도적으로 첨가하는 화학물질을 **식품첨가물**이라고 한다.

사용되는 식품첨가물들은 대부분 천연물로서 추출된 것이거나 화학적 · 생물학적 방법에 의하여 합성된 것이다. 최근 출현하는 식품첨가물들은 기능적 측면을 고려한 기능성 성분들이 대부분이다. 식품첨가물의 종류와 소비량은 가공기술의 발달과 더불어 다양해지고 있으며, 소비량도 증가될 전망이다. 그러나 식품첨가물이 식품 가공상 아무리 필요하더라도 그 안전성은 확인된 것이어야 하고, 소비자들에게 이익이 되지 않으면 안 된다.

식품첨가물은 절대로 잘못된 또는 불완전한 가공공정을 감추기 위하여, 식품의 상처·부패 등을 숨기기 위하여, 소비자를 속이기 위하여 사용되어서는 안 된다. 또한 식품첨가물 사용이 영양소 감소를 초래하는 경우와 다른 생산공정에 의하여 더 좋은 효과를 얻을 수 있을 경우에는 식품첨가물을 사용해서는 안 되며, 바라는 효과를 얻기 위하여 절대로 필요량보다 더 많은 양의 식품첨가물을 사용해서도 안 된다.

1) 식품첨가물의 정의

① 식품첨가물이란 "식품 중에 본래 들어 있는 물질이 아니며, 일반적으로 식품을 제조·가공하는 동안에 식품의 품질을 개량하거나 보존성 또는 기호성을 증가시키기 위하여 첨가하는 물질"을 말한다.

② 우리나라 식품위생법 제2조 2항에서는 '식품첨가물이라 함은 식품을 제조·가공 또는 보존함에 있어 식품에 첨가·혼합·침윤·기타의 방법으로 사용되는 물질을 말한다.'라고 정의하고 있다.

③ FAO/WHO의 합동 식품첨가물 전문위원회에서는 식품첨가물이란 '식품의 외관·향미·조직·저장성을 향상시키기 위하여 보통 미량으로 식품에 첨가되는 비영양성 물질'이라고 정의하였다.

2) 식품첨가물의 조건

① 인체에 유해한 영향이 없어야 한다.
② 사용 목적에 따른 효과를 소량으로도 충분히 나타내야 한다.
③ 식품의 제조·가공에 반드시 필요한 물질이어야 한다.
④ 식품의 영양가를 유지해야 한다.
⑤ 식품에 나쁜 이화학적 변화를 주지 않아야 한다.
⑥ 화학성분 등에 의해서 그 첨가물을 확인할 수 있어야 한다.
⑦ 식품의 외관이 좋아져야 한다.
⑧ 식품첨가물이 첨가된 식품이 소비자에게 이로워야 한다.

3) 식품첨가물의 안전성 평가

식품첨가물은 식품의 제조·가공·보존에 매우 필요한 물질이지만, 식품첨가물의 사용방법이나 사용량이 부적당할 경우에는 인체에 위해를 일으킬 우려가 있으므로 식품첨가물에 대해서는 사용기준을 규정하여 사용대상 식품의 종류, 사용량, 사용방법, 사용목적 등을 제한하여 일정량 이상을 섭취하지 않도록 하고 있다.

더욱이 소비자들이 건강에 대한 의식이 높아짐에 따라 안전한 식품을 구입하려는 태도는 더욱 강해지고 있다. 식품첨가물은 안전성이 확인된 물질에 한하여 지정되나, 이미 지정되어 사용 중인 첨가물이라 하더라도 지속적으로 안전성을 검토하고 평가하여 안전성을 확보하는 것이 필요하다.

4) 식품첨가물의 종류와 특성

(1) 보존료

보존료란 식품이 세균과 곰팡이 등의 미생물 작용에 의해 변질되거나 부패되는 것을 효과적으로 억제하고, 신선한 상태로 유지되도록 하기 위해 사용되는 식품첨가물을 밀한다. 보존료의 작용은 살균작용보다는 부패미생물에 대한 정균작용이라고 할 수 있다. 보존료의 조건으로는 독성이 없고 부패미생물의 증식 억제력이 강하며, 기호성과 같은 식품의 특성에도 나쁜 영향을 주지 않고 사용법이 쉬우며, 가격이 저렴한 것 등을 들 수 있다.

① 소르빈산, 소르브산칼륨 : 열이나 광선에 대하여 안정하고, 효모와 곰팡이의 성장을 억제하는 데 사용되며, 자연적으로 존재하는 불포화지방산과 같이 인체 내에서 대사된다.

② 안식향산, 안식향산 나트륨 : 대사되는 동안 글리신과 결합해서 히퓨릭산으로서 배설되므로 무독하다. 벤조익산의 유도체 역시 같은 방법으로 대사된다. 산성 보존료이므로 방부작용은 산성에서 강하다.

③ 아황산가스 : 과일과 포도주를 보존하기 위하여 전통적으로 사용되어 왔으며, 오늘날에는 아황산염들이 많이 사용된다. 이들은 모두 낮은 농도에서도 가지게 되는 좋지 않는 뒷맛을 남기고, 티아민 파괴를 초래하는 단점이 있다.

④ 디페닐과 그 유도체 : 감귤류나 바나나 껍질에서 곰팡이 성장을 억제하는 데 사용되며, 주로 포장용지에 분무된다.

⑤ 헥사민 : 포름알데히드와 암모니아로부터 합성된 것이며, 그 사용에 제한이 있다.

⑥ 질산염과 아질산염 : 육류와 치즈의 저장에 사용된다. 아질산염은 보툴리즘의 원인균인 클로스트리듐 보툴리넘(*Clostridium botulinum*)의 성장을 억제한다.

⑦ 프로피온산과 그 염 : 산성 보존료로 pH가 낮을수록 효과가 크며, 열과 광선에 안정하고 흡습성이 있다. 제빵 · 제과에 곰팡이 억제제로서 사용된다. 프로피

온산은 발효식품 중에 자연적으로 존재하며, 인체에서 쉽게 대사된다.

⑧ 데히드로초산, 데히드로초산나트륨 : 마가린에 사용된다.

(2) 살균료

살균료는 미생물을 단시간 내에 사멸시키기 위해서 사용되는 물질로 작용이 강해 유독하므로 사용기준과 규격을 엄격히 준수하여 사용해야 한다. 우리나라에서는 허용된 살균료는 다섯 종류가 있다. 대표적으로 표백분이 있다.

(3) 산화 방지제

식품저장 중 공기중 산소에 의한 산화를 방지하기 위하여 사용되는 첨가물을 항산화제라고 하며, 주로 유지의 산패 방지와 효소에 의한 갈색화 반응을 방지하기 위하여 사용된다. 항산화제는 식품에 자연적으로 존재하는 토코페롤·레시틴·세사몰 등의 자연 항산화제와 의도적으로 가공식품에 첨가되는 propyl gallate(PG)·butyrated hydroxytoluene(BHT)·butylated hydroxyanisol(BHA) 등의 합성 항산화제로 분류된다. 한편 구연산·주석산·인산·파이틴산·아스콜빈산 등과 같은 산성물질은 자신의 항산화 효과를 나타내지 않지만, 항산화제와 함께 사용되면 그 효과를 상승시켜 주는 상승제로서 작용한다.

(4) 피막제

피막제는 수확 후 과일이나 채소, 난류의 표면에 피막을 형성하여 호흡작용과 증산작용을 억제하여 신선도를 유지하는 데 사용되는 물질이다. 우리나라에서 사용이 허용된 피막제는 몰홀린지방산염(morpholine fatty acid salt), 초산비닐수지(polyvinyl acetate) 등이 있다.

(5) 착색료

예전에는 천연색소를 주로 사용하였지만, 인공색소가 합성되면서 합성 착색제인 타르(tar) 색소가 사용되기 시작하였다. 그러나 타르색소 중 몇몇에서 독성이 발견되면서 그 독성이 엄격히 검토되었고 규제되기 시작하였다. 최근 타르색소의 안전성 문제 때문에 다시 천연색소를 사용하는 경향이 있지만, 천연색소는 그 양이 적고 비싸며, 불안전하여 색을 보존하기 어려운 단점이 있다. 가장 대표적인 착색제는 캐러멜이며, 그 외에 심황뿌리에서 추출한 노란색의 컬크민과 당근에서 추출한 베타-카로틴이 있다.

(6) 발색제

발색제는 그 자체는 색이 없지만 식품에 첨가하였을 때 식품성분과 반응하여 색을 고정화시키거나 발색을 촉진하는 물질이다. 아질산과 질산염들이 육제품에 사용되고, 황산제일철이 과채류에 사용되고 있다.

(7) 표백제

표백제는 식품 중에서 변화하거나 분해된 다음 효과를 나타내는 것으로, 무색으로 되게 하거나 갈변화 방지를 목적으로 사용되는 물질이다. 한편 소맥분 표백제는 소맥분 개량제라고도 하며, 갈변・착색 등의 변화를 억제하기 위하여 사용된다. 산화표백제와 환원표백제가 있다. 과산화벤조일(benzoyl peroxide)・과황산암모늄・브롬산칼륨・이산화염소 등이 사용된다.

(8) 조미료

식품의 조리・가공에 있어서 식품 본래의 맛과 풍미를 향상시키는 물질이다. 최근 합성품의 기피현상과 천연물의 선호성 때문에 천연 조미료의 개발이 활발히 진행되고 있으며, 전통적인 맛・향・영양 등을 위하여 발효조미료가 점차 이용되고 있다.

① 정미료 : 정미료는 그 자체가 맛이 있는 것이 아니며, 맛을 더 좋게 하는 물질이다. 정미료는 지역적・민족적이다. 대표적인 정미료는 모노소디움 글루타메이트(monosodium glutamate. MSG)이며, 상업적으로는 다시마로부터 추출되지만 사탕무우나 밀로부터 합성되기도 한다. MSG는 인체 내에서 쉽게 대사된다. MSG에 리보핵산염을 첨가하면 MSG의 지미가 현저히 증가된다.

② 감미료 : 감미료는 크게 천연감미료와 합성감미료로 분류된다. 현재 사용되고 있는 감미료는 설탕, 전분당(물엿・포도당・과당 등), 사카린, 아스파탐, 스테비오사이드, 자일리톨, 올리고당 등이다. 합성감미료가 사용되는 이유는 설탕보다 싼 가격으로 감미를 얻을 수 있고, 당뇨병・비만을 방지하면서 감미를 맛볼 수 있으며, 절임 등에서 발효될 염려가 없다는 등의 이점 때문이다. 비만・당뇨병 등 성인병이 증가함에 따라 식품산업에서 설탕을 대신할 수 있는 대체 감미료에 대한 관심이 확대되었다. 대체 감미료에 대한 기준은 안전성, 깨끗한 단맛, 저칼로리, 강하고 안정적인 감미, 충치방지, 저렴한 가격 등이다.

③ 산미료・함미료 : 산미료는 식품에 산미를 부여한다. 식품 중에 함유된 산은 구연산・주석산・사과산 등의 유기산과 발효에 의하여 생성되는 초산・유산

등이 있다. 이들 유기산이 산미료로서 주로 사용된다. 산미료를 사용할 때 그 첨가량과 pH의 관계는 사전에 조사되어야 한다. 함미료는 짠맛을 주는 첨가물로서 가장 대표적인 것은 식염이다. 식염은 첨가물로서 사용의 제한이 없고, 주된 작용은 정미, 단백반응, 보존효과이다.

(9) 착향료

식품의 냄새를 강화 또는 변화시키거나, 좋지 않은 냄새를 억제하거나 제거하기 위하여 사용되는 물질이다. 식품에 사용되는 착향료에는 천연착향료와 합성착향료가 있다.

(10) 팽창제

팽창제란 빵이나 과자 등을 부풀게 하여 맛을 좋게 하기 위하여 첨가하는 물질로 천연팽창제인 효모와 탄산가스나 암모니아가스를 발생하는 합성팽창제들이 있다.

(11) 강화제

강화제는 식품에 부족한 성분을 보충하여 식품의 영양을 강화시키기 위하여 첨가하는 물질로, 이를 사용할 때는 식품의 풍미와 비타민 등의 활성에 이상이 없도록 하여야 한다. 그리고 제품에 영양강화식품이라는 표시를 하여야 하며, 제품검사를 받아야 한다. 우리나라에서 허용되어 있는 강화제로는 비타민류, 아미노산류, 칼슘제, 식이섬유, 기타 강화제 등이 있다.

(12) 품질 개량제

품질 개량제란 육류 결착제・육류 증점제로서 사용되는 축합인산염류, 빵의 품질 개량제인 스테아릴 젖산칼슘・스테아릴 젖산나트륨・L-시스테인 염산염 등이 있다. 특히 축합인산염은 현재 식품 전반에서 사용되고 있기 때문에 모든 식품의 품질 개량제라고 하는 것이 타당하다.

(13) 유화제

유화제는 식품에서 물 안에 기름을 분산시키거나 기름 안에 물을 분사시키는 데 사용된다. 일반적으로 물에 혼합되지 않는 액체를 물에 균일하게 분산시키는 작용을 갖는 계면활성제(surface active agent)이다. 계면활성제는 한 개의 분자 안에 친수기와 친유기를 가지고 있으며, 친수성과 친유성의 밸런스 값에 따라 그 성질이

다르다.

(14) 안정제

안정제는 주로 식품의 점도를 증가시키고, 물성과 촉감을 향상시키기 위하여 사용되며, 전분・젤리・젤라틴・펙틴 등이 있다. 안정제 그 자체는 맛이 없어야 하고, 식품의 풍미에 영향을 미쳐서는 안 되며, 풀과 같은 느낌이 없어야 한다. 안정제는 일반적으로 산이나 2가의 금속이온(Fe・Ca)이 존재하면 점도를 잃게 되고, 침전되는 경향이 있다.

(15) 호료

식품의 점착성을 증가시키고, 유화안정성을 향상시키며, 식품의 제조・가공・보존 시 선도를 유지하고 형체를 보존하는 데 도움을 주고, 미가적으로도 점활성을 주어 촉감을 좋게 하기 위해 사용되는 물질을 말한다. 증점제라고도 하며, 햄・소시지의 결착성을 높이고, 아이스크림 등의 분산을 안정시켜 준다. 천연호료로는 구아 검(guar gum), 로커스트콩 검(locust bean gum), 알긴산(alginic acid), 젤란 검(gellan gum) 등이 있다.

4. 잔류농약과 식품안전성

1993년 현재 우리나라에 등록되어 있는 농약의 수는 501개 품목이며, 화합물의 종류로는 270여 종에 이른다. 농약은 그 화학적 특성에 따라 분류하기도 하지만, 용도에 따라 살충제, 살균제, 제초제, 살서제, 토양소독제 등으로 분류한다. 농약은 해충을 방지・파괴・구축・경감시키는 모든 물질이다. 즉, 해충을 죽이는 모든 물리적・화학적・생물학적 인자라고 할 수 있다. 여기서 해충은 유해하고, 파괴적이고, 귀찮은 동물, 식물과 미생물이다. 인구 증가와 식량증산의 필요성에 따른 농약 사용은 농업혁명에 기여하여 식품의 양을 증대시켜 주었지만, 독성과 잔류성으로 문제를 야기하고 있다.

농약은 해충에 대해서는 독성이 크고, 인축에 대해서는 무독한 것이 이상적이지만 대부분 농약이 인축에도 유해하다. 최근 농약이 인축에 미치는 영향을 고려하여 농약을 전혀 쓰지 않고 농작물을 재배하는 농업에 대한 관심이 증가되고 있다. 식품 중 잔류농약은 그들의 잔류성과 만성중독이 알려짐에 따라 안전성 문제가 대두되어 왔다. 소비자들은 농약오염에 불안한 나머지 값이 비싸더라도 유기농법에 의한 식품을 선호하고 있다. 우리나라의 농산물에서도 여러 종류의 농약이 검출되고 있지만 수입된 감귤류(ethion, 2,4-D, 아미자릴), 파세리, 미니토마토(TPN, DAP, 빈크로조린 등), 아모카도, 바나나, 키위 등의 과일류(캡타폴, Epn, 빈크로조린 등), 곡류(marathion, chloropyrifos methyl, MEP) 등에도 농약이 검출되었으나, 위험 수준이 아니더라도 대부분의 작물에는 2~3종의 농약이 검출되고 있어서 이에 대한 안전대책이 요망된다.

1) 농약의 종류

(1) 살충제

현재 우리나라에서 유통되고 있는 살충제는 유기인계가 30여 종, 카바메이트계가 약 10종, 합성피레트린계가 8종 정도이다. 많은 유기염소계 농약이 독성, 발암성, 잔류성의 문제로 사용 금지되었다.

① 유기염소계 살충제 : 신경독성 물질이다. 신경충동이 축삭(axon)을 따라 전도되는 것을 방해하여 급성 영향을 일으킨다.

② 유기염소제 : 일반적으로 유기인제에 비하여 저독성이어서 중독사고는 적지만 잔류성이 크고, 지용성이어서 동물의 지방조직에 축적되고, 먹이사슬을 통한 생물농축 현상이 일어난다.

③ 유기인제 농약 : 인산 에스터류 또는 티오인산 에스터류를 말한다. 유기인제 농약은 유기염소계 농약과는 달리 심각한 환경오염을 일으키지 않으며, 먹이연쇄로 들어오는 경우도 거의 없다. 또한 에스터이기 때문에 가수분해가 잘 되며, 분해산물은 비교적 독성이 작다. 따라서 유기염소제 사용이 금지된 후 유기인제 농약이 많이 사용되고 있다. 유기인제 농약의 문제점은 그 독성 발현이 신속하다는 점이다. 유기인제는 신경조직의 아세틸콜린 에스터 가수분해 효소활성을 저해하여 신경조직에 아세틸콜린을 축적시킨다. 유기인제 중독증상은 기관지 수축으로 인한 가슴 압박, 기관지 분비 증대, 타액 분비 증대, 눈물, 땀, 구역, 구토, 설사, 동공 축소 등이다. 근육에 대한 영향으로 피로, 무력증, 경련 등이 나타난다.

④ 카바메이트계 살충제 : N-메틸 카바메이트의 에스터로서 그 페놀기 또는 알콜기에 따라 독성이 다르다. 일반적으로 유기인제와 작용방식, 독성 등은 유사하지만 유기인제에 비해서는 약하다.

(2) 제초제

제초제로 사용되는 화합물은 다양하다.

① 2,4-D와 2,4,5-T와 같은 클로로페녹시 제초제는 식물 성장을 촉진시켜 광엽 식물을 고사시킨다. 이 제초제들은 그 제조과정의 부산물인 맹독성의 TCDD 때문에 더욱 관심을 끌고 있다.

② 파라콰트는 수용성이 큰 제초제인데, 다양한 식물에 고엽제로 사용된다.

(3) 살균제

현재 우리나라에서 사용되는 살균제의 품목 수는 130여 종에 이른다.

① 디메틸 디티오카바메이트제들은 동물에서 최기형성이 보고되어 있고, 니트로소화하여 니트로사민을 생성한다.

② 에틸렌 비스디티오카바메이트제도 최기형성이 보고되었다. 이들은 생체 내에서, 환경에서, 그리고 잔류물이 함유된 식품 조리 시에 분해되어 에틸렌 티오우레아를 생성한다.

③ 에틸렌 티오우레아는 발암성, 돌연변이원성, 최기형성일 뿐 아니라 갑상선 기능 저해작용이 있다.

2) 잔류 농약

(1) 수확 후 농약

① 수확 후 농산물의 품질을 유지하기 위하여 실시하는 여러 가지 처치수단을 말한다. 농약, 방사선 조사, 마이크로파 조사, 온도, 습도, 기체의 조절, 선별 왁스처리, 세정, 포장, 에틸렌 처리, 제거 등이 해당된다.

② 농약이나 훈증제에 의한 약제처리는 가장 심각하다. 수확 전 농약 사용은 상식화되어 있지만, 수입의 경우는 대량 장기저장, 장거리, 장시간 수송이 요구되므로 수확 후 농약이 곡물·과실 등에 사용이 인정되어 광범위하게 사용되고 있다. 잔류량도 수확 전 처리보다 높은 것으로 나타나서 그 심각성은 더욱 크다.

(2) 항생제 및 호르몬제의 사용

① 항생제나 호르몬제 사용은 수입식품에만 국한되는 것이 아니고 국내 축산식

품, 양식어 등에도 해당되는 심각한 식품오염 문제이다.

② 가축의 질병이나 예방, 또는 성장촉진을 위하여 사료배합에 사용된 항생제가 우유나 식육에 잔류하게 되므로 항생제 오염은 심각하다.

③ 소의 비육을 촉진시키고, 사료의 효율을 높여 단백질이 많은 적색의 육질을 생산하기 위한 수단으로 호르몬제를 사용한다. Diethyl stilbestral이 광범위하게 사용되고 있다.

④ 불법으로 비육용보다 번식용으로 호르몬제의 사용이 빈번하기 때문에 그 잔류 가능성이 크다.

5. 중금속 오염과 식품안전성

화학적으로 중금속이라 하는 것은 비중 4.0 이상의 무거운 금속을 일컫지만 오염 문제에서 언급되는 중금속에는 비소와 같은 반금속도 있다. 중금속은 토양오염・수질오염・대기오염 등 다양한 경로로 우리 체내로 들어온다. 그 중에는 철과 같은 필수금속도 있으며, 필수금속이라 하여도 과량의 금속은 유해성이 있다. 금속들은 단백질이나 핵산에 결합하거나 세포막에 결합하여 세포 투과성을 변화시킨다.

어떤 금속은 간단한 탄소화합물과 결합할 수 있다. 금속들의 돌연변이 유발성은 다음과 같다. 즉, Cr > Be >As >Ni > Hg > Cd > Pb 이다. 우리 인체에 필수적이라고 생각되는 원소는 27개이며, 탄소・수소・산소・질소・황을 제외하면 모두 22개이다.

식품의 중금속 오염은 식품의 수확・수집・가공・포장 과정에서 우발적으로 일어나기도 하지만, 그보다 더 문제가 되는 것은 오염된 물과 토양에서 또는 대기오염이 심한 지역에서 재배되는 농작물들이다. 또한 오염된 수역이나 해역에서 어획하거나 양식한 수산물의 오염 또한 심각하다. 금속이 유기물질과 다른 것은 생물체나 인체 내에서 대사되지 않고 금속이온이나 간단한 유기금속 화합물로서 생태계를 순환하고, 때로는 어떤 생물에 농축된다는 사실이다. 특히 가공식품의 경우 이들 중금속 염이 오염될 가능성은 배제하기 어렵다.

중금속은 생체의 정상적인 구성성분이 아니며, 세포의 정상적인 대사과정에서도 참여하지 않을 뿐만 아니라 오히려 저해하기 때문에 중금속이 체내에 잔류하여 축적될 때는 매우 중대한 결과를 초대한다.

중금속이 무기염・이온의 형태로 존재할 때는 수용성이기 때문에 체외로 배설되기 쉬우므로 체내에 축적될 위험성은 적다. 그러나 유기염(organic salts)의 형태로 존재할 때는 체내 지방질에 흡수 축적되어 강한 독성작용을 나타낼 수 있다.

1) 납 오염

① 납은 수은, 카드뮴과 함께 공장폐기물, 자동차 배기가스 등에서 방출되는 환경 오염물질 중 하나로서 중요하다.

② 납을 많이 사용하는 작업은 페인트, 납 용융, 제련, 배터리, 인쇄 등이다. 그 밖에도 어린이들의 크레파스, 납이 함유된 유약을 바른 도기류, 연관을 통한 음료수를 통해서도 납 중독은 일어난다.

③ 성인은 섭취한 무기 납의 약 10%를 흡수하지만, 어린이들은 약 50%까지 흡수한다. 식사 중의 칼슘·철·아연 결핍은 납 독성을 증대시킨다.

④ 납 중독의 병리적 영향은 중추신경계, 골수, 신장에서 가장 현저하다.

⑤ 가장 심각한 납 중독은 어린이의 납 질환이다. 증상은 뇌부종·내피세포 손상·신경교증·소상괴사·신경퇴화·정신박약이며, 그리고 25%가 사망한다. 납 뇌질환으로부터 생존한 어린이의 반 이상이 정신박약, 간질발작을 일으킨다.

⑥ 납 중독 증상은 입 안에서의 금속성 미각의 감지, 입·식도·위에서의 작열감, 강한 위통, 구토 등이다.

⑦ 만성 중독의 증세로는 피로, 체중 감소, 소화기 이상, 지능 저하, 지각의 소실, 사지 마비, 시력장애 등이 일어난다. 무기 납은 뇌 조직에 친화성이 있어 불면증과 불안을 초래한다. 중증인 경우에는 환각, 경련, 혼수, 사망까지 일으킨다.

⑧ 납은 적혈구와 결합하기 때문에 소적혈구성 빈혈·혈색소 감소성 빈혈을 일으키고, 적혈구 수명을 단축시킨다. 납은 포르피린과 헴의 생합성을 방해한다.

2) 수은 오염

① 수은은 의약품, 화장품, 도료 등에 오래 전부터 사용한 금속 중 하나이다.

② 중독 증상으로 보행장애·수족마비·중추신경계 이상 등이고, 사망을 초래한다.

3) 카드뮴 오염

① 카드뮴의 공업적 용도는 합금제조, 전기도금, 배터리, 베어링, 용접, 도료 등이다.

② 환경에 있어 또 하나의 주요한 카드뮴 배출원은 아연 제련, 비료, 슬러지, 쓰레기 소각, 화석연료의 연소이다.

③ 카드뮴의 소화관 흡수율은 낮아 약 5~8% 정도이다. 이 흡수율은 식사 중 칼슘이나 철 결핍 시, 저단백질식에서 증대된다. 식사 중 저칼슘은 칼슘-결합단백질의 합성을 촉진시키며, 이것이 카드뮴 흡수를 촉진시킨다.

④ 카드뮴 섭취는 실험동물에서 신장, 간, 폐를 손상시킨다. 신장에 대한 영향은 소변 중 카드뮴 증대, 단백뇨, 아미노산뇨, 당뇨 등이다.

⑤ 카드뮴은 실험동물에서 정소 손상, 정원세포의 괴사, 정세관의 파괴, 고환 위

※ 미나마타(Minamata)병

대표적인 수은 중독사건은 일본에서 발생한 미나마타(Minamata)병이다. 일본 구마모또현 미나마타에 있는 신일본질소주식회사는 플라스틱 제조 시 촉매로 사용하는 수은을 1950년대 초부터 부근 해역에 방류하였다. 1950년대 말부터 이 지방 사람들에게서 이상한 신경증상을 호소하는 사람들이 늘기 시작하여 1985년까지 총 437명이 사망하였다. 원인은 미생물에 의하여 방류된 수은이 독성이 더욱 강한 메틸수은으로 되어 생선과 어패류에 농축된 것을 어민들이 먹었기 때문으로 밝혀졌고, 중독증상으로서 보행장애·수족마비·중추신경계 이상이 있었고, 결국 사망하였다.

※ 이따이이따이(Itai itai)병

일본의 이따이이따이(Itai itai)병은 일본의 도야마현 진쓰우가와 상류에 있는 아연 제련소의 폐광석에서 카드뮴이 용출된 물을 벼 재배의 관개용수로 사용한 하류에 사는 주민들에서 발생하였다. 1961년부터 문제가 되어 20여 년에 걸쳐 258명이 중독되고, 128명이 사망하였다. 이 병은 카드뮴 중독으로 밝혀졌으며, 특히 중년 여성에게서 다발하였고, 신장장애, 골연화증으로 인한 심한 요통, 관절통과 보행이상, 빈혈 등의 증상이 나타났다.

축 등을 유발한다.

⑥ 카드뮴은 배자 독성・최기형성・돌연변이 유발성・발암성을 갖는다.

⑦ 카드뮴은 저혈당・면역능 감소・철 대사교란 등으로 인한 빈혈을 일으킬 수 있다.

6. 방사선 조사식품의 안전성

1) 방사선 조사식품의 정의

① 숙도의 지연과 발아 억제, 벌레 및 기생충, 해충의 사멸, 병원성 또는 부패성 세균과 곰팡이, 효모를 살균하기 위한 다양한 목적을 가지고 식품에 전리방사선을 처리하는 것이다.

② 식품의 방사선 조사는 식품을 위생화하는 방법으로 사용되며, 식품의 품온을 상승시키지 않고도 살균이 가능하므로 'cold sterilization'이라고도 한다.

2) 방사선 조사식품의 역사

① 식품의 방사선 조사는 1929년 육류에 존재하는 기생충 오염을 해결하기 위해 미국에서 방사선 조사 특허를 받은 후 사용하게 되었다.

② 방사선 조사가 일부 국가에서 이용되었으나 본격적으로 검토되기 시작한 것은 1950년부터이며, 1980년대에 들어와 WHO(세계보건기구), IAEA(국제원자력기구), FAO(국제식량농업기구) 등 국제기구에서 방사선 조사식품의 건전성을 인정하면서 전 세계적으로 그 사용이 확대되었다.

③ 식품에 방사선 조사기술이 이용되기 시작한 것은 소련이 1958년에 감자의 발아 억제를 위하여 이용한 것이 처음으로 그 후 1960년에 캐나다, 1964년에 미국, 1972년에 일본이 방사선 조사를 허가하였다. 미국의 플로리다 주에서는 1992년부터 토마토・양파・딸기 등에 상업적인 방사선 조사가 이용되어 있고, 1993년 9월부터는 가금육에 대한 방사선 조사도 허가되어 소비자들에게 판매되고 있다.

3) 식품조사에 이용되는 방사선의 종류 및 특성

(1) 전리방사선

① 방사선은 물질을 통과할 때 물질의 원자나 원자단, 분자 등을 전리시켜 이온을 생성하게 되는데, 이와 같은 성질을 지닌 방사선을 전리방사선(ionizing radiation)이라 한다.

② 전리방사선에는 γ선, 전자선, X선, 자외선, α선, 중선자성 능이 포함되나, 상업적으로 가장 많이 이용되고 있는 것은 γ선이다.

③ γ선은 투과력이 강해서 제품을 완전 포장한 상태로도 처리할 수 있다.

④ 식품 및 의료산업에서 활용되고 있는 비율은 γ선이 약 80% 이상, 전자선이 20% 미만을 차지한다.

(2) 방사선 처리의 특성

① 처리 시 식품의 품온 상승이 적어 이에 따른 식품성분의 파괴가 적다.
② 외관의 변화를 막을 수 있는 냉온살균 및 살충방법으로 사용된다.
③ 유해성분의 생성이나 잔류 성분이 남지 않는다.

(3) 방사선량

① 식품이 조사될 때 흡수되는 방사선의 에너지 양으로 Gy(1 Gy=100 rad) 단위를 사용한다.

② 1 Gy는 식품 1 kg이 조사될 때 1 joule의 에너지가 흡수되는 것과 같은 양의 에너지이다.

4) 방사선 조사가 식품에 주는 영향

① 발아·발근 억제
② 해충 구제
③ 기생충 사멸
④ 식품의 보존성 연장
⑤ 과실·채소의 숙도 조절
⑥ 식중독균의 사멸

5) 국내외 허가 현황 및 처리량

식품의 방사선 조사현황을 보면 세계 41개국 170여 개의 시설에서 약 200종의 식품군이 조사 처리되고 있으며, 주요 방사선 조사 대상 식품은 향신료, 건조 채소류, 근채류, 가금류 등이다. 우리나라에서도 1987년 농수산물 유통공사의 지원 아래 상업적 방사선 조사시설이 가동되기 시작하여 현재 감자·마늘·양파 등 신선식품에 대한 생장 및 숙도 조정을 위해 1 kGy 이하의 감마선 조사를 허가하였고, 건조 식품류에 대해서는 살균·살충 등의 위생화를 목적으로 10 kGy 이하의 감마선 조사를 허용하였다.

6) 방사선 조사식품의 안전성

방사선 조사의 실용화가 이루어졌으나 아직까지 방사선 조사식품에 대한 소비자의 선호도가 낮은 것은 방사선 조사식품의 안전성을 우려하기 때문이다. 1980년 FAO/ IAEA/WHO의 식품조사에 대한 전문가 회의에서는 '10 kGy 이하로 조사된 식품은 독성학적·영양학적·미생물학적으로 문제가 없으며, 이 선량 이하로 조사된 각 식품에 대해서는 독성실험이 필요하지 않다'고 방사선 조사식품의 건전성을 발표하였다.

1992년 5월 제네바에서는 과거 40년간의 식품조사에 관한 다양한 연구보고서를 토대로 WHO/FAO/IAEA 등의 국제기구와 국제소비자연맹(International Organization of Consumers Union, IOCU)는 다음과 같은 결론을 내렸다.

① 식품조사는 인간의 건강에 유해한 영향을 미칠 수 있는 식품성분 중 독성학적인 변화를 초래하지 않는다.

② 조사식품은 위생학적 측면에서 안전하며, 미생물학적 위험을 증가시키지 않는다.

③ 조사식품은 인간의 영양상태에 부작용을 줄 수 있는 영양소의 손실을 초래하지 않는다.

④ 조사식품은 유전적인 영향을 미치지 않는다.

7) 방사선 조사식품의 안전성 조사

방사선 조사식품의 안전성을 조사하기 위하여 수많은 연구들이 수행되었는데, 방사선 조사식품의 안전성은 방사선학적 안전성, 미생물학적 안전성, 영양학적 안전성, 독성학적 안전성, 관능적 특성변화에서 검토되었다.

8) 방사선 조사식품의 표시 및 관리

(1) 방사선 조사식품의 표시

방사선 조사식품은 외관・맛・냄새・감촉에 의해서 비조사식품과 구별하기가 어렵기 때문에 소비자가 식품의 조사 여부를 알 수 있는 유일한 방법은 조사 표시(labelling)를 통한 것이다. 방사선 조사식품의 표시는 포장식품 표시에 관한 국제일반규격(Codex Alimentarius General Standard for the Labelling of Prepackaged Food)에 기준하여 조사처리(treated with radiation, treated by irradiation)라는 문구나 조사 마크를 표시하도록 규정하고 있다.

우리나라에서 현행 식품위생법에 제시된 방사선 조사식품에 대한 표시기준은 다음과 같다.

① 조사처리 업소명, 소재지, 영업 허가번호 및 조사선원 표시
② 조사처리 식품임을 나타내는 표시를 22포인트 이상 활자로 표시
③ 조사 년 월 일 표시(10.5 포인트 이상)
④ 조사처리된 식품임을 나타내는 도안을 표시(직영 5 cm 이상)

(2) 방사선 조사식품의 관리

① 현행 우리나라의 방사선 조사식품 관리는 식품공전의 '식품의 방사선 조사 기준'에 의하여 운영되고 있다.

② 사용 방사선의 선원 및 선종은 Co-$_{60}$의 감마선으로 하고 있다.

③ 식품의 발아 억제, 살충, 살균 및 숙도 조절의 목적에 한하여 허용되고, 식품의 방사선을 조사할 경우 허용대상 식품별 흡수선량 기준에 적합하여야 한다.

④ 일단 조사한 식품을 다시 조사하여서는 안 된다고 규정하고 있다.

⑤ 조사식품은 용기에 넣거나 또는 포장한 후 판매하여야 하고, 조사 처리된 식품에는 이를 나타내는 도안을 표시하도록 하고 있다.

⑥ 식품조사 처리기준의 각종 준수사항 위반에 따르는 행정처분은 식품위생법 시행규칙 제53조에 의거하여 실행되고 있다.

⑦ 식품조사 처리업을 위한 식품보존업의 시설기준은 원자력법 시행령 제3조 방사선 동위원소 등의 시설기준 및 원자력법 시행규칙에 규정되어 있다.

7. 유전자 재조합 식품의 안전성

'과연 유전자 조작식품을 먹어도 되는가?'하는 생각을 미처 해 볼 틈도 없이 우리가 유전자 조작식품을 먹고 있다는 사실이 확인되었다. 유전자 조작식품이 '건강 피

해'와 생태계에 '생물 재해'를 일으킬 가능성이 있다는 지적은 그 동안 끈질기게 제기돼 왔으며, 이 논란은 계속되고 있다.

우리나라 정부는 21세기 전략산업이 될 생명공학의 발전이 저해될 가능성이 있다는 이유로 유전자 조작 생물의 생산과 판매를 규제하는 법률의 제정을 늦춰 왔다. 이 때문에 미국에서 유전자 조작식품이 물밀듯 밀려들어 오고 있는데도 이를 규제할 법률이 없는 상태이다. 현재 선진국은 유전자 조작 생물의 생산·교역에 적극적인 반면, 개발도상국은 국가간 이동을 규제하고 표시를 의무화하는 의정서 초안을 제출해 놓고 있다.

1) 유전자 조작식품

(1) 유전자 조작 생물체

한 생물체 고유의 유전자에 다른 생물체가 가지고 있는 유전자를 인위적으로 삽입하여 본래 그 생물체에는 없었던 성질을 갖게 한 전혀 다른 생물종의 유전자를 선택적으로 옮겨서 만든 것으로서, 지구상에서 자연적으로 발생할 수 없는 생물체이다. 유전자 조작에 의하여 이렇게 새롭게 만들어진 생물체를 우리는 유전자 조작 생물체(Genetically Modified Organism, GMO)라고 한다.

(2) 유전자 조작식품

유전공학기술을 이용하여 기존의 육종방법으로 나타날 수 없는 형질이나 유전자를 지니도록 개발된 유전자 조작이 행해진 농산물을 가공한 식품을 유전자 조작식품이라고 한다. 즉, 유전자변형 생물체를 식품 분야에 응용한 것이 유전자 조작식품이다. 유전자 조작 농산물은 제초제(54%), 해충(31%), 바이러스(14%)에 내성을 갖도록 조작된 것이 대부분이다. 이미 상업화되어 시중에 유통되고 있는 유전자 조작 생물체의 95% 정도는 병충해에 강한 유전자를 삽입하여 수확률을 높인 식물, 즉 농산물이다. 나머지 5% 정도는 환경정화제로 쓰이는 미생물로 주로 의약·연구용이다.

(3) 유전자 재조합 식품의 분류

① 유전자 조작에 의한 것을 직접 먹는 식품이다.

이것은 대부분의 유전자 조작 농산물이며, 제초제 내성과 살충성 농산물이 있다.

※ 유전자 조작식품

유전자 조작식품이란 유전자 중 일부를 잘라 내어 다른 유전자에 붙임으로써 만들어진 새로운 기능을 갖는 식품, 즉 유전자 조작에 의해 병충해 저항력을 높이거나, 열매를 더 크게 만들고, 획기적으로 성분을 개선한 농산물 또는 그 농산물로 만든 음식물을 말한다. 우리나라 식품의약품 안전청은 유전자 조작식품을 '유전자 재조합 식품'으로 명명하고, '식량 증산, 영양성분의 개선, 저장성 향상, 병충해 내성 향상 등을 위하여 생물공학 기법으로 처리한 생물체로부터 유래한 식품'으로 정의하였다.

※ 생명공학 기술을 이용한 생물체에 대한 일반용어의 정의

① GMO(Genetically Modified Organism) : 일반적으로 생산량 증대 또는 유통·가공상의 편의를 위하여 유전공학기술을 이용, 기존의 번식방법으로는 나타날 수 없는 형질이나 유전자를 지니도록 개발된 생물체로 정의된다. WTO 및 OECD 등에서 일반적으로 사용하는 용어이다.

② LMO(Living Modified Organisms) : 유전물질이 생명공학 기술에 의해 자연상태에서 인위적으로 변형된 생물체를 포괄적으로 지칭하며, GMO보다 광의의 개념으로 1992년 UNEP의 Rio회의 생물다양성 협약에서 제정된 용어이다.

③ GEO(Genetically Engineered Organisms)란 용어도 사용하고 있다.

④ GM/GEO(Genetically Modified or Genetically Engineered Organisms) : CODEX에서 사용하고 있다.

② **어떤 희소 물질의 대량 생산을 위하여 다른 유전자를 넣은 미생물을 번식시켜 미생물 세포 안에서 목적 물질을 대량 생산시킨 다음 목적 물질만을 정제하여 추출한 것이다.**

유전자 조작 미생물은 먹지 않지만 그 미생물이 만든 물질을 식품첨가물로서 먹는 것이다. 현 단계에서는 세균에만 이용되지만 곧 식물·동물·곤충 등을 이용한 식품도 개발되어 나올 것이다.

(4) 유전자 조작식품의 안전성 논란

유전자 조작식품에 대한 논란이 전 세계적으로 확산되고 있지만, 인체에 대한 유

해・무해 여부는 과학적으로 아직 증명되지 않은 상태이다. 유전자 조작식품은 안전성과 유해성이 모두 입증되지 않았기 때문에 그 사용에 대한 찬반 논란은 치열하다. 유전자 조작 농산물이 유일한 식량 위기 해결책이라는 견해가 만만치 않지만 몇 년 동안 다이옥신 돼지고기와 광우병 쇠고기 등으로 몸살을 앓아 온 유럽의 대부분 국가는 유전자 조작식품에 반대하는 입장이다. 유전자 조작식품에 대한 논란은 끝이 없을 것으로 보인다.

가) 유전자 조작식품 찬성론

유전자 조작식품은 안전하다는 것이 생명공학 및 유전공학 관련 과학자들의 잠정적인 결론으로, 이들은 유전자 조작 농산물 또는 식품의 유해성이 과학적 뒷받침이 없는 논의라고 주장하고 있다. 유전자 조작식품의 안전성에 대한 과학적 근거 없이 위해성을 유포하는 것은 소비자들을 위축시키는 것이라는 주장이다. 유전자 조작식품에서 우려되는 독성・알러지・항생제 내성 등의 문제는 기존의 식품에서도 전부터 논의되어 왔던 것들이고, 유전자 조작식품이 여러 측면에서 이로운 식품이라고 주장한다.

① 기업의 측면

㉠ 종자 판매 시 기술 개발료를 부여하여 비싼 가격에 종자를 판매 가능
㉡ 특정 병충해에 강한 농작물 종자 상품의 경우 비싼 가격에 판매 가능

② 농민의 측면

㉠ 해충에 의한 손실을 감소
㉡ 상처가 나도 잘 상하지 않는 과일 등의 상품성을 향상
㉢ 더위・추위・염분에 강한 품종 개발에 의한 재배면적 확대 효과
㉣ 수확량의 증가로 인한 농가소득 향상에 기여

③ 사회적 측면

㉠ 식량문제의 해결
㉡ 식품의 영양 개선
㉢ 환경오염 감소

④ 의학적 측면

㉠ 알러지 환자에 대한 특수식품 제조 가능

㉡ 특별한 약용성분을 생산하는 유전자 조작 생물체는 질병 치유에 기여 가능

나) 유전자 조작식품 반대론

유전자 조작식품이 '건강피해'와 생태계의 '생물재해'를 일으킬 가능성이 있다는 지적은 끈질기게 제기되고 있다. 1990년대 중반부터 유럽의 농민, 소비자, 환경・사회단체들은 유전자 조작식품에 대하여 줄기차게 반대운동을 펼쳤다. 이들은 유전자 조작식품의 문제점에 대한 인식을 확산시키고, 괴물들이나 먹는 프랑켄 푸드(Franken Food)라고 배척하였다. 그 결과 유럽의 많은 식품회사와 대형 유통업체들은 앞 다투어 유전자 조작식품을 자사제품과 매장에 함께 사용하지 않겠다고 선언하였으며, 심지어는 유전자 조작 사료를 먹은 쇠고기・돼지고기・닭고기 등의 축산물조차도 취급하지 않고 있다.

이러한 영향으로 유기 농축산물의 생산과 소비가 폭증하고 있는 추세이다. 유전자 조작식품에 대한 소비자들의 거부감은 점차 확산되고 있다. 유전자 조작식품의 위험성은 다음과 같이 제기되고 있다.

① 인체 유해성

㉠ 알러지 반응 유발과 치명적 쇼크 위험성 증대
㉡ 항생제 내성 표시 유전자가 장내 박테리아와 병원균에 확산되어 항생제 내성 증대 야기
㉢ 식품에 자연적으로 존재하는 독성물질의 증가 가능
㉣ 몸속의 혈액・세포 등과 반응해 여러 가지 문제 야기 가능
㉤ 세포 감염으로 인하여 질병 바이러스를 활성 또는 치명적인 효과 야기 가능
㉥ 부작용으로 인한 생산물의 영양소 변화 및 감소 경고
㉦ 가짜 신선도 유발 및 소비자의 올바른 선택 혼란 야기

② 생태계 파괴

㉠ 예상치 못한 유전자 발현 : 리프킨(J. Rifkin)은 이러한 유전자 조작을 '생태계를 대상으로 한 룰렛 게임'이라 하였다.
㉡ 생태계의 대혼란과 생물 다양성의 파괴
㉢ 유전자 변형에 의해 제초제와 화학살충제 내성으로 인한 사용의 증가

③ 유기농업에 미치는 영향

㉠ 유전자 조작 생물체가 재배되는 반경 수십 km 내에 유전자가 전이됨으로써

유기농산물과 유전자 조작 생물체가 섞여 재배된다.

㉡ 농산물의 품종 단일화 : 한 나라가 유전자 조작 농산물을 도입하여 해외 수출에 의해 다른 나라에서도 필연적으로 유전자 조작 농산물을 도입해야만 된다. 따라서 전 세계적으로 똑같은 품종의 유전자 조작 농산물이 생산되고, 농산물의 품종 단일화는 더욱이 거세질 것이다.

④ 다국적 생명공학 기업의 종자 지배 · 식량 독점

㉠ 유전자 조작 농산물을 생산하는 다국적 기업들은 "종자와 곡물을 지배하는 자가 세계를 지배한다"는 모토를 내걸고 농산물 개발에 열중하고 있다.

㉡ 다국적 기업들은 종자 생산, 농약 개발, 곡물회사, 식품회사, 레스토랑 등을 하나의 거대한 기업체로 묶어 피라미드 구조를 취하고 있다.

㉢ 유전자 조작식품 역시 정치 · 경제에도 영향을 미쳐 선진국과 후진국 사이의 대립 · 종속관계를 심화시킬 우려가 있다. 거대 자본주의에 가려져 있는 유전자 조작식품을 힘없는 나라의 개인이 거부할 수 없다는 것이다.

⑤ 생명특허와 생물 해적행위

㉠ '종자 특허'를 이용한 다국적 기업들이 수입 독점

㉡ 생물 해적행위 : 제3세계 국가들로부터 가져오는 원료에 대한 유전자 조작 및 이윤의 독점

⑥ 사회적 문제들

㉠ 사회적 불평등 야기 : 비싼 비유전자 조작 농산물을 구매할 수 있는 부유계층과 싼 유전자 조작식품을 구매해야만 하는 빈곤 계층간의 사회적 불평등이 야기된다.

㉡ 세대간 불평등 야기 : 유전자 조작식품으로 인해 발생되는 문제를 해결하기 위한 후세대의 경제적 부담

㉢ 소비자의 권리 침해 : 소비자의 알 권리 및 정확한 정보 획득의 기회를 무시당하거나 보호받을 권리를 보장받지 못하고 있다.

⑦ 윤리적 문제들

유전자 조작식품은 종교적 · 윤리적인 문제를 야기한다.

(5) 유전자 재조합 식품 표시제

농수산물품질관리법 제16조의 규정에 의하여 유전자변형 농수산물임을 표시하여야 하는 농수산물을 주요 원재료로 1 이상 사용하여 제조·가공한 식품 또는 식품첨가물 중 제조·가공 후에도 유전자 재조합 DNA 또는 외래 단백질이 남아 있는 다음 각호의 1에 해당하는 식품으로 하며, 표시대상 식품의 분류는 법 제7조의 규정에 의한 식품의 기준 및 규격에 의한다.

「유전자 재조합 식품 등의 표시기준-식품의약품안전청고시 제 2000-43호」

(제 3조 표시대상)

1. 일반 가공식품의 두류가공품 중 콩가루
2. 일반 가공식품의 곡류가공품 중 옥수수가루
3. 일반 가공식품 중 콩 또는 콩가루 함유 두류 가공품
4. 일반 가공식품 중 옥수수 또는 옥수수가루 함유 곡류 가공품
5. 일반 가공식품의 두류 가공품 중 콩통조림
6. 일반 가공식품의 곡류 가공품 중 옥수수통조림
7. 과자류 중 빵 및 떡류
8. 과자류 중 건과류
9. 두부류 중 두부
10. 두부류 중 가공두부
11. 두부류 중 전두부
12. 두유류
13. 특수 영양식품 중 영아용 조제식
14. 특수 영양식품 중 성장기용 조제식
15. 특수 영양식품 중 영·유아용 곡류 조제식
16. 특수 영양식품 중 기타 영·유아식
17. 특수 영양식품 중 영양보충용 식품
18. 조미식품 중 된장
19. 조미식품 중 고추장
20. 조미식품 중 청국장
21. 조미식품 중 혼합장
22. 김치·절임식품 중 조림류
23. 기타 식품류 중 메주

24. 기타 식품류의 전분 중 옥수수전분
25. 기타 식품류 중 팝콘용 옥수수가공품
26. 기타 콩, 옥수수 및 콩나물을 주요 원재료로 사용한 식품
27. 기타 제1호 내지 제26호의 식품을 주요 원재료로 사용한 식품

8. 내분비계 장애물질의 안전성

최근, 세계 각국에서 기형아 출산이 늘어나고 있다. 뿐만 아니라 불임부부의 비율이 높아지고 있으며, 자궁내막증과 유방암 같은 여성 질환 또한 계속 증가되고 있다. 선천성 기형의 원인은 유전인자에 의한 것과 환경인자에 의한 것으로 나누지만, 기형인자를 확실히 구분하는 것은 쉽지 않다.

흔히 발견되는 기형의 대부분은 유전인자와 환경인자가 협동하며 작용하기 때문이다. 인간의 배아는 자궁 내에 잘 보호되어 있지만 최기형물질(teratogen)이라고 하는 환경인자가 발생 중에 선천성 기형을 유발하는 일이 있다. 남자 아기들에게서 잠복정소, 정류고환, 요도하열과 같은 생식기 장애가 늘어나고 있으며, 남자 어른들에게서는 정자수 감소, 정소암과 전립선암이 늘어나고 있다. 내분비 장애물질의 피해보다 그 피해를 전혀 느끼지 못하는 우리의 무감각한 의식이 문제되고 있다.

1) 내분비 장애물질의 정의

(1) 내분비 장애물질

① 내분비 장애물질이란 “생명체의 정상적인 호르몬 기능에 영향을 주는 합성 또는 자연 상태의 화학물질”을 말한다. 이들 화학물질들은 생물체 내로 유입되면 마치 호르몬과 같이 작용한다.

② 내분비 장애물질로서 처음으로 알려진 것은 합성여성호르몬 제제인 DES(diethylstilbestral)이다. DES는 여아의 성기 기형, 사춘기 질암과 남아의 성기 기형 등의 부작용으로 잘 알려져 있다.

③ 미국 환경보호부(EPA)는 내분비 장애물질을 “생체내 항상성(homeostasis) 유지와 발달과정의 조절을 담당하는 체내의 자연호르몬의 생산, 분비, 운반, 대사, 반응체와의 결합, 작용 혹은 배설을 간섭하는 체외물질”로 정의하였다.

2) 내분비계 장애물질의 특성

① 독성이 있는 유해화학물질 중에서 생체의 호르몬 분비 기능에 변화를 일으키는 물질로서 생체는 물론 그 자손의 건강에도 변화를 가져올 수 있는 외인성 물질이다.

② 성호르몬의 기능에 영향을 많이 주기 때문에 생체의 건강뿐만 아니라 생식능력을 감소시켜 생물군의 개체 수까지도 줄일 수 있다.

③ 내분비 장애물질들은 기존의 독성화학물질들보다 훨씬 저농도에서도 생체에 영향을 미칠 수 있으며, 먹이사슬을 통해 농축되기 때문에 더욱 위험하다.

④ 대부분 지방친화성이 있어 생체내의 지방 내에 주로 축적된다.

⑤ 생체 호르몬과는 달리 쉽게 분해되지 않고 안정하다.

3) 내분비 장애물질의 원인

내분비 장애를 일으킬 수 있는 원인물질은 우리의 생활환경에서 쉽게 발견할 수 있다.

① 자연환경(공기, 물, 토양)

② 식품원료(대두, 콩과류, 아마, 참마식물, 토끼풀)

③ 식물류(식물성에스트로겐-과일류, 콩, 야채, 풀류)

④ 가정용품(nonphenol과 octylphenol과 같은 계면활성제를 포함한 세제류의 방류)

⑤ 농약류(o,p′-DDT, endosulfan, atrazine, nitrofen, and tributyl tin)

⑥ 플라스틱류(bisphenol A, phthalates)

⑦ 약용식물류(drug estrogens-birth control pills, DES, cimetidine)

⑧ 산업화학물(polychlorinated biphenyls(PCBs), dioxin and benzo(a)pyrene)

⑨ 소각(연소) 부산물

⑩ 금속류(cadmium, lead, mercury)

4) 대표적인 내분비계 장애물질

자연적으로 존재하는 내분비 장애물질이 식물계에도 존재하긴 하지만 그 호르몬 활성은 매우 미약하다.

(1) 환경성 내분비 장애물질

① 환경오염 물질이면서 내분비 장애를 일으키는 화학물질이다.

② 한 가지로 그 구조를 규정하기 어렵다.

③ 환경성 내분비 장애물질은 일반적으로 환경호르몬으로 불리고 있다.

④ 환경성 내분비 장애물질로서 여성호르몬 에스트로겐(estrogen)과 유사한 작용을 일으키는 에스트로겐성 물질(pseudoestrogen)이 특히 문제가 되고 있다.

(2) BTX(benzene · toluene · xylene) 유도화학물 및 농약성분

① 대부분의 내분비 장애물질은 BTX(benzene · toluene · xylene) 유도화합물과 농약성분들이다.

② 우리 생활에서 쉽게 노출되며, 그 영향력은 매우 크다.

③ 1997년 세계 야생보호기금(WWF)은 67종의 유해화학물질을 내분비 장애물질로 분류하고 있다.

④ 우리나라도 농약류 43종을 포함하여 WWF의 67종을 환경호르몬으로 선정

5) 내분비 장애물질의 작용기구

(1) 호르몬 모방작용

환경호르몬이 마치 정상 호르몬인 것처럼 호르몬 수용체와 결합하여 세포반응을 일으킨다(열쇠와 자물쇠의 관계).

ex) 식물 에스트로겐과 환경내분비 장애물질은 에스트로겐 호르몬보다 훨씬 약한 세포반응을 유발하지만, 약용 합성물질인 디에칠스틸베스트롤(DES)은 자연 에스트로겐보다 훨씬 강력한 세포반응을 유발한다.

(2) 호르몬 차단작용

내분비계 장애물질이 호르몬 수용체 결합부위를 봉쇄함으로써 정상 호르몬이 수용체에 접근하는 것을 막아 내분비계가 기능을 발휘하지 못하도록 한다.

ex) 플로리다 주의 아포카 호수에서 서식하는 악어 수컷에서 DDE(DDT 분해산물)에 의해 남성호르몬인 테스토스테론의 작용이 봉쇄됨으로써 음경이 위축되어 번식이 감소된 예가 있다.

(3) 호르몬 방아쇠 작용

내분비계 장애물질이 수용체와 반응함으로써 정상적인 호르몬 작용에서는 일어나지 않는 세포분열이나 생체 내에서 엉뚱한 물질의 대사와 합성 등의 변화를 유발함으로써 단백질 수용체와의 결합, 발암 과정같은 비정상적 분화와 증식, 대사이상, 불필요한 물질을 생성한다.

ex) Dioxin은 그 자신이 마치 호르몬인 것처럼 작용하여 단백질 수용체와 결합, 완전히 새로운 일련의 세포반응 과정의 방아쇠를 당긴다.

(4) 간접 영향 작용

수용체와 결합하지 않고 간접적으로 호르몬의 합성, 저장, 배설, 분비, 이동 등에 작용하여 정상적인 내분비 기능을 방해한다.

6) 식품의 내분비 장애물질 오염

현대의 식품오염은 심각하다. 환경오염의 거의 90%가 식품오염으로 나타난다. 농약, 식품첨가물, 방사능, 중금속 등은 전혀 생소한 이물질들이다. 이와 같은 이물질들은 인간에게 영양소로서 작용하는 것이 아니라 약리작용 더 나아가서는 독성작용을 나타낸다. 식품오염의 결과는 독성으로 나타난다. 식품에 오염된 환경호르몬은 주로 생물농축을 통하여 동・식물성 식품에 축적되기 때문에 중요하다.

(1) 다이옥신(dioxin)

① 할로겐화 방향족 탄화수소 중에서 가장 대표적인 환경오염 물질이다. 강한 발암성을 갖고 있는 다이옥신은 지구상에서 가장 유해한 화학물질로 알려져 있다.

② 2,4-D와 2,4,5-T 등 chlorophenoxy 제초제 제조과정의 부산물로 만들어졌다.

③ 다이옥신에 노출되면 체중 감소, 림프기관(특히 흉선)의 위축, 면역 억제작용, 간장 비대 및 간독성, 염소 여드름과 각화증, 부종, 종양 촉진작용, 최기형성과 배독성, 정자생성 기능저하 등을 초래한다.

④ 지방질에 녹기 쉽고, 축적되기 쉬우므로 모유와 태아의 오염 또한 염려되고 있다. 다이옥신의 독성은 서서히 나타난다.

⑤ 다량의 다이옥신류가 체내로 흡수되면 우선 체중이나 체력이 감소하고, 차츰 쇠약해져 몇 주 후 사망하게 된다.

⑥ 현재 가장 우려되는 다이옥신의 환경으로의 유입 경로는 일반 폐기물과 특정 폐기물의 소각, 그리고 폐기물의 무단투기 등이다.

⑦ 쓰레기 소각장에서 발생되는 다이옥신의 경우 인근 주민 및 생물에 심각한 생식피해를 야기할 가능성이 크다.

(2) 폴리클로로디벤조다이옥신(polychlorodibenzodioxins, PCDD)

① 치환기가 1~8개의 염소 원자로 치환될 수 있어 총 75종류의 이성체가 가능하다.

② 염소 4개로 치환된 tetrachlorodibenzo-p-dioxin(TCDD)는 22개의 이성체가 가능하며, 이 중에서 가장 독성이 크고 문제가 되는 것이 2, 3, 7, 8-TCDD이다.

③ 일반적으로 다이옥신이라 하는 것은 2, 3, 7, 8-TCDD를 일컫는 말이다.

④ 2, 3, 7, 8-TCDD는 매우 안정하고 무색의 결정으로 매우 서서히 대사되는 지용성의 화학물질이다.

⑤ 2, 3, 7, 8-TCDD는 인간이 인공적으로 합성한 합성품 중 가장 강력한 독성물질이며, 종특이성을 나타낸다.

(3) 폴리클로리네이티드 바이페닐(polychlorinated bipHenyls, PCBs)

① Biphenyl에 염소가 치환되어 있는 물질을 총칭하는 것이다.

② 염소가 1~10개 치환될 수 있어 이론적으로는 210개의 이성체가 가능하지만, 실제로는 102개의 이성체가 존재한다. 주로 염소수가 5~6개인 것들의 혼합물이다.

③ 화학적으로 열안정성이고, 산과 알칼리에 저항성이 강하며, 불활성이고 물에는 난용이다. 염소수가 많아짐에 따라 액체에서 고체로 된다. 또한 물리적으로는 증기압이 낮고, 유전상수가 커서 절연성이 강하다.

④ 축전기, 변압기, 콘덴서, 플라스틱 가소제, 접착제, 윤활유, 고무, 인쇄산업에 다양하게 사용된다. 또한 용매와 열매체로도 사용된다.

⑤ 안정하고, 조직에서의 분해속도는 매우 느리기 때문에 환경에 배출되어도 생분해가 느리고, 먹이연쇄를 따라 농축된다.

⑥ PCBs 급성중독은 염소 여드름, 황달, 메스꺼움, 구토, 체중 감소, 부종, 복통, 간 손상이 일어난다. 만성독성의 주표적 장기는 간이다.

⑦ PCBs 오염사건을 경험한 일본과 미국에서는 PCBs에 대한 규제가 엄격하다. 일본은 1972년부터 생산을 중지했고, 미국에서는 1979년부터 전면 혹은 부분적인 규제를 실시 중이다. 우리나라에서 PCBs는 높은 환경 잔류성과 독성으로 인하여 1984년 수입이 금지되었으나, 대체물질이 없는 사용용도에 한하여 제한적으로 사용되고 있다.

7) 내분비 장애물질이 생물체에 미치는 영향

(1) 야생동물에 미치는 영향

야생동물에 관한 연구는 내분비 장애물질이 동물의 생식과 발달에 심각한 장해를 일으킨다는 사실을 밝히는 데 도움이 되었다. 고농도의 내분비 장애물질에 노출되었을 때 동물계에 나타난 현상은 수없이 많다.

가) 파충류, 어류, 조류 및 포유류 등에 영향을 주어 개체수 감소 및 성(性)의 혼란 야기

① 동성 짝짓기를 하고 알을 포기하는 청어갈매기
② 둥우리로 귀소하지 않고 새끼를 버리는 독수리
③ 수달의 급격한 감소
④ 암탉처럼 행동하는 수탉
⑤ 밍크 새끼들의 높은 사망률
⑥ 사산되는 알
⑦ 큰 백곰 집단의 감소
⑧ 대서양 해안에서 죽은 수백 마리의 병모양 코 돌고래
⑨ 시베리아 바이칼 호수의 죽은 물개떼
⑩ 지중해에서 죽은 천 마리의 얼룩 돌고래
⑪ 바이러스나 세균감염으로 죽었지만, PCB나 DDT의 조직내 농도가 높았던 항구 물개 등이다.

우리나라의 경우, 남해안 일부 지역이 플라스틱 첨가제, 산업용 촉매, 살충제, 살균제, 목재보존제 등으로 널리 쓰이는 tributyl tin(TBT)에 의하여 심각하게 오염되어 있으며, 그 결과 굴의 생식기능에 장애가 일어나 생산량이 급속히 감소하였다는 보고가 있다. 그러나 우리나라 생태계에 환경성 내분비 장애물질이 얼마나 광범위하게 분포되어 있는지, 그로 인한 생명체의 피해가 얼마나 되는지 등에 관한 연구는 아직 없는 실정이다.

(2) 인체에 미치는 영향

내분비 장애물질이 인체에 미치는 영향은 환경 오염사고 또는 약물 재해로 인한 직접적 증가와 정자수 감소, 성기 기형의 증가, 호르몬 관련성 암의 증가 등 정황적 증거가 상당수 보고되고 있다. 연구자들은 이러한 정자수 감소나 정자 운동성 감소 원인으로서 내분비 장애물질의 하나인 환경 에스트로겐을 암시하였다. 만일 이러한 비율로 감소한다면 가까운 장래에 인간 생식능력은 상실될지도 모른다. 세계 보건기구(WHO)의 최저 기준인 정자 수 1 mℓ당 2,000만 개와는 아직 거리가 있지만 정자의 운동성 역시 저하되고 있으므로 문제 삼지 않을 수 없다.

가) 정자수의 감소와 정자 운동성의 감소

① 1992년 영국 의학잡지(British Medical Journal)에 실린 논문에 의하면 1940년 1억 1,300만 개/mℓ이었던 남성의 정자 수가 1990년에는 6,600만 개로 45%나 감소하였다고 하였다.

② 3년 후 뉴잉글랜드 의학잡지(New England of Medicine)에 실린 논문에서도 파리의 정자은행에 보관된 30세 프랑스 남성의 정액을 분석한 결과, 1973년 8,900만 개/mℓ였던 정자 수가 1992년에는 6,000만 개로 감소하였고, 정자 수 뿐만 아니라 정자의 운동성도 감소한 것이 확인되었다.

③ 1998년 일본 도쿄 근처에 사는 20대 남성의 평균 정자 수는 4,600만 개/mℓ로서 40대 전후 남성의 8,400만 개/mℓ와 비교할 때 거의 절반 수준에 머물고 있다는 조사결과가 나왔다.

나) 암 발생의 증가

① 50년 전 미국 여성이 평생 동안 유방암에 걸릴 확률은 20명당 한 명 꼴이었으나, 오늘날에는 8명에 한 명 꼴이다. 환경 에스트로겐 가운데 하나인 DDT와 PCB에 노출된 여성은 유방암에 걸릴 확률이 높다는 연구 결과가 1992년과 1993년 미국 마운트 사이나이 병원의 월프 박사에 의하여 보고되었다.

② 전립선암, 고환암의 증가

다) 호르몬 분비의 불균형

라) 생식능 저하 및 생식기관 기형

마) 불임과 기형아의 증가

바) 주의력 결핍 및 학습장애 어린이의 증가

사) 면역기능 저해

8) 내분비 장애물질 대책

인간이 만든 화학물질은 좋든 싫든 우리 몸에 들어온다. 그것 자체를 막을 수는 없다. '환경호르몬'이란 말을 듣는 것만으로 공포에 사로잡혀 있는 것은 별로 좋은 일이 아니다. 우리는 현실적으로 내분비 장애물질로부터 우리 자신을 보호하는 방법을 찾아보아야 한다.

(1) 개인적 차원에서의 관리방안

일차적인 방안은 우리 인간 및 환경에의 노출을 최소한 줄이는 것

가) 음식물 및 용기

① 지방질이 많은 육류보다는 곡류, 채소, 과일이 풍부한 식단 선택
② 전자렌지에 플라스틱 또는 랩으로 음식을 씌워 데우는 일 삼가
③ 과일이나 야채는 흐르는 물에 깨끗이 씻고, 되도록 껍질을 벗겨 섭취
④ 1회용 식품용기 사용 자제
⑤ 바퀴벌레 퇴치(붕산 등과 같은 물질로 예방)

나) 생활주변 관리

① 금연
② 파리·모기 등 해충 구제를 위한 살충제의 과도한 사용 억제
③ 주거지 주변의 정원이나 텃밭에 농약살포 자제
④ 플라스틱 제품을 어린이가 입에 대지 않도록 주의
⑤ 폐건전지, 파손된 수은온도계, 형광등 등과 같은 유해폐기물의 적절한 처리
⑥ 세척력이 지나치게 강한 세제의 사용 자제
⑦ 손의 청결 유지

다) 소비자로서의 선택

① 치아 치료시 아말감 사용 억제
② 세제를 사용할 때는 내분비계 장애물질(노닐페놀에톡시레이트류)이 함유된 세제 사용 자제
③ PVC가 포함된 어린이용 장난감 구매를 자제하고 가능한 한 목재 또는 천연

소재로 된 장난감 선택

(2) 정부의 관리 대책

① 실제 또는 잠재적 위해성에 따른 관리대상 물질의 우선순위 선정
② 내분비계 장애물질에 대한 환경 및 인간 건강에 영향을 미치는 농도 이하의 환경기준치 설정 및 모니터링
③ 내분비계 장애물질의 환경 중 방출을 최소화하기 위한 배출목록 작성 및 보고 제도 운영
④ 농약의 의존도를 낮추기 위한 대체물질, 품종 및 방법의 개발
⑤ 청정생산 기술 장려 및 지원
⑥ 대체물질 개발에 대한 지침 마련
⑦ 대상물질의 내분비 장애 정도를 측정할 수 있는 방법과 환경 중 규제치를 감시할 수 있는 지표 개발

(3) 산업체의 대응 방안

① 생산 또는 폐기하는 물질에 대한 내분비 장애독성 평가 및 시험
② 소비자에게 상품과 위해성에 대한 정보 제공
③ 생산에서부터 폐기에 이르기까지의 전과정 평가를 통한 오염방지 및 청정생산 기술 이행
④ 내분비계 장애물질에 의한 제품의 오염여부 감시를 위한 측정

(4) 연구계의 추진 방안

① 내분비계 장애물질 관련 실험, 연구, 조사 결과 등을 수집・평가하기 위한 관련부처 연구기관 및 민간 전문가로 구성된 연구기관간 전문연구 협의체 운영
② 과학적이고 합리적인 연구 수행을 위한 종합 장기 연구추진 전략 수립
③ 내분비계 장애물질에 대한 현황과 환경생태계에 대한 영향 등을 조사
④ 내분비계 장애물질 규제를 위한 평가 및 시험방법 등의 확립
⑤ 내분비계 장애물질에 대한 환경 중의 노출량 및 인체 노출량 조사
⑥ 내분비계 장애물질의 지정 및 환경 중 기준농도 등을 마련하기 위한 역학조사 및 위해성 평가

참고문헌

1. 강국희 외 2인, 식품과 생명, 선문대 출판부, 1998.
2. 강호윤, 두부제조의 이론과 실제, 고려서적, 1992.
3. 고무석 외 7인 공저, 식품과 영양, 효일문화사, 1996.
4. 고성진 외, 현대공중보건학, 지구문화사, 1994.
5. 고정삼 저, 식품가공학, 광일문화사, 1994.
6. 고정삼・최종욱 공저, 알기쉬운 식품공학, 유한문화사, 2004.
7. 고정삼, 식품생물산업, 유한문화사, 2004.
8. 곽재욱 편저, 건강기능식품 강의 제2판, 도서출판 신일상사, 2005.
9. 김동훈, 식품화학, 탐구당, 1988.
10. 김명원 대표역자, 생명과학 제4판, 라이프사이언스, 2004.
11. 김미경・왕수경・신동순・정해랑・권오란・배계현・노경아・박주연 편역, 생활 속의 영양학, 라이프사이언스, 2005.
12. 김미라, 식품의 안전성, 신정, 2004.
13. 김병묵, 식품저장학, 진로연구사, 2005.
14. 김상순 저, 식품가공저장학, 수학사, 1988.
15. 김영교・김영주・김현욱 공저, 우유과 유제품의 과학, 선진문화사, 1996.
16. 김완수・신말식・이경애・김미정, 조리과학 및 원리, 라이프사이언스, 2004.
17. 김재욱, 식품가공학, 문운당, 1994.
18. 김형열・오문헌・이경혜・이수한・장학길 공저, 식품가공기술학, 도서출판 효일, 2003.
19. 나카하라 히데오미, 후타키 쇼헤이 공저, 환경호르몬의 공포, 종 문화사, 1998.
20. 노완섭・허석현 고저, 건강보조식품과 기능성 식품, 효일문화사, 1999.
21. 데보라 캐드베리, 환경호르몬: 위기에 처한 우리들의 미래, 전파과학사, 1998.
22. 맹원재・송원춘, 현대인의 식생활과 건강, 건국대학교 출판부, 1997.
23. 민경희 외 5인, 인간과 환경, 숙명여자대학교 출판부, 1999.
24. 박형기 외 15인, 식육의 과학과 이용, 선진문화사, 1993.
25. 산업기술정보원, 기능성식품의 도입과 개발현황, 1992.
26. 생체기능조설 천연소재 연구회 편, 식품신소재학, 한림원, 1996.

27. 송재철 · 박현정, 최신 식품가공학, 유림문화사, 1997.
28. 송재철 · 박현정, 식품첨가물학, 지성출판사, 1998.
29. 송재출 · 박현정 공저, 최신 식품가공저장학, 효일문화사, 1998.
30. 송형익 · 채기수 · 김영만 · 손규반 · 이웅수 · 하성철, 현대식품위생학, 지구문화사, 2004.
31. 안용근 외 8인, 현대 식품가공 · 저장학, 효일문화사, 1999.
32. 야스다 세츠코, 송민동 옮김, 먹어서는 안되는 유전자 조작식품, 교보문고, 2000.
33. 와다나베 유지, 정희종 외 5인 역, 누구나 알아야 할 알기 쉬운 유전자 재조합 식품의 공포, 전남대학교 출판부, 2000.
34. 우순자 · 맹영선 공역, 우유와 유제품의 영양학, 효일문화사, 1998.
35. 유태종 · 이상건 · 김두진 공저, 식품가공학, 문운당, 1988.
36. 이광웅 외 7인 현역, 생명과학의 이해, 을유문화사, 1998.
37. 이명천 · 김기진 · 김미혜 · 박현 · 이대택 · 조정호 · 차광석 · 홍성찬, 건강과 운동기능 향상을 위한 스포츠영양학 제6판, 라이프사이언스, 2003.
38. 이삼빈 · 고경희 · 양지영 · 오성훈 · 김재근 공저, 개정판 발효식품학, 도서출판 효일, 2004.
39. 이서래, 식품의 안전성 연구, 이화여자대학교 출판부, 1993.
40. 이서래 · 신효선, 최신 식품화학, 신광출판사, 1994.
41. 이철호 · 맹영선, 식품위생사건 백서, 고려대학교 출판부, 1997.
42. 정동효 편저, 식품의 독성, 현대과학신서, 1982.
43. 정성태 감수, 최대혁 외 9인 역자, Power 운동생리학 제4판, 라이프사이언스, 2003.
44. 조기승, 환경오염과 지구의 종말, 한양대학교 출판부, 2000.
45. 조현철, 운동과 건강, 라이프사이언스, 2003.
46. 주왕기 · 김형춘 · 주진형 역자, 조화로운 삶, 행복한 삶을 위한 건강학 6판, 라이프사이언스, 2004.
47. 최석영 지음, 식품오염, 울산대학교 출판부, 1994.
48. 최혜미 21세기 영양과 건강 이야기, 라이프사이언스, 2002.
49. 한국 낙농공학연구센터 편, 낙농식품가공학, 선진문화사, 1995.
50. 허태련 · 맹영선 공저, 생태학적 시대의 식품과 건강, 유한문화사, 2002.

http://www.scitom.com.cn
http://www.mold-help.com

찾아보기

ㄱ

가공식품 49
가공유 140
가공치즈 153, 156
가당연유 141
가소성 26
가스저장 83
가열 58
가열멸균 75
가열치사곡선 76
가열치사시간 77
간헐살균 75
갈락토오스 19
갈락투론산 22
감각기능 240
감광체 30
감마리톨레산 254
감미료 287
감압건조법 70
강화제 288
개량식 메주 104
거미줄 곰팡이속 98
건강기능식품 240
건조세척 55
검질 23
결합수 45
결합조직 162
경질치즈 152
경화 31
고도불포화지방산 252
고온건조법 70
고온단시간살균법 76
고온살균 139
고주파 건조법 71
곰팡이 96
공기동결법 74
과당 19
균질화 138
근섬유 162
근원섬유 163
근장 164
근장단백질 165
근절 164
근조직 162
근초 164
글루타티온 259
글루텐 217
글리코겐 21
급속동결 73, 174

ㄴ

난각 184
난황 185
난황막 188
납두균 93
내분비 장애물질 305
냉동 72
냉동건조 62
냉동건조법 144
냉동농축 60
냉동법 173
냉동상 73
냉장 72
냉장법 173
냉훈법 81
노화 70, 215

노화억제 242
농축 59

ㄷ
다이옥신 308
단당류 19
단백질 32
당장 79
대사 18
데치기 73
도살 171
도체 171
도코사헥사노익산 255
독성 282
독성 평가 282
동결건조법 70

ㄹ
라피노오스 21
리놀레산 254
리포하이드로퍼옥시다아제 31
리폭시게나아제 30

ㅁ
마말레이드 237
마요네즈 194
마이아르형 갈색화 반응 37
마이크로파 77
마카로니 223
맥아 115
맥아당 20
무기질 40
무당연유 142
무열살균 82
물 41
미나마타병 294

ㅂ
반경질치즈 152
반연질치즈 152
발색제 287
발생산도 133
발효유 148
방부제 80
배건법 70
배소 58
버터 145
베이컨류 180
변성 37
변향 31
보존료 285
보존제 80
부유세척 54
부패균 93
분무건조법 71, 144
분무세척 54
분무식 건조 62
분무식 냉동법 74
분쇄 55
분열효모 96
분유 141, 143
불포화지방산 24, 25
블렌칭 232
비중검사 132
비타민 37
비피더스균 263
비효소 갈색화 반응 45
빙점검사 133

ㅅ
사후강직 167
산 저장 79
산도검사 132
산패 27, 31

산화 28
산화방지제 286
살균료 286
살균제 291
살충제 290
삼투작용 78
상대습도 71
생장 226
생체리듬 241
생체방어 241
생체조절기능 240
생치즈 152
서당 20
섬유질 21
셀룰로오스 22
소시지 180
속훈법 82
송풍동결법 74
수동확산 38
수분활성도 45
수용성 비타민 38
수유 137
수유검사 138
스타키오스 21
스테롤류 26
스테일링 215
시유(市乳) 136
식육 161
식이섬유 247
식품 오염 281
식품성분 17
식품안전성 281
식품저장 65
식품첨가물 283
실험실 검사 138

ㅇ

아미노산 32
아밀로오스 21, 213
아밀로펙틴 21, 213
아스파탐 259
아이스크림 146
안정제 289
안토시아닌 262
알긴산 249
알코올검사 132
압착 61
압출성형 63
액훈법 82
양조주 113
여과 60, 138
연유 141
연질치즈 152
연화 172
열 특성 26
열풍건조 62
열풍건조법 70
염장 78
염지 175
영양기능 239
영양소 18
온훈법 81
올리고당 248
완만동결 174
요구르트 149
용해성 26
움저장 72
원심분리기 60
원통 건조법 144
위해요소 중점관리 269
유기염소제 290
유기인제 290
유당 21
유당불내증 136
유도기간 28
유전자 조작 생물체 299

유청 126
유청단백질 126
유화제 288
육기질 165
육기질단백질 165
응고 37
이당류 20
이따이이따이병 294
이소플라본 263
이스트 식품 220
이온화 방사선 83
인 40
인공건조법 70
인지질 25
일광건조법 70
일반성분 17

ㅈ

자동산화 28
자숙 58
자연건조 63
자유수 45
잔류농약 289, 291
잼 237
저온살균 139
저온유통체계 74
적외선 건조법 72
전분 21
전분의 노화 214
전훈법 82
접촉동결법 74
접합효모 95
정미료 287
젖산균 93
젖음세척 53
제초제 291
젤리 237
조미료 287
종국 102
주류 113
증류 59
증류주 113
증발 59
증발건조법 71
증발농축 59
증산 226
증숙 58
지방 23
지방검사 133
지방산 25
진정효모 95
질병예방 242
질병회복 242

ㅊ

착색료 286
착향료 288
철분 40
청국장 112
청징 138
체질 60
초경질치즈 153
초고온살균 76
초산균 92
초음파세척 55
충전 176
치즈 150
침사검사 132
침지동결법 74
침지세척 54

ㅋ

카로티노이드 232
카바메이트계 살충제 290
카제인 126

칼슘 40
캐러멜화 58
케톤증 23
콘드로이친 252
크림 145
클로로필 232
키토산 250
키틴 250

ㅌ

타우린 258
탄수화물 19
털곰팡이속 98
토코페롤 260
투시검사법 192
특수성분 17

ㅍ

파라콰트 291
팽창제 288
펙틴 22
펩티드 결합 33
평형상대습도 45
포도당 19
포도주 117
포말건조법(泡沫乾燥) 71
포말식 건조 62
포화지방산 24, 25
폴리클로로리네이티드 바이페닐 309
폴리페놀류 262
표백제 287
품질 개량제 288
프레스햄 179
플라보노이드 261
피단 195
피막경화 70
피막제 286
피토케미칼 232
필수아미노산 32

ㅎ

합성 살균료 80
합성보존제 80
항생물질검사 133
해동 75
해동법 174
햄 178
호료 289
호화 213
혼성주 113
혼합 57
환경호르몬 307
회분 40
효모 94
후숙 227
훈연 176
훈연법 80
흑국곰팡이 98

Index

A

Acetobacter 92
alcohols 113
alginic acid 249
amylopectin 21, 213
amylose 21, 213
antiseptic 80
antocyanine 262
Arachidonic acid 254
ash 40
aspartame 259
Aspergillus 97
autoxidation 28

B

bacon 180
Bifidobacteria 264
blanching 73
blenching 232
bound water 45
BTX 307
butter 145

C

Ca 40
CA 저장 83
cabinet 건조기 62
Candida 96
candling 192
caprenin 256
caramelization 58
carbohydrates 19
carcass 172
case hardening 70
casein 126
cellulose 22
centrifuge 60
cheese 150
chilling 72
chitin 250
chitocin 250
chondroitin 252
churning 145
clarification 138
coagulation 37
cold extrusion 63
cold sterilization 82
cold storage 173
condensed milk 141
Corrective Action 273
CPP 258
cream 145
Critical Control Point 273
curing 175
cutting 175

D

defrosting 75
denaturation 37
Designer foods 241
DHA 255
Dietary Fiber 247
dioxin 308
docosahexaenoic aicd, DHA 253
dough conditioner 220

D-value 77

E

egg shell 184
egg yolk 185
eicosapentaenoic acid, EPA 253
EPA 255
evaporation 59
extruder 63
extrusion 63

F

F 40
fatty acid 25
fermented milk 148
fiber 21
filtration 60, 138
flavonoids 261
flavor reversion 31
food additives 283
free water 45
freeze storage 173
freezer burn 73
freezing 72
fructose 19
F-value 77

G

galactose 19
gelatinization 213
GEO 300
glucose 19
glutathione 259
gluten 217
glycogen 21
GM/GEO 300
GMO 299, 300
growth 226

H

HACCP 269
HACCP의 7원칙 272
ham 178
Hazard Analaysis 272
Hazard Analysis 271
heating 58
high temperature short time pasteurization, HTST 76
hop 114
hot extrusion 63
HTST 139
Humulus lupulus L. 114
hydrogenation 31

I

induction period 28
isoflavone 263
Itai itai disease 294

J

jam 237
jelly 237

K

kiln 62

L

laboratory test 138
Lactic acid bacteria 93
lactose 21
lactose intolerance 136
linoleic acid 254
lipids 23
lipohydroperoxidase 31

lipoxygenase 30
LMO 300
LTLT 139

M

macaroni 223
mallacei 96
malt 115
maltose 20
market milk 136
marmalade 237
mayonnaise 194
mesh 60
metabolism 18
met-myoglobin 170
microwave 77
Minamata disease 294
minerals 40
mixing 57
Mold 96
Monascus 98
Mouse Unit 283
Mucor 98
myofibril 163
myoglobin 170

N

natto bacteria 93
natural gums 23
nutrients 18

O

olestra 257
oligosaccharides 248
osmosis 78
over run 147
oxidation 28
oxygenation 170
oxy-myoglobin 170

P

P 40
pasta filata 153
PCBs 309
PCDD 309
pectin 22
Penicillium 97
peptide bond 33
phospholipids 25
photosensitizer 30
phytochemicals 232
pickling 79
pidan 195
plasticity 26
platform test 138
polyphenols 262
press ham 178
pressing 61
processed foods 49
proteins 32
PUFA 252

R

radiation 295
raffinose 21
rancidity 27, 31
retort pouch 87
retrogradation 70, 214
Rhizopus 98
roast drying 70

S

Saccharomyces 95
salting 78

sarcolemma 164
sarocomere inocommer 164
saturated fatty acid 25
sausage 180
scanning 53
Schizosaccharmyces 96
sediment test 132
sieving 60
smoking 80, 176
solubility 26
stachyose 21
staling 215
starch 21
sterols 26
stroma 165
stuffer 176
stuffing 176
sucrose 20
sugaring 79

T

taurin 258
TCDD 309
tenderization 172
thawing 174
Time, Temperature, Tolerance, T.T.T. 74
tocopherol 260
Torula 96
toxicity 282
transpiration 226
TTC 133
tyndallization 75

U

ultra-high-temperature, UHT 76
unsaturated fatty acid 25

V

Verification Procedure 274
vitamins 37
vitelline membrane 188

W

water 41
whey 126
whey protein 126
wine 117

Y

yesat 94

Z

Zygosaccharomyces 95
Z-value 77

α

α-D-gauronic acid 22

β

β-carotene 262

γ

γ-linolenic acid 254

저자 약력

허 태 련

- 고려대학교 식품공학과 학사, 석사
- 스위스 국립공대(Swiss Federal Institute of Technology, ETH, ph.D) 식품공학과 박사
- 인하대학교 생명화학공학부 학부장
- 인하대학교 공과대학 생물산업기술연구소장
- 한국미생물・생명공학회 총무간사 및 학술진흥위원장
- 한국식품과학회 사업간사 및 편집위원장
- 한국식품위생・안전성학회 학술간사
- 한국축산식품학회 학술간사・편집위원장
- 인하대학교 생명화학공학부 교수

식품과학

2014년 2월 20일 재판 인쇄
2014년 2월 25일 재판 발행

저 자 : 허 태 련
펴낸이 : 천 승 배
펴낸곳 : 도서출판 유한문화사

주소 : (157-801) 서울시 강서구 강서로76길 21(가양동)
전화 : 2668-2055~6
팩스 : 2668-2565
http://www.yuhansa.com
E-mail : yuhansa@hanmail.net
등록 : 제 5-31호. 1979. 3. 6.

값 20,000 원

ISBN : 89-7722-548-5 93590